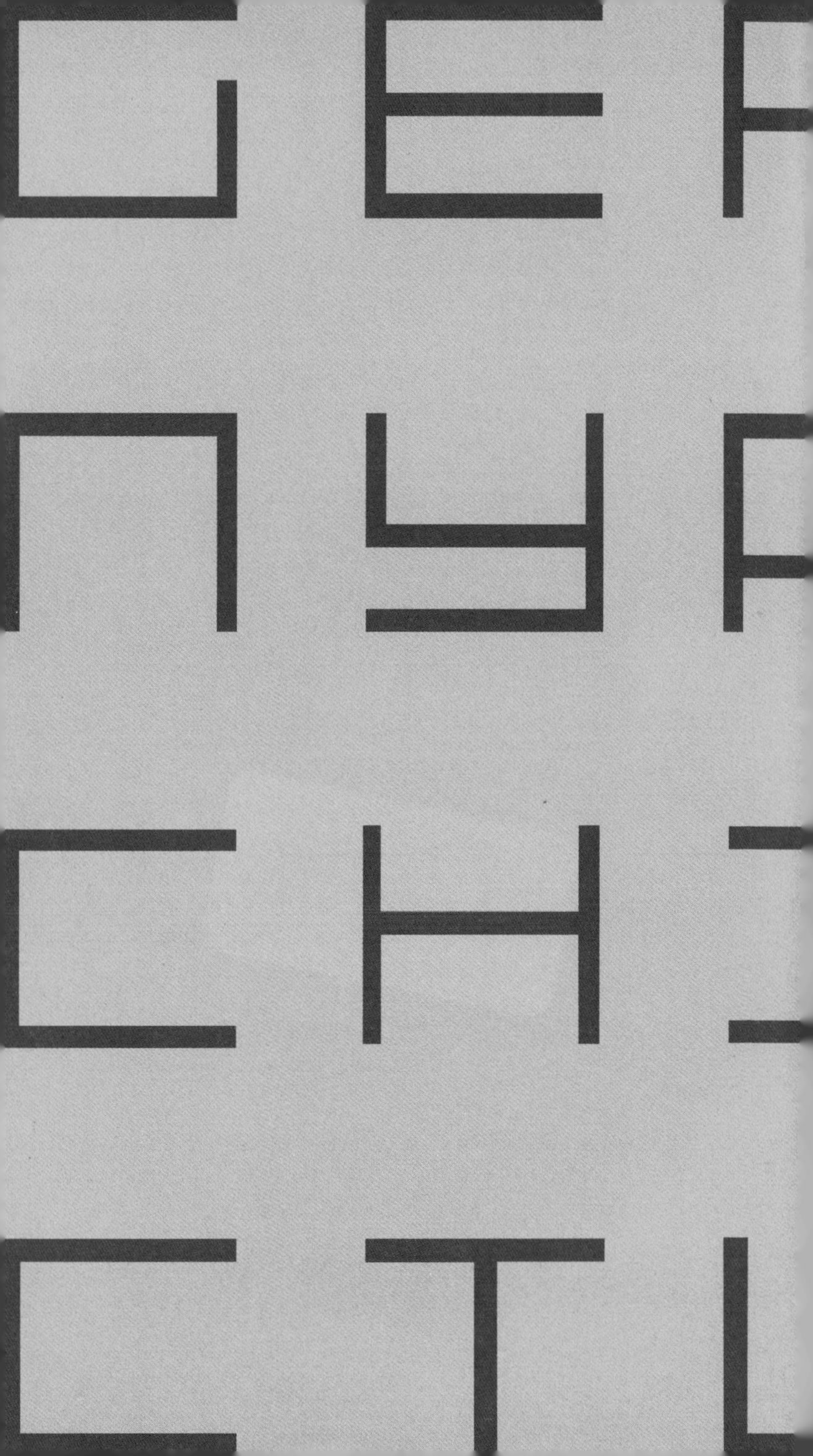

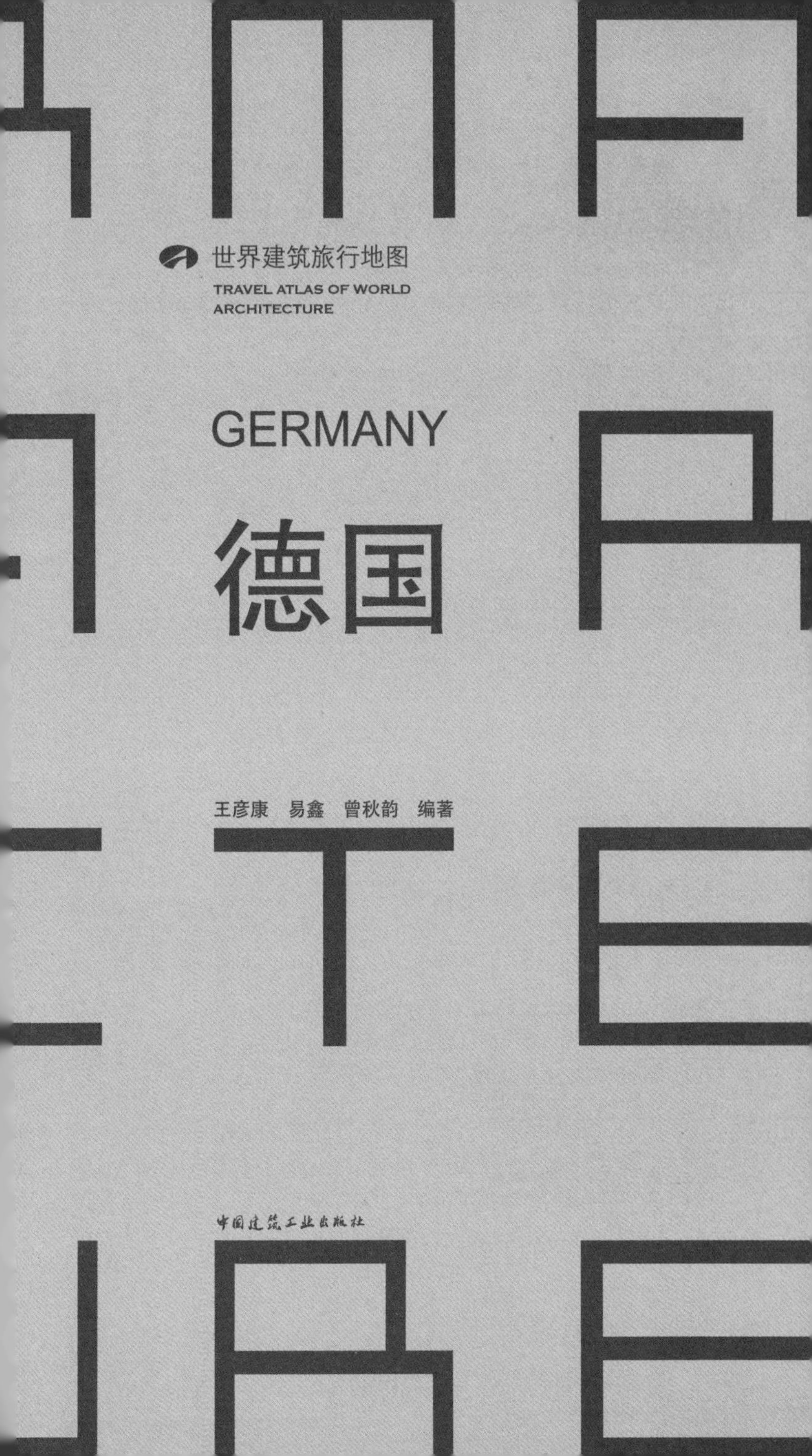

世界建筑旅行地图

TRAVEL ATLAS OF WORLD ARCHITECTURE

GERMANY

德国

王彦康　易鑫　曾秋韵　编著

中国建筑工业出版社

图书在版编目（CIP）数据

德国／王彦康，易鑫，曾秋韵编著．－北京：中国建筑工业出版社，2015.3（2021.4 重印）

（世界建筑旅行地图）

ISBN 978-7-112-17770-7

Ⅰ．①德… Ⅱ．①王…②易…③曾… Ⅲ．①建筑艺术－介绍－德国Ⅳ．① TU-865.16

中国版本图书馆 CIP 数据核字（2015）第 029401 号

总体策划：刘 丹
责任编辑：刘 丹 张 明
书籍设计：晓笛设计工作室 刘清霞 贺 伟
责任校对：姜小莲 关 健

世界建筑旅行地图

德国

王彦康 易鑫 曾秋韵 编著

出版发行：中国建筑工业出版社（北京西郊百万庄）
经销：各地新华书店、建筑书店

制版：北京新思维艺林设计中心
印刷：北京富诚彩色印刷有限公司
开本：850×1168 毫米 1/32
印张：10
字数：698 千字
版次：2016 年 3 月第一版
印次：2021 年 4 月第二次印刷

书号：ISBN 978-7-112-17770-7（27010）
定价：68.00 元

目录 Contents

特别注意 Special Attention

本书登载了一定数量的个人住宅与集合住宅。在参观建筑时请尊重他人隐私、保持安静，不要影响居住者的生活，更不要在未经允许的情况下进入住宅领域。

谢谢合作！

序言 Preface

本书介绍了德国的 360 个建筑单体或建筑群，作者希望能够尽可能反映出德国建筑作品在不同区域和不同时代内涵方面的多样性。尽管如此，整个建筑旅游指南的名录还是会在一定程度上带有作者的主观偏好，希望读者能够谅解。

在使用本书的过程中，读者可以感受到：随着 1989 年德国重新统一，之前数十年时间形成的政治和经济割裂局面正在逐步改善，这个国家正重新融合成一个整体。考虑到前联邦德国、前民主德国在城市设计及建筑发展过程中存在明显差异。本书选择的建筑类型首先集中在历史建筑领域（主教堂、礼拜堂、市政厅、建筑群等）；其次是建于 1933 年以前的所谓“经典现代主义建筑”。在此基础上，本书作者进一步把大量的注意力集中在 1955 年以后建成的大量建筑作品上。书中推荐的建筑物均配有一张反映该建筑现状的图片，文字介绍部分力求言简意赅。作者希望传达给读者以下信息：在德国，一个建筑极少是以单体的状态孤立存在的，每个建筑的实现都需要经过大量技术准备和法律审批工作才能最终完成。

在德国，建筑被认为是建造活动的结果，而不只是单纯源于“艺术”方面的动机。从建筑要依靠建造活动才得以实现这个角度来看，建筑需要遵循必要性的原则，因此建筑师首先要探索各种构造问题的解决策略。此外，建筑师的工作要涉及项目组织、经济、资金、生态、使用者的生理和心理等方方面面的问题，这其中最紧要的就是要回应社会方面的问题。从 20 世纪初开始，“现代主义建筑”一直就面临蜕变成某种“风格”的危险。而 1920 年代以来，现代主义建筑也一直努力希望结束这种不断将建筑变成各种时尚的局面，同时尝试在建设任务中发展出各种新范式。相关工作的前提首先是致力于解决各种新问题，重新分析与诠释各种功能内涵，此外还要研究开发各种新的建筑材料和建造方式，最后还要把来自各种不同学科的知识应用到设计及建造过程中去。对于这个过程来说，工作的核心也就是对这些多样性要求进行协调和整合。

对于作者来说，有必要不断强调在现代主义建筑出现时所确定的根本原则——“只有在变得更加客观的过程中，才能够不断前进”（西奥多·阿多诺）。“客观”在这里不只是与对象相关，更是与人本身有关；这就意味着按照现实的实际情况来看待对象的现实性。为了能够做到比以往“更加客观”，就需要具有开放性的意识，努力不断地体验和审视各种对象、事件与知识之间的联系。

这本德国建筑旅行地图应当被看作是一份参观的邀请，而不是使人感觉充满压力的“必游地”攻略。只有这样，本书才能够启发读者产生了解德国建筑和文化的兴趣，并对德国产生更加深入的认识。

Christian Schneider

克里斯蒂安·施耐德　博士
慕尼黑工业大学助理教授

本书的使用方法 Using Guide

注：使用本书前请仔细阅读。

❶ 该城市在德国位置示意
❷ 城市名
❸ 特别推荐
❹ 入选建筑及建筑师
❺ 大区域地图
显示了入选建筑在该地区的位置，所有地图方向均为上北下南，一些地图由于版面需要被横向布置。
❻ 建筑编号
各个地区都是从01开始编排建筑序号。
❼ 铁路、地铁线名称
请配合当地铁路、地铁交通路线图使用本书，名称用德文表示。
❽ 小区域地图
本书收录的每个建筑都有对应的小区域地图，***在参观建筑前，请参照小地图比例尺所示的距离选择恰当的交通方式。对于离车站较远的建筑，请参照网站所示的交通方式到达，或查询相关网络信息。***
❾ 建筑名称
❿ 车站名称
一般为离建筑最近的车站名称，***但不是所有的建筑都是从标出的车站到达，***请根据网络信息及距离选择理想的交通方式，名称用日文表示。
⓫ 比例尺
根据建筑位置的不同，每张图有自己的比例，使用时请参照比例距离来确定交通方式。
⓬ 笔记区域
⓭ 建筑名称及编号
⓮ 推荐标志
⓯ 建筑名称（中／德文）
⓰ 建筑师
⓱ 建筑实景照片
⓲ 所在地址（德文）
⓳ 建筑所属类型
⓴ 年代
㉑ 备注
作为辅助信息，标出了有官方网站的建筑的网址。一般美术馆的休馆日为周一及法定节假日，参观建筑之前，请参照备注网站上的具体信息来确认休馆日、开放时间、是否需要预约等。团体参观一般需要提前预约。
㉒ 建筑名称
㉓ 建筑简介

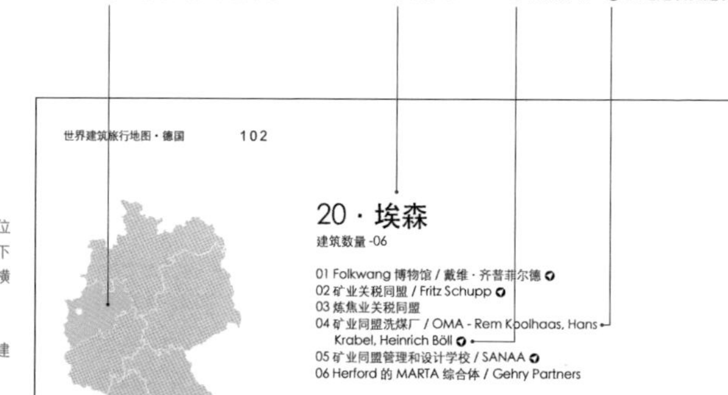

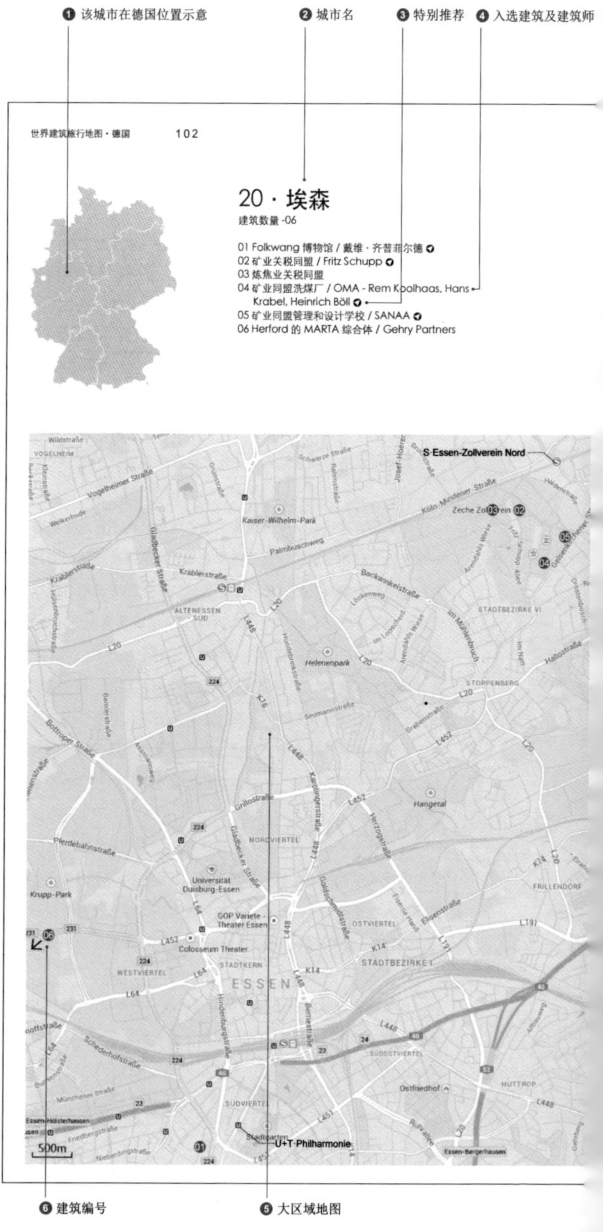

S Essen-Zollverein Nord
Zeche Zollverein
Kaiser-Wilhelm-Park
Helenenpark
Hangetal
NORDVIERTEL
Universität Duisburg-Essen
GOP Variete - Theater Essen
Colosseum Theater
STADTKERN
ESSEN
Krupp-Park
OSTVIERTEL
SÜDVIERTEL
Ostfriedhof
Essen-Holsterhausen
U+T Philharmonie
500m

❻ 建筑编号 ❺ 大区域地图

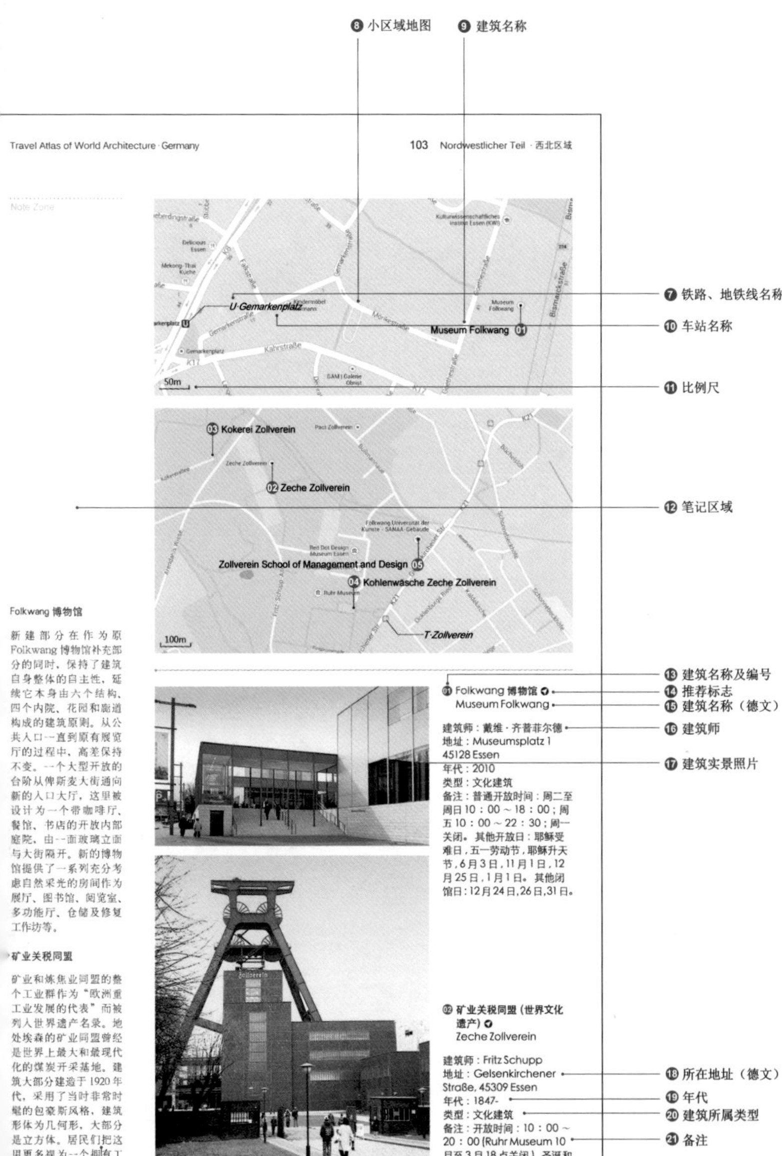

❽ 小区域地图
❾ 建筑名称
❼ 铁路、地铁线名称
❿ 车站名称
⓫ 比例尺
⓬ 笔记区域
⓭ 建筑名称及编号
⓮ 推荐标志
⓯ 建筑名称（德文）
⓰ 建筑师
⓱ 建筑实景照片
⓲ 所在地址（德文）
⓳ 年代
⓴ 建筑所属类型
㉑ 备注
Travel Atlas of World Architecture · Germany
103 Nordwestlicher Teil · 西北区域
Note Zone
U·Gemarkenplatz
Museum Folkwang 01
50m
03 Kokerei Zollverein
02 Zeche Zollverein
Zollverein School of Management and Design 05
04 Kohlenwäsche Zeche Zollverein
T·Zollverein
100m
Folkwang 博物馆
新建部分在作为原Folkwang博物馆补充部分的同时，保持了建筑自身整体的自主性，延续它本身由六个结构、四个内院、花园和廊道构成的建筑原则。从公共入口一直到原有展览厅的过程中，高差保持不变。一个大型开放的台阶从俾斯麦大街通向新的入口大厅，这里被设计为一个带咖啡厅、餐馆、书店的开放内部庭院，由一面玻璃立面与大街隔开。新的博物馆提供了一系列充分考虑自然采光的房间作为展厅、图书馆、阅览室、多功能厅、仓储及修复工作坊等。
矿业关税同盟
矿业和炼焦业同盟的整个工业群作为“欧洲重工业发展的代表”而被列入世界遗产名录。地处埃森的矿业同盟曾经是世界上最大和最现代化的煤炭开采基地。建筑大部分建造于1920年代，采用了当时非常时髦的包豪斯风格，建筑形体为几何形，大部分是立方体。居民们把这里更多视为一个拥有工业历史的公园。
01 Folkwang 博物馆
Museum Folkwang
建筑师：戴维·齐普菲尔德
地址：Museumsplatz 1
45128 Essen
年代：2010
类型：文化建筑
备注：普通开放时间：周二至周日10：00～18：00；周五10：00～22：30；周一关闭。其他开放日：耶稣受难日，五一劳动节，耶稣升天节，6月3日，11月1日，12月25日，1月1日。其他闭馆日：12月24日，26日，31日。
02 矿业关税同盟（世界文化遗产）
Zeche Zollverein
建筑师：Fritz Schupp
地址：Gelsenkirchener Straße, 45309 Essen
年代：1847-
类型：文化建筑
备注：开放时间：10：00～20：00（Ruhr Museum 10月至3月18点关闭），圣诞和新年期间关闭。

建筑名称 ㉓ 建筑简介

所选各城市的位置及编号 Location and Sequence in Map

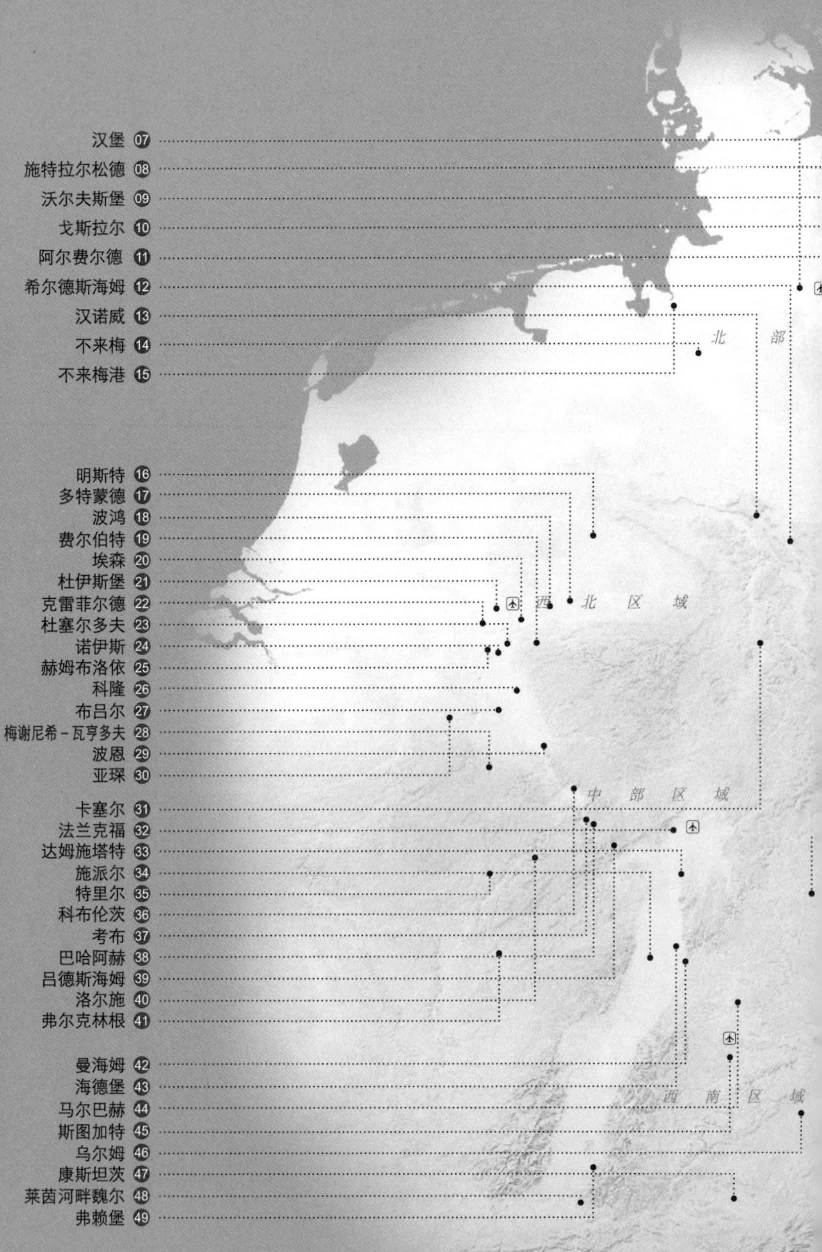

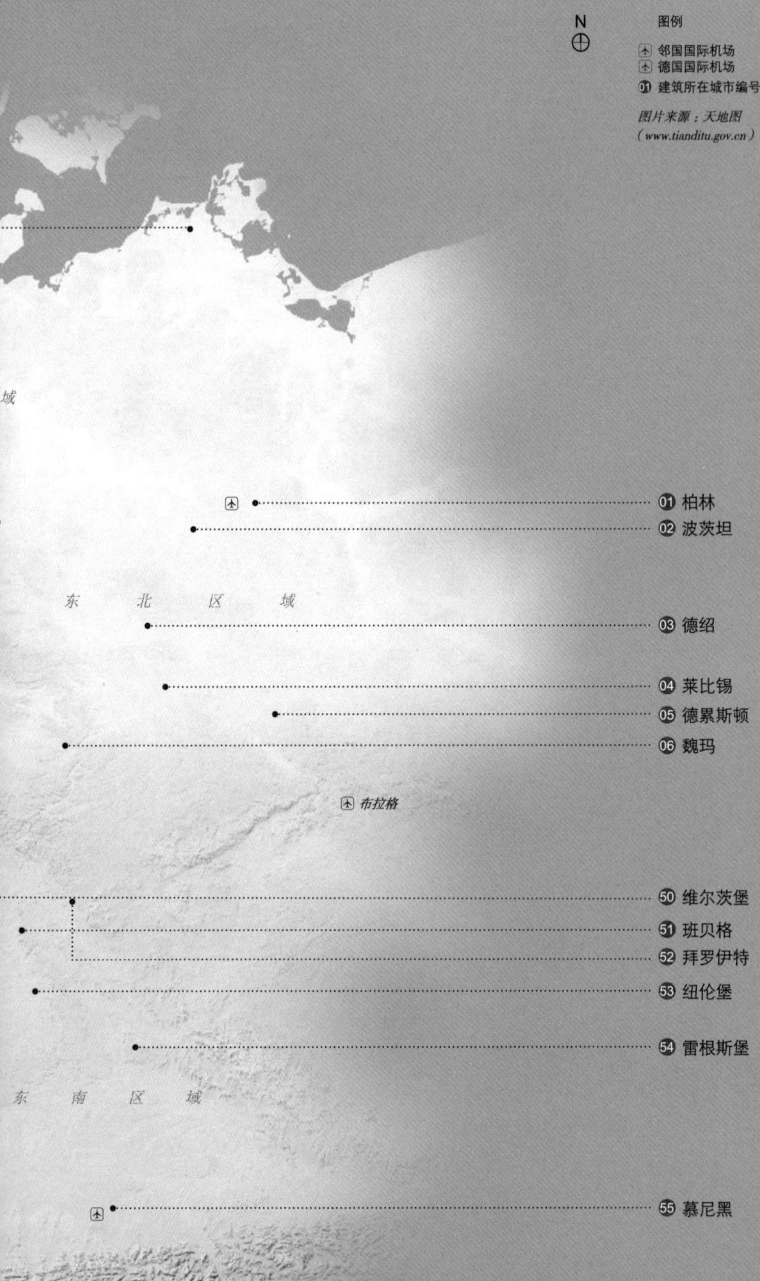
N
图例
邻国国际机场
德国国际机场
01 建筑所在城市编号
图片来源：天地图
（www.tianditu.gov.cn）
域
01 柏林
02 波茨坦
东 北 区 域
03 德绍
04 莱比锡
05 德累斯顿
06 魏玛
布拉格
50 维尔茨堡
51 班贝格
52 拜罗伊特
53 纽伦堡
54 雷根斯堡
东 南 区 域
55 慕尼黑

东北区域 Nordöstlicher Teil

01 柏林 / Berlin
02 波茨坦 / Potsdam
03 德绍 / Dessau
04 莱比锡 / Leipzig
05 德累斯顿 / Dresden
06 魏玛 / Weimar

01 · 柏林

建筑数量 -45

01 柏林瑞士大使馆 / Diener & Diener
02 Paul Löbe 大楼 / Stefan Braunfels
03 联邦总理府 / Frank & Schultes
04 国会大楼穹顶 / 诺曼 · 福斯特
05 勃兰登堡门 / Carl Gotthard Langhans
06 DZ 银行 / 弗兰克 · 盖里
07 欧洲犹太遇害者纪念碑 / 彼得 · 埃森曼
08 索尼中心 / 赫尔穆特 · 扬
09 Kollhoff 塔楼 / Hans Kollhoff
10 Debis 大楼 / 伦佐 · 皮亚诺 ,Kohlbecker , P.L.Copat
11 柏林爱乐厅 / 汉斯 · 夏隆
12 新国家美术馆 / 密斯 · 凡 · 德 · 罗
13 柏林印度大使馆 / Léon Wohlhage Wernik
14 包豪斯档案馆 / 沃尔特 · 格罗皮乌斯 , Akec Cvijanovic
15 旧国家画廊 / Friedrich August Stüler
16 佩加蒙博物馆 / Alfred Messel
17 新博物馆 / Friedrich August Stüler，戴维·齐普菲尔德
18 博德博物馆 / Ernst Von Ihne, Max Hasak
19 柏林大教堂 / Karl Friedrich Schinkel 等
20 老博物馆 / Karl Friedrich Schinkel
21 Am Kupfergraben10 号艺廊 / 戴维 · 齐普菲尔德
22 德国历史博物馆 / 贝聿铭
23 新岗哨 / Karl Friedrich Schinkel
24 格林中心 / Max Dudler
25 哈克庭院 / Kurt Berndt, August Endell 等
26 Schützen 大街街区 / 阿尔多 · 罗西 ,Luca Meda
27 查理检查站 / 雷姆 · 库哈斯 , M. Sauerbruch，Elia Zenghelis
28 柏林墙博物馆 / 彼得 · 埃森曼 , Jaquelin Roberson
29 GSW 总部 / Sauerbruch Hutton
30 柏林犹太人博物馆 / 丹尼尔 · 里勃斯金
31 汉莎小区 / 阿尔瓦 · 阿尔托等
32 威廉皇帝纪念教堂 / Franz Schwechten，Egon Eiermann
33 Tempelhof 机场 / Ernst Sagebiel
34 Schlesisches Tor 住宅 / Alvaro Siza Vieira
35 柏林火葬场 / Schultes Frank
36 AEG 涡轮机车间 / 彼得 · 贝伦斯
37 夏洛特堡宫 / Georg Wenzeslaus Von Knobelsdorff 等
38 西门子城 / 汉斯 · 夏隆等
39 柏林奥林匹克体育场 / Werner March，GMP
40 柏林集合住宅 / 勒 · 柯布西耶
41 白色之城 / Martin Wagner 等
42 席勒公园居住区 / 布鲁诺 · 陶特
43 Carl Legien 居住区 / 布鲁诺 · 陶特 , Franz Hilinger
44 柏林自由大学语言学系图书馆 / 诺曼 · 福斯特
45 Britz 大型居住区 / Martin Wagner，布鲁诺 · 陶特 , Max Taut

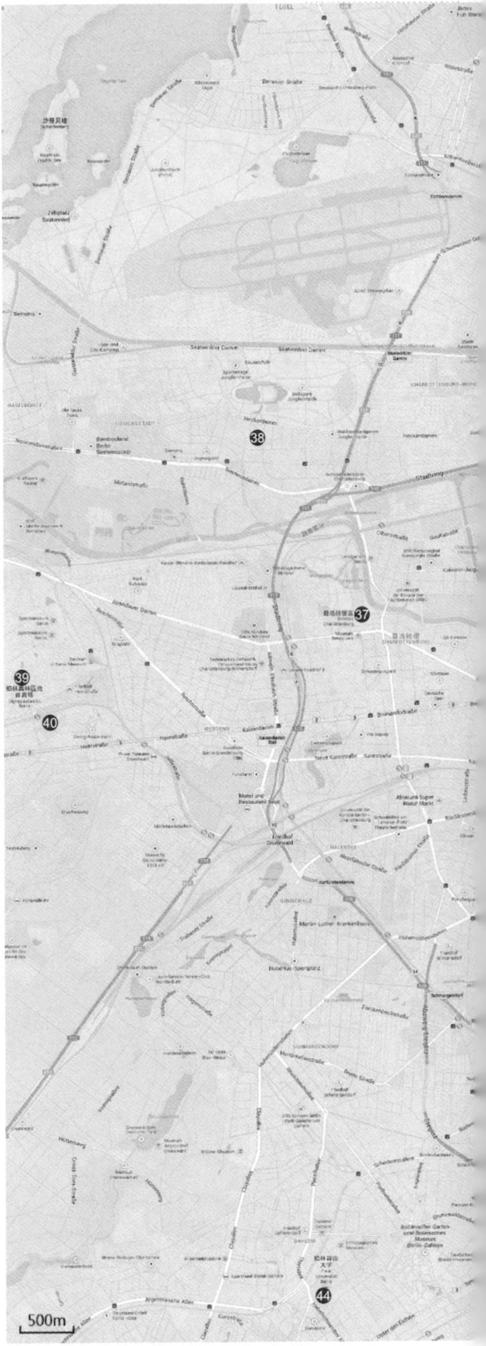

500m

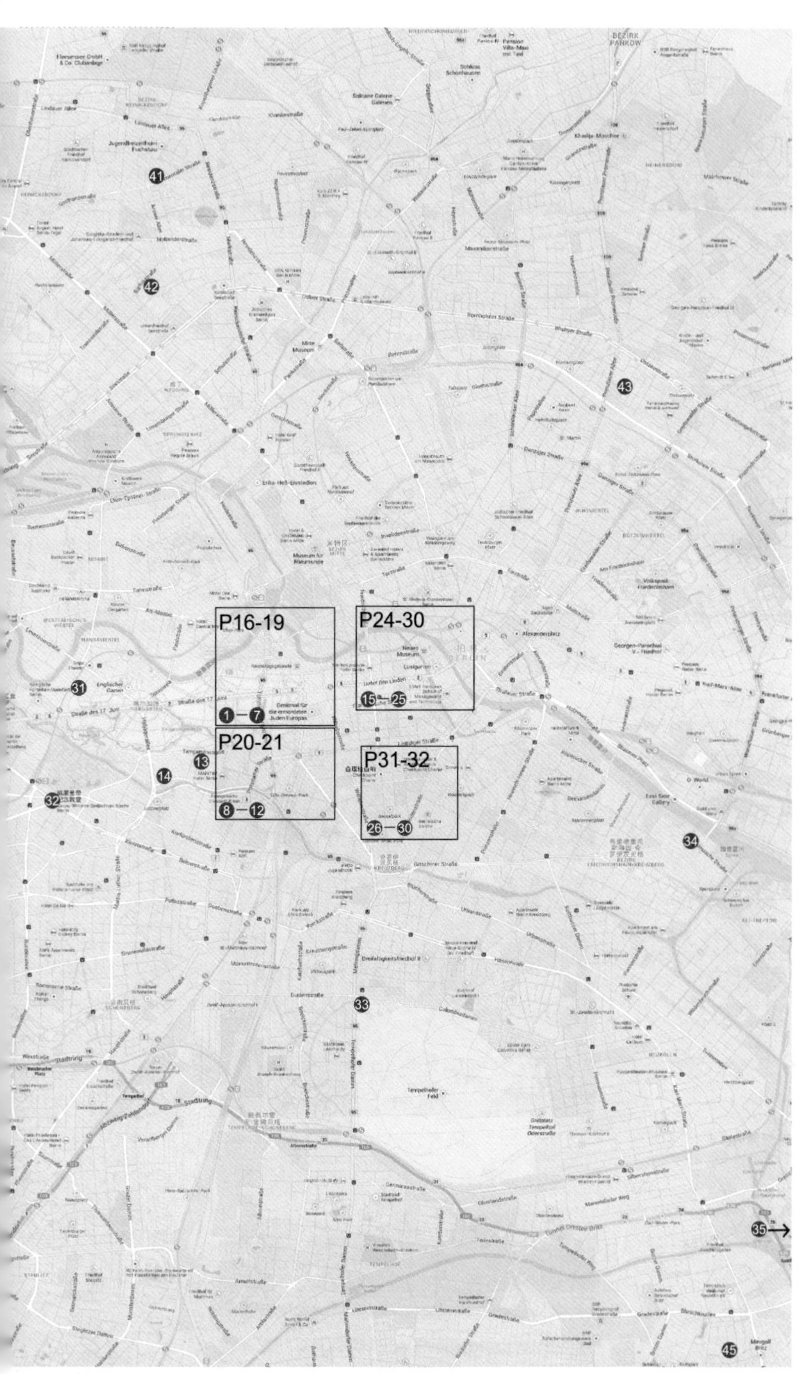
P16-19
1—7
P24-30
15—25
P20-21
8—12
P31-32
26—30
13
14
31
32
33
34
35→
41
42
43
45

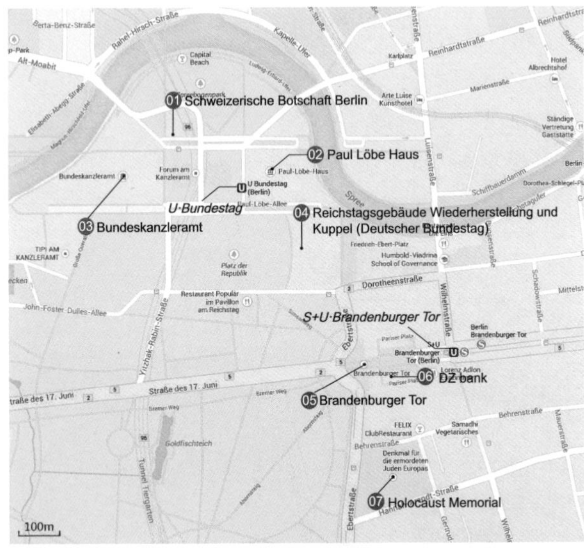

01 柏林瑞士大使馆
Schweizerische Botschaft Berlin

建筑师：Diener & Diener
地址：Otto-von-Bismarck-Allee 4A,D-10557 Berlin
年代：2001
类型：办公建筑

02 Paul Löbe 大楼
Paul Löbe Haus

建筑师：Stefan Braunfels
地址：Paul-Löbe-Allee 2，D-11011 Berlin
年代：1997-2000
类型：办公建筑

03 联邦总理府
Bundeskanzleramt

建筑师：Frank & Schultes
地址：Willy-Brandt-Straße 1, 10557 Berlin
年代：1997–2001
类型：办公建筑

柏林瑞士大使馆

尽管该建筑已经落成，但是看起来像是未完工的样子：东边保留的老建筑增加了一个新的部分，该部分简单清晰的造型与历史建筑形成了鲜明对比。人们可以把它看作是单个的大型雕塑。它的实体感很强，无缝的灰色混凝土构成建筑的表面。建筑师在正面设置了一个大的开口，而建筑的背面则是由窗户形成的网格。每个开口，每个窗户都是刻意安排的结果。在瑞士的现代主义极简特征与新古典主义之间产生了富有张力的对话，使人不禁发出疑问，这两者之间到底是哪一方影响了另一方的风格。

Paul Löbe 大楼

该建筑是德国联邦议会下属的一个功能性建筑，位于柏林的政府办公区块。它与Marie-Elisabeth-Lüders 大楼由同一个建筑师设计，因此两者构成了一个整体。这种整体感不仅体现在屋顶轮廓与斯普雷河等高线的呼应上，同时也体现在联系这两个位于斯普雷河两侧建筑的连桥上。这些桥被建筑师称为“斯普雷河上的跳跃”。建筑在东西方向上的联系象征着东西德的统一，事实上柏林墙也曾经穿越这块基地。同时这种联系也改写了纳粹时期曾提出的以南北向为轴线的“世界之都——日耳曼尼亚”构想。

联邦总理府

该建筑作为政府管理的中心，并没有在建筑语言上与议会大厦形成竞争关系，而是隐身于联邦建筑带之中。在两个5层的管理副楼之间，耸立着高达36米的“领导大楼”，这里有总理与各位部长的办公室、内阁会议室以及会议厅。在朝南和朝北的光滑墙面上，均有一个巨大的半圆形开口；朝东和朝西的方向上，外墙在混凝土柱子之间使用了大面积玻璃面。这个大型建筑因此显得透明和轻盈。

国会大厦穹顶

该建筑是新柏林最重要的象征之一。国会大厦落成于 1894 年，在一场大火中受到严重损毁后逐步被荒废。两德统一后对该建筑进行了全面修复。它的玻璃与钢材的穹顶由 800 多吨钢材和玻璃构成，高 40 米。参观者可以沿两条螺旋形坡道缓缓而上，灵活的玻璃穹顶不但可以采光还可以促使会议室空气流通。穹顶顶端悬下一支漏斗状的柱子，其下面是议会全体会议大厅。

勃兰登堡门

勃兰登堡门是一个有着超过两百年历史的地标和历史符号。该设计的灵感来源于雅典卫城的柱廊城门。普鲁士皇帝威廉二世希望通过一个合适的建筑宣言来强调菩提树大街的入口。这个古典主义的砂岩建筑是当时 18 个老城门中唯一存留下来的。

DZ 银行

基地的规划控制在初期就为该建筑强加了一个建立在严格的古典构成方式的开窗韵律上的立面组织。盖里的设计构想非常精妙：所有的节能要求都被整合到一个有机结构中，从而使一个 5 层的方体体量置入广场中，构成一个精准而优雅的比例关系。该建筑为混合功能，包括柏林银行的总部及 39 个住宅。

欧洲犹太遇害者纪念碑

这组纪念碑位于勃兰登堡门附近一段从前“死亡地带”的中部，它是为了纪念在“二战”中被纳粹屠杀的犹太人而设的。令人印象深刻的是它那灰色的冷静，而不是灰暗，这里还包括了位于东南角的地下信息中心。埃森曼的设计包括了以网格形式排布的、让人联想到墓碑的 2711 块长方形混凝土块。

04 国会大楼穹顶
Reichstagsgebäude Wiederh herstellung erstellung und Kuppel (Deutscher Bundestag)

建筑师：诺曼 · 福斯特
地址：Platz der Republik 1, D-11011 Berlin
年代：1984-1994 / 1994-1999
类型：办公建筑
备注：穹顶每天开放 8：00 ～ 24：00(最后入场时间 22：00)，入口位于西大门 (West B)，屋顶花园餐厅每天开放时间：9：00 ～ 16：30。预订邮件 besucherdienst@bundestag.debundestag.de

05 勃兰登堡门
Brandenburger Tor

建筑师：Carl Gotthard Langhans
地址：Pariser Platz, D-10117 Berlin
年代：1791
类型：文化建筑

06 DZ 银行
DZ bank

建筑师：弗兰克 · 盖里
地址：Pariser Platz 3, D-20100 Berlin
年代：1998-2000
类型：办公建筑
备注：银行内院对公众开放

07 欧洲犹太遇害者纪念碑
Holocaust Memorial

建筑师：彼得 · 埃森曼
地址：Cora-Berliner-Strasse 1, D-10117 Berlin
年代：2005
类型：文化建筑
备注：全年开放，信息中心开放时间 10：00 ～ 20：00(最晚入场时间 19：15, 周一关闭)

柏林欧洲犹太遇害者纪念碑林／彼得·埃森曼

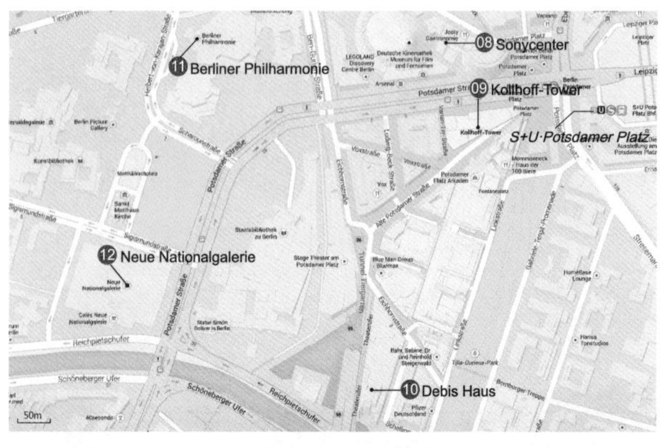

Note Zone

08 索尼中心
Sonycenter

建筑师：赫尔穆特・扬
地址：Potsdamer Platz Berlin
年代：1996
类型：商业建筑

09 Kollhoff 塔楼
Kollhoff-Tower

建筑师：Hans Kollhoff
地址：Potsdamer Platz 10，D-10785 Berlin
年代：1993-1998
类型：商业建筑

索尼中心

该建筑是一个钢与玻璃构成的整体，由七幢单体建筑组成。这里有办公室、住宅、电影媒体中心、餐馆以及索尼的欧洲总部。三角形基地的中心是椭圆形的“论坛”，它是城市公共空间的一部分，因此不应该与周围的街道隔开。最具标志性的建筑是高达 103 米的玻璃高层建筑，它通过把半圆形的南立面推出于东侧而在波茨坦广场处形成了圆角作为结束。

Kollhoff 塔楼

为了让柏林人克服对高层的排斥，建筑师按照美国摩天大楼的经典方式设计了这个位于波茨坦广场的戴姆勒奔驰塔楼。该建筑总高 90 米，立面分为三段，最顶上的是金色的城堞和观景平台。在表现主义的砖立面后面是欧洲最快的电梯，仅用 20 秒就能从地面到达顶部。这个令人印象深刻的建筑在设计上借鉴了装饰主义风格，它代表了东西柏林统一以后的顶峰成果。

⑩ Debis 大楼
Debis Haus

建筑师：伦佐 · 皮亚诺，Kohlbecker , P.L.Copat
地址：Eichhornstrasse 3, D-10785 Berlin
年代：1997
类型：商业建筑

Debis 大楼

该建筑是戴姆勒奔驰的子公司Debis的总部。建筑立面运用暖色陶板，因此避免了钢、玻璃和抛光石材立面所带来的冰冷色感。建筑被分割成不同高度的体块。远远就能看到的是106米高的塔楼，顶上有Debis的标志。塔楼之外第二高的是南侧尽端的一幢23层的高层。设计上运用了生态学概念。供暖和供冷均由热电联产电厂完成。立面局部由特别的玻璃双层表皮构成，表皮上可调节的百叶即使在强温度变化下也能为房间提供自然通风。

⑪ 柏林爱乐厅
Berliner Philharmonie

建筑师：汉斯 · 夏隆
地址：Herbert-von-Karajan-Str 1 ,D-10785 Berlin
年代：1960-1963
类型：文化建筑
备注：每天提供讲解导游服务（12月24日、25日、26日和1月1日除外）。开始时间：每天13：00。出发地点：艺术家入口（爱乐厅）。超过十人的团票需要预订。电话：+49 (0)30.254 88-156. 邮件：tour@berliner-philharmoniker.de

柏林爱乐厅

该建筑位于以前西柏林的区域，非常靠近已拆除的柏林围墙。这个当初位于一片荒凉中的不规则音乐厅，在当时可谓相当前卫。"音乐源自音乐厅的中央"是建筑师设计音乐厅时最主要的诉求，他认为将乐团置于大厅一端的布局阻碍了观众与乐师之间自由而强烈的交流，于是他将舞台移到音乐厅的中央，而观众席则分区分布在舞台四周，呈"梯田式"排列，同时建筑师利用悬挑使听众平台渗入演奏者的空间，促进相互之间的交融。整个平面以六角形作为基本架构。

⑫ 新国家美术馆
Neue Nationalgalerie

建筑师：密斯 · 凡 · 德 · 罗
地址：Potsdamer Straße 50, D-10785 Berlin
年代：1965-1968
类型：文化建筑
备注：周一关闭；周二、周三10：00～18：00;周四、周五、周六10：00～22：00；周日10：00～18：00。

新国家美术馆

该建筑被誉为是钢与玻璃的现代"帕提农神庙"。美术馆为2层的正方形建筑，地面及地下各一层。地面展览大厅规模为54米×54米，由边长64.8米的正方形钢屋顶覆盖。井字形屋架由8根十字形截面钢柱支撑。展览大厅四周以大面积的玻璃围合，内部只用活动隔断来布置流动性的展览；而主要美术品及服务设施则位于地下层。展品包括从印象派到德国表现主义、现实主义、立体主义的绘画作品，以及亨利 · 摩尔等人的大型雕塑。

波兹坦广场

BAHNHOF POTSDAME
Was Here

Note Zone

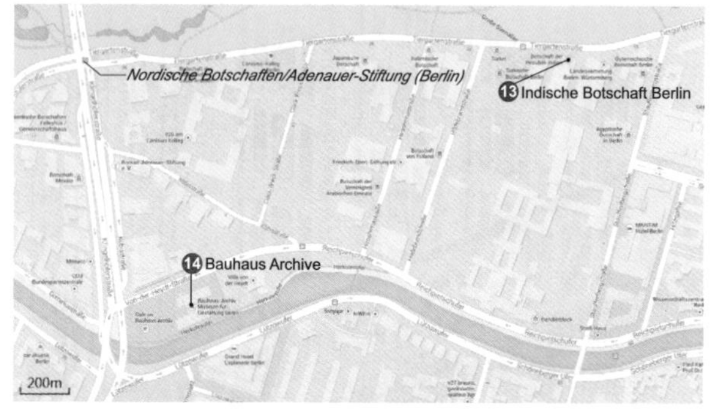

⑬ 柏林印度大使馆
Indische Botschaft Berlin

建筑师：Léon Wohlhage Wernik
地址：Tiergartenstraße 16，D-10785 Berlin
年代：2001
类型：办公建筑

⑭ 包豪斯档案馆
Bauhaus Archive

建筑师：沃尔特·格罗皮乌斯，Akec Cvijanovic
地址：Klingelhöferstraße 14,D- 10785 Berlin
年代：1964-1969
类型：文化建筑
备注：开放时间：周三至周一：10：00～17：00；周二博物馆关闭。

柏林印度大使馆

该建筑是柏林当地少数不是由其本国建筑师设计的大使馆建筑之一。建筑占地约3500平方米，临街面约长40米，进深80米，与街道略微呈角度。建筑的外边界在遵守严格控制的建造规划的基础上，尽可能占据最大的面积。建筑的内部是由房间和庭院、平台、花园以及台阶等开放空间要素共同形成的。因此，虽然建筑从外面看上去是一个长方体，内部却隐藏着以郁郁葱葱的花园庭院为中心的复杂空间秩序。

包豪斯档案馆

该建筑是记录包豪斯运动历史和影响的最丰富的收藏机构。包豪斯是20世纪最具影响力的建筑、艺术和设计学派。1960年，该馆始建于Darmstadt。由于其收藏迅速增长，格罗皮乌斯在1964年为此设计了一个新馆。由于受到当地政治原因阻挠，这个设计计划最终移至柏林实现。不过在1979年落成时，除了最具特点的屋顶轮廓外，原设计内容已经没多少真正保留下来。平面的改动是由格罗皮乌斯的前同事Alex Cvijanovic完成的。该馆藏有逾26000本藏书、杂志和目录以及手稿、书信和各种出版物。

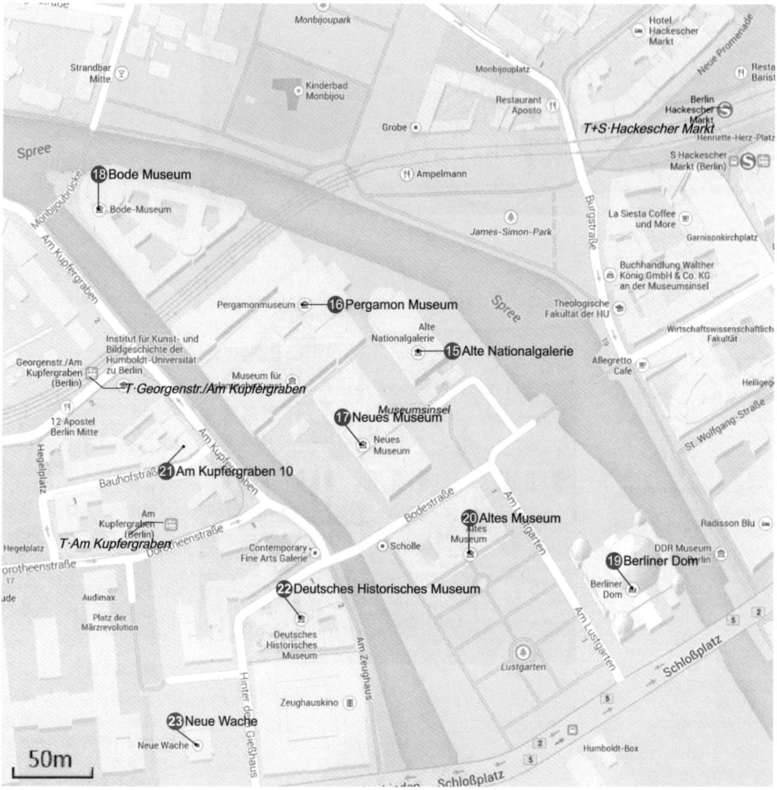

18 Bode Museum
16 Pergamon Museum
15 Alte Nationalgalerie
17 Neues Museum
21 Am Kupfergraben 10
20 Altes Museum
19 Berliner Dom
22 Deutsches Historisches Museum
23 Neue Wache
T+S·Hackescher Markt
T·Georgenstr./Am Kupfergraben
T·Am Kupfergraben
Museumsinsel
Spree
50m

⑮ 旧国家画廊（世界文化遗产）

Alte Nationalgalerie

建筑师：Friedrich August Stüler
地址：Cora-Berliner-Strasse 1,D-10117 Berlin
年代：1867-1876
类型：文化建筑
备注：博物馆岛的 5 座博物馆(既本区域 15 ～ 19 号建筑)作为整体于 1999 年列入世界文化遗产。

旧国家画廊

该建筑位于博物馆岛的中心位置，风格介乎于古典主义后期与新文艺复兴早期之间。它的外部一直保持原貌，而内部空间则经历了多次修复和改造以适应展览需求。该建筑结合了许多不同建筑类型的元素：山墙和环绕的壁柱来自神庙建筑，充满纪念性的台阶源于宫殿或者剧院，悬挂的半圆壁龛则取材于教堂。该建筑通过这种整合阐释了国家、历史、艺术之间的统一。该馆收藏着德国 19 世纪最重要的绘画作品，其中包括菲德烈、门采尔等人的作品，此外还藏有马奈、莫奈、雷诺阿、塞尚等法国大师的作品。

⑯ 佩加蒙博物馆（世界文化遗产）
Pergamon Museum

建筑师：Alfred Messel
地址：Bodestraße 3, D-10178 Berlin
年代：1907
类型：文化建筑
备注：开放时间：周二 10：00～18：00。

⑰ 新博物馆（世界文化遗产）
Neues Museum

建筑师：Friedrich August Stüler / 戴维·齐普菲尔德
地址：Bodestraße 1-3 , D-10178 Berlin
年代：1843 / 2009
类型：文化建筑
备注：开放时间：周一至周三：10：00～18：00；周四至周六：10：00～20：00；周日：10：00～18：00。
建筑介绍 www.ticket-b.de
信息服务：service@smb.museum
电话：+49(0)30 266 42-4242

⑱ 博德博物馆（世界文化遗产）
Bode Museum

建筑师：Ernst von Ihne, Max Hasak
地址：Am Kupfergraben, D-10117 Berlin
年代：1871-1904
类型：文化建筑
备注：开放时间：周二 10：00～18：00。

⑲ 柏林大教堂
Berliner Dom

建筑师：Karl Friedrich Schinkel, Julius Raschdorff
地址：Am Lustgarten, D-10178 Berlin
年代：1905
类型：宗教建筑

佩加蒙博物馆

该博物馆内部实际包括三个不同的博物馆——古典时期希腊罗马收藏馆、近东古文物馆以及伊斯兰艺术馆。这个相当严谨、具有强烈纪念性的新古典主义风格建筑有三个翼，主立面为大型自然石板材，其他次立面则由模仿天然石材的外墙抹灰构成。

新博物馆

该博物馆建于 1843 年，1855 年建成，是作为因为受到极大欢迎而过于拥挤的老博物馆的补充。由于使用了新的工业建造技术如蒸汽机等，该建筑属于当时相当雄心勃勃的建筑项目之一。三层新古典主义风格的展览空间均装饰有古典主义名家画作。一个贯通三层的大台阶是整个空间的聚焦点。

博德博物馆

这个新巴洛克风格的建筑位于博物馆岛西北部顶端一块不规则的三角形基地上。尽管受到基地形状的限制，建筑师还是设计了一个完全对称且等腰的建筑，其尽端为半圆形，人口部分的顶部为球状穹顶，从斯普雷河两岸均可通过桥到达此处。一个长方形裙房以及由科林斯式壁柱和带山墙凸出部分构成的两个楼层从斯普雷河上升起。

柏林大教堂

该建筑是位于博物馆岛东端的一座基督教路德宗的教堂，它曾是德意志帝国霍亨索伦王朝的宫廷教堂。该建筑历史上经历多次改建和拆毁重建，最近一次为新文艺复兴风格。教堂内部装饰华丽，规模可以容纳 500 人左右，地上建筑有 4 层。游客可以登顶俯瞰柏林市区。教堂二层的模型展示了该教堂在各个时期的不同样式以及当时的设计方案。

老博物馆

该建筑是古典主义最重要的建筑作品之一。通过清晰的外部形式以及带有希腊古典风格倾向的严谨的内部结构，辛克尔实现了洪堡的把博物馆作为向公众开放的教育设施的想法。18根带沟槽的爱奥尼式柱子充满纪念性意味的排列秩序、大进深的前厅、让人联想到罗马万神庙的圆厅以及大台阶。

Am Kupfergraben10 号艺廊

该建筑位于Kupfergraben运河旁。建筑师的设计意图是建造一个能够表现过去、但又不仅仅是重复过去的现代建筑。作为一个城市更新项目，该建筑位于毁于战争的原建筑基础之上，但同时又发展出了一种雕塑感。与博物馆的设计不同，建筑师希望在这个为艺术而造的别墅中创造一个可供居住、工作或者艺术展示的优质空间。

德国历史博物馆

德国历史博物馆由两部分组成，位于菩提树下大街的是有300多年历史的柏林军械库，其后是贝聿铭设计的新馆。新馆的设计面临三项挑战：建筑设计的风格要同整个城市的风格相协调；要同军械库本身的风格保持一致；此外对观众还要具有足够的吸引力。该建筑将巴洛克式的古典建筑风格同现代建筑风格相结合，从而表现出历史与未来的结合。新馆大量使用了天然石材及玻璃。

新岗哨

这座新古典主义风格的建筑，坐落在德国柏林市菩提树下大街北侧。它最早曾作为普鲁士王储所属部队的岗哨，自1931年开始作为纪念第一次世界大战中阵亡普鲁士战士的纪念馆，因此被改建并加有天窗。该建筑中心目前放置有放大版的柯勒惠支雕塑《母亲与亡子》。

⑳ 老博物馆（世界文化遗产）
Altes Museum

建筑师：Karl Friedrich Schinkel
地址：Lustgarten, Am Lustgarten, D-10178 Berlin
年代：1825
类型：文化建筑

㉑ Am Kupfergraben10 号艺廊
Am Kupfergraben 10

建筑师：戴维·齐普菲尔德
地址：Am Kupfergraben 10, D-10117 Berlin
年代：2003-2007
类型：文化建筑
备注：开放时间：周二至周五 11：00～18：00；周六 11：00～16：00；圣诞和新年期间关闭。

㉒ 德国历史博物馆
Deutsches Historisches Museum

建筑师：贝聿铭
地址：Unter den Linden 2, D-10117 Berlin
年代：1998-2004
类型：文化建筑
备注：开放时间 每天 10：00～18：00。

㉓ 新岗哨
Neue Wache

建筑师：Karl Friedrich Schinkel
地址：Unter den Linden, D-10117 Berlin
年代：1816-1818
类型：文化建筑

德国历史博物馆／贝聿铭

Note Zone

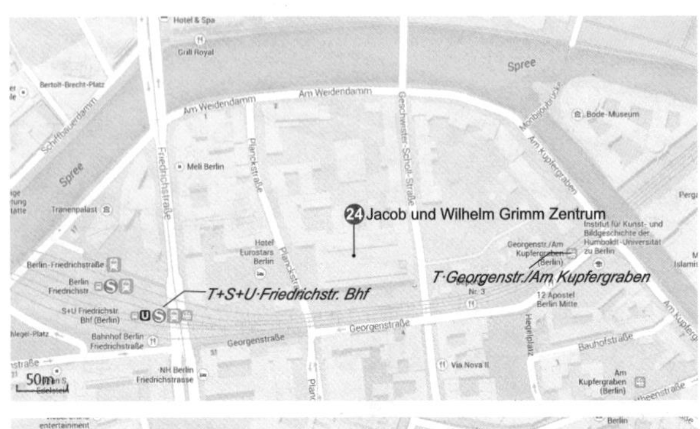

㉔ **格林中心**
Jacob und Wilhelm Grimm Zentrum

建筑师：Max Dudler
地址：Geschwister-Scholl-Straße 13，D-10117 Berlin
年代：2009
类型：科教建筑

㉕ **哈克庭院**
Hackesche Höfe

建筑师：Kurt Berndt, August Endell, Weiß & Partner
地址：Hackescher markt, D-10178 berlin
年代：1906 / 1995
类型：特色片区

格林中心

雅各布－威廉－格林中心（格林中心）是柏林洪堡大学图书馆的主楼。该馆藏书约200万册，是德语文化区当中规模最大的集中式开架阅览场所。建筑主楼的使用面积20296平方米，10层通高。其中央核心部分是一个长70米、宽12米、高20米的整体空间，空间中包括多层阶梯式阅读区，并以栅格状墙面环抱四周，顶部开天窗以采集光线。栅格状墙面外侧则分布均匀对称的开放式书架。

哈克庭院

该建筑群由8个互通的庭院组成，占地约9200平方米，是德国最大的院落建筑群。在设计中，该建筑群颠覆了传统庭院的功能，将办公、居住、购物与娱乐结合在一起。现在人们看到的庭院仍保持了其历史风貌，建筑外墙的装饰设计深具当年风靡德国的青年风格。如今庭院内有40多家企业、文化机构和高档公寓，还包括电影院、咖啡厅、酒吧、餐厅以及俱乐部等，这里已经成为柏林时尚生活和夜生活最丰富的地方之一。

26 Quartier Schützenstrasse
27 Haus am Checkpoint
28 Haus am Checkpoint Charlie (IBA'87)
29 GSW Headquarters
U·Kochstr./Checkpoint Charlie
50m

Schützen 大街街区

罗西的设计没有采用一个庞大的块状街区结构，而是部分沿袭战前建筑群落形态把基地拆分成若干小块。通过不同的立面和屋顶造型使得不同地块上的建筑相互区别，但是同时又要求整个街区内部的楼层高度保持统一，使得各个不同立面之后的内部空间可以被合并起来，从而提供灵活出租的可能性。该建筑群内部共有 4 个内院，其中一个为八角形。

查理检查站

该建筑也是 1984 年柏林国际建筑展中的重要作品之一。原设计为混合功能，建筑上部用于社会住宅。由于靠近东西柏林边境，该建筑必须同时考虑美军边防部队的影响，因此底层还包括一个边境检查站。由于 Friedrich 大街上用地紧张，建筑没有形成街区围合式建筑群落。为了让车辆可以在街道回车，建筑专门设置了一个环形回车道。因此底层只有少量的柱子。

柏林墙博物馆

该建筑原为社会住宅，它是 1984 年柏林国际建筑展的主要作品之一。建筑的外部形态由经线、基地的建筑红线这两套方形网格交错形成。由于基地处于两种不同城市模式交界的位置，同时毗邻从前的城墙和柏林墙，因此在立面上，建筑师用红色带代表 19 世纪，灰色带代表 20 世纪，而白色网格则代表地球的墨卡托投影。该建筑是 20 世纪 80、90 年代解构主义建筑发展的一个重要作品。

㉖ Schützen 大街街区
Quartier Schützenstrasse

建筑师：阿尔多 · 罗西，Luca Meda
地址：Schützenstrasse 8，D-10117 Berlin
年代：1994-1998
类型：商业建筑

㉗ 查理检查站
Haus am Checkpoint

建筑师：雷姆 · 库哈斯，M. Sauerbruch, Elia Zenghelis
地址：Friedrichstraße 43，D-10969 Berlin
年代：1990
类型：文化建筑
附加信息：IBA1984

㉘ 柏林墙博物馆
Haus am Checkpoint Charlie (IBA'87)

建筑师：彼得 · 埃森曼，Jaquelin Roberson
地址：Friedrichstrasse 44, D- 10969 Berlin
年代：1985/1986
类型：文化建筑
备注：1984 – 1987 柏林国际建筑展参展作品
开放时间：每日 9：00 ～ 22：00。

㉙ GSW 总部
GSW Headquarters

建筑师：Sauerbruch Hutton
地址：Kochstrasse 22，D-10969 Berlin
年代：1960-1961 / 1995-1998
类型：办公建筑
备注：参观建筑需要网上预约：www.gsw.de

GSW 总部

该建筑由五个截然不同的建筑体块构成。主体部分为一个经过改造的 22 层被动式节能的办公建筑。它的立面由不同色调的红色和粉红色构成。该建筑被设计成可以获得穿堂风以及被动式控制能源消耗。据说它是世界第一个通过热气流供暖的高层建筑，每年可以有高达 70% 的自然通风，使得该建筑的运营更可持续和更经济。

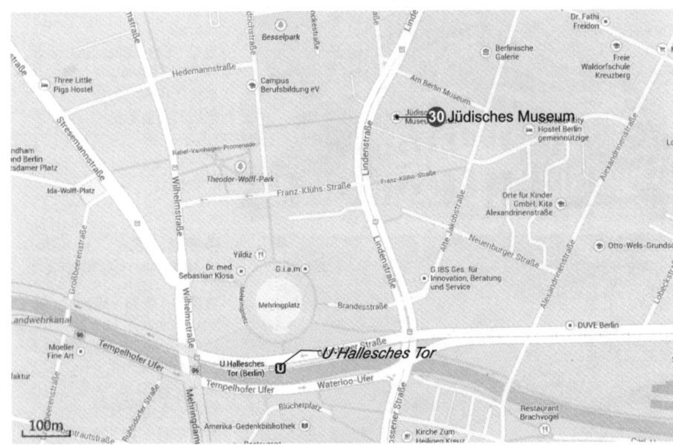

㉚ 柏林犹太人博物馆
Jüdisches Museum

建筑师：丹尼尔·里勃斯金
地址：Lindenstraße 9-14，D-10969 Berlin
年代：1993/1999
类型：文化建筑
备注：开放时间：周一 10：00～22：00；周二至周日 10：00～20：00；入场截止时间：周二至周日 19：00；周一 21：00。

柏林犹太人博物馆

该馆是欧洲最大的犹太人历史博物馆之一，它记录和展示犹太人在德国前后共约两千年的历史。该建筑的形状如一颗变形的大卫之星。不规则形的窗户矩阵从各种方向划破建筑的表面。建筑外皮由一层薄薄的锌材覆盖，随着风化过程逐渐氧化而泛蓝。它的入口位于柏林博物馆的巴洛克侧翼中，通过一条地下通道进入。一个 20 米高的虚空间，直线状贯穿整个建筑。另外两条地下通道分别通往逃亡花园及大屠杀塔。

Note Zone

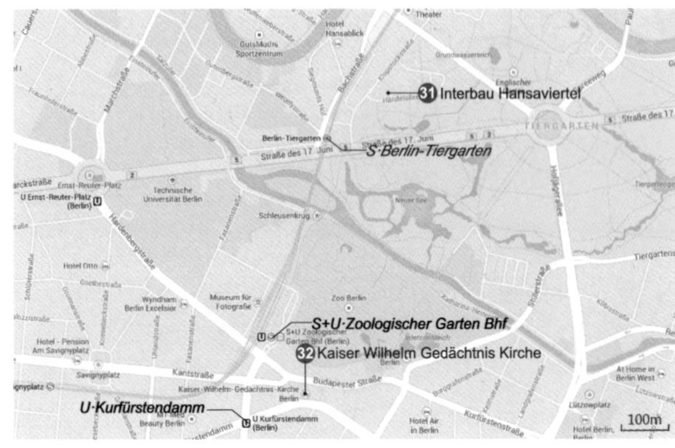

汉莎小区

该居住区是20世纪50年代现代主义建筑和规划的典范。汉莎小区南部位于轻轨轨道和动物园之间，这个受到战争破坏的地区被选为国际建筑展的中心示范区域。53位来自世界各地的建筑师受到邀请并参与设计，其中包括阿尔瓦·阿尔托、格罗皮乌斯、尼迈耶等。这些建筑以一个个“孤立体量”的方式存在，并不需要考虑其与周围环境的关系，因此也没有明确的正面和背面。在汉莎广场周围。通过一层商业通廊、教堂、电影院、图书馆以及幼儿园形成了一组宽松且高低错落的建筑群。

㉛ 汉莎小区
Interbau Hansaviertel

建筑师：阿尔瓦·阿尔托，Arne Jacobsen, Egon Eiermann, Godber Nissen, 汉斯·夏隆，Jacob Bakema, Ludwig Lemmer, Max Taut, 奥斯卡·尼迈耶，Pierre Vago, 沃尔特·格罗皮乌斯，Werner Düttmann 等
地址：Altonaer-Allee Bartningallee Klopstockstraße Händelallee, D-10555 Berlin
年代：1957
类型：特色片区

威廉皇帝纪念教堂

该建筑由德皇威廉二世下令建造，以纪念德意志帝国的首任皇帝威廉一世。教堂在第二次世界大战中受损严重，战后仅保留了教堂钟楼的残骸，人们在周围建造了新教堂和钟楼、礼拜堂和前厅。通过旧建筑和新建筑的对比，使人感受到明显的压迫感，作为向世人警示战争的纪念。新教堂建造在八角形的混凝土基座上部，主体由正方形格状钢结构与蜂窝状混凝土框架构成，在上层混凝土框架中嵌入了彩色玻璃，在光线照射下显得格外亮丽。

㉜ 威廉皇帝纪念教堂
Kaiser Wilhelm Gedächtnis Kirche

建筑师：Franz Schwechten,Egon Eiermann
地址：Breitscheidplatz, D-10789 Berlin
年代：1890/1956
类型：宗教建筑 / 文化建筑

Note Zone

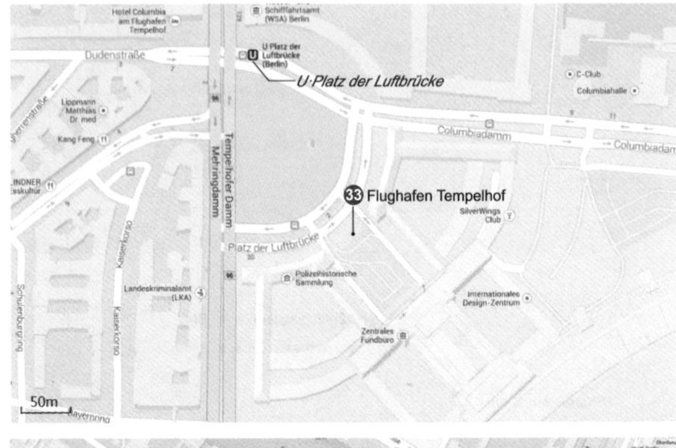

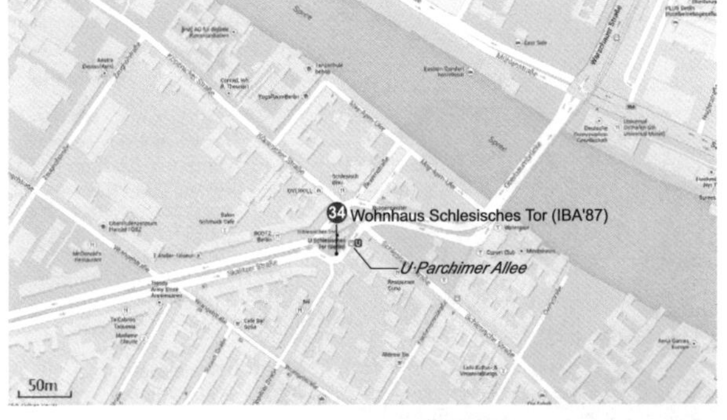

㉝ Tempelhof 机场
Flughafen Tempelhof

建筑师：Ernst Sagebiel
地址：Platz der Luftbrücke 5 ,D-12101 Berlin
年代：1939
类型：交通建筑

㉞ Schlesisches Tor 住宅
Wohnhaus Schlesisches Tor (IBA'1984 – 1987)

建筑师：Alvaro Siza Vieira
地址：Schlesische Straße 1-8 ,D-10997 Berlin
年代：1982/1983
类型：居住建筑
备注：1984 – 1987 柏林国际建筑展参展作品

Tempelhof 机场

该机场航站楼具有典型的纳粹纪念性建筑风格，入口雕刻有雄鹰，此外还拥有一个可遮盖 100000 名观众观看阅兵和航空表演的屋顶。它在当时是最大的机场航站楼。该建筑以石灰岩作为建筑材料，全长 1.2 公里，呈四分之一圆形。该机场曾是柏林三个主要机场之一，由于经营亏损严重，机场已于 2008 年 10 月 31 日停止运营。

Schlesisches Tor 住宅

该建筑是西扎的第一个国外作品，并使他获得了国际声誉。该建筑填补了一个街区中的老建筑群中由于战争破坏造成的空缺。它充分体现了西扎建筑充满“文脉性”的品质。建筑的标志性特点是对于环境的回应，这些内容体现在开窗的韵律、住宅对于街道曲线的呼应以及新老建筑之间的关系等方面。最初的设计包括每层分别通过四个楼梯间相连的四个大住宅，同时底层整合了不同的社会设施。设计由于成本原因被修改，如今通过两个楼梯间可达，6 个楼层共有 46 套住宅。

Note Zone

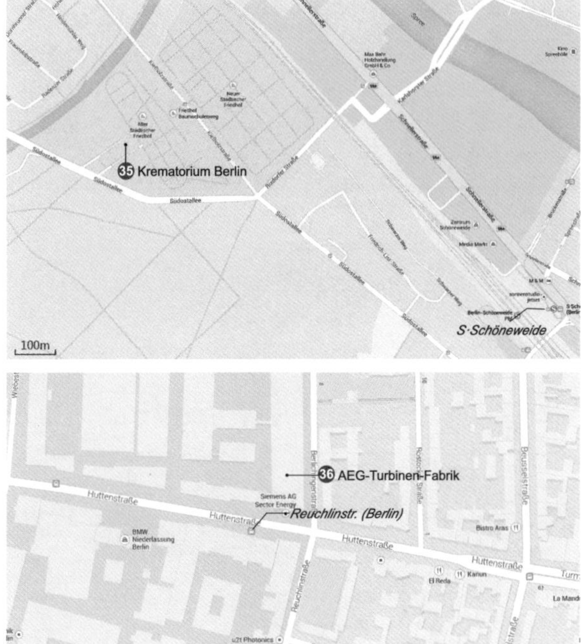

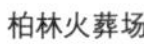

柏林火葬场

每年这里将进行 12000 次火葬，因此也必须为哀悼者提供一个合适的场所。火葬和葬礼仪式分别在这个庞大的裸露混凝土结构的不同楼层上进行。进入这个建筑的过程中必须经过三个凹形前院，随后进入宽敞的中心前厅。这个方形的厅可以容纳 1000 人，29 根颇具纪念感的、顶部为所谓“光线的柱头”的圆柱共同形成了强烈的空间效果。粗糙的混凝土屋顶仅仅由从柱子顶端悬挑的托架支撑，看起来像是一个半透明的天篷悬浮在空中。

AEG 涡轮机车间

该建筑是德国工业建筑的重要代表作。它是建筑师彼得 · 贝伦斯在担任德国通用电气公司 AEG 艺术顾问期间设计的一座充满现代主义精神的厂房。贝伦斯脱离了传统古典主义的建筑形式，在结构上以 25.6 米的大跨度桁架形成了一弧形的屋顶，采用大量的钢铁和玻璃构成的外墙，在工厂的转角以钢筋混凝土承重墙面围绕。整个厂房外观简洁有力，没有任何古典主义的虚饰。

35 柏林火葬场
Krematorium Berlin

建筑师：Schultes Frank
地址：Kiefholzstrasse 221，D-12435 Berlin
年代：1999
类型：殡葬建筑

36 AEG 涡轮机车间
Montagehalle der AEG-Turbinen-Fabrik

建筑师：彼得 · 贝伦斯
地址：Huttenstraße12, D-10553 Berlin
年代：1909
类型：工业建筑

Note Zone

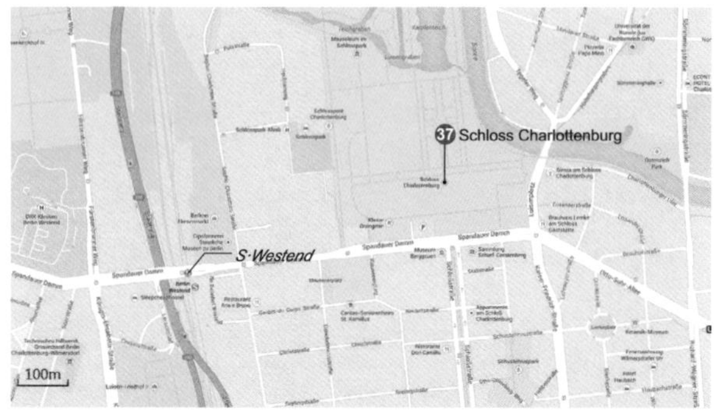

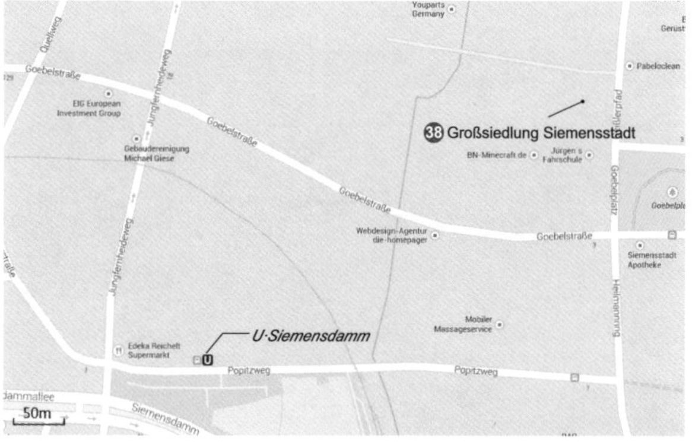

37 夏洛特堡宫
Schloss Charlottenburg

建筑师：Georg Wenzeslaus von Knobelsdorff, Johann Arnold Nering, Eosander van Gothe, Johann A Nehring
地址：Spandauer Damm 20-24,D-14059 Berlin
年代：1699
类型：文化建筑

38 西门子城（世界文化遗产）
Großsiedlung Siemensstadt

建筑师：汉斯·夏隆，Fred Forbat, Hugo Häring, 沃尔特·格罗皮乌斯，O.Bartning
地址：Jungfernheideweg / Goebelstr. Geißlerpfad 1，D-13627 Berlin
年代：1929-1931
类型：特色片区

夏洛特堡宫

该建筑为意大利巴洛克式风格，由勃兰登堡选帝侯腓特烈三世的妻子索菲·夏洛特委托建筑师设计。这里最初是作为柏林郊外的夏季游憩场所，之后被扩建为雄伟的宫殿建筑。该建筑内部有曾被描述为“世界第八大奇迹”的琥珀室，后被赠送给沙皇彼得大帝。1943 年在一场轰炸之后，该建筑几乎被完全烧毁，经过几十年才完成重建工作。

西门子城

西门子城大型居住区比同时期的白色之城更早提出通过发展绿色环境来塑造轻松城市氛围的现代概念，它为“二战”后居住区的建设指明了发展方向。在夏隆的规划中，一行行住宅严格按南北方向布局。古老的树木被保留下来，建筑师在一开始就希望明确该居住区的郊区氛围。尽管规划非常严谨，但在建筑设计方面却充满多样性。这里展示了各种新的建筑设计成果：从沃尔特·格罗皮乌斯的极功能主义到夏隆的差异化程度极高的设计，以及雨果·哈林的有机建筑。[注：2008 年列入世界文化遗产的“柏林现代主义住宅区”项目包括西门子城、白色之城、席勒公园居住区、Carl Legien 居住区、Britz 大型居住区（即本区域 38.14 ~ 43.45 号建筑）以及本书未收录的法尔贝格花园。]

Note Zone

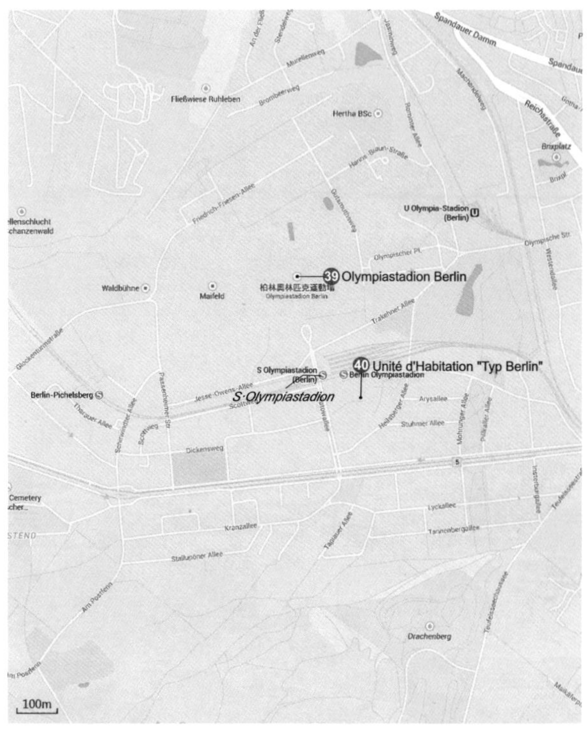

柏林奥林匹克体育场

现存的奥林匹克体育场及周边的广场由维纳尔·马赫设计，是为1936年柏林奥运会而建造的。这个能容纳11万名观众的体育场有一半的结构建于地面以下12米标高的位置，东面连接奥林匹克广场及马拉松之门，呈椭圆形的观众看台于西侧开口，建有五月广场及奥林匹克钟楼。2000年，由德国GMP事务所负责对该体育场进行重建，场馆原有的12000立方米混凝土被拆卸，30000立方米的石块被重新打磨，并新建了面积达37000平方米、全面覆盖观众席的天篷，20条钢制支柱支撑着重达3500吨的屋顶结构。

柏林集合住宅

柯布西耶为柏林国际建筑展览设计了“联合住宅——柏林类型”。这个建筑是继马赛和南特之后第三个同类型住宅。这个由柱子承重的建筑高17层，共有557个居住单元及九条“内部街道”。由于特殊的建筑法规导致设计出现了巨大变动，尤其是在“模数”系统方面（为了符合社会住宅的相关规定，建筑室内高度从2.26米改成了2.5米），同时实施方案也比原设计减少了基础设施。该建筑原为汉莎小区内部地块设计，然而由于它对于这个区域来说体量过大，经过协商后最终建在“奥林匹克山丘”地区。该建筑的建造仅用了18个月。

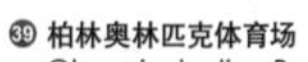

㊴ 柏林奥林匹克体育场
Olympiastadion Berlin

建筑师：Werner March, GMP
地址：Olympischer Platz 3, D-14053 Berlin
年代：1934-2004
类型：体育建筑

㊵ 柏林集合住宅
Unité d'Habitation "Typ Berlin"

建筑师：勒·柯布西耶
地址：Flatowallee 16, D-14055 Berlin
年代：1957/1958
类型：居住建筑

汉堡市政厅

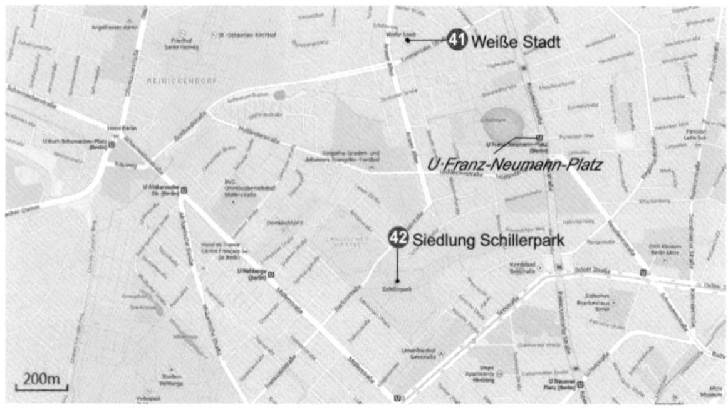

41 **白色之城（世界文化遗产）**
Weiße Stadt

建筑师：Martin Wagner, B.Ahrends, O.R.Salvisberg, W.Büning
地址：Aroser Allee 1，D-13407 Berlin
年代：1929-1930
类型：特色片区

42 **席勒公园居住区（世界文化遗产）**
Siedlung Schillerpark

建筑师：布鲁诺·陶特
地址：Bristol-, Oxford-, Windsor-, Dubliner-Straße 1，D-13349 Berlin
年代：1924-1928
类型：特色片区

43 **Carl Legien 居住区（世界文化遗产）**
Wohnstadt Carl Legien

建筑师：布鲁诺·陶特，Franz Hilinger
地址：Erich-Weinert-Straße 100，D-10439 Berlin
年代：1929-1930
类型：特色片区

白色之城

席勒林荫道大型居住区规划，由于其建筑外表明亮的涂层而被人们称为“白色之城”。该居住区的建造风格为新客观主义风格。它包含了1286个带浴室、卫生间、凉廊和暖气的居住单元，这些住宅建筑为3～5层，坐落在开阔的绿地上。基础设施包括1个供暖厂、2个社区洗衣房、幼儿园、社区大学、诊所、药房以及24小时商店。标志性建筑是位于Aroser 大道上的5层过街楼建筑以及位于Emmentaler大街上凸出的门楼。

席勒公园居住区

这个居住区是魏玛共和国时期在柏林建设的第一个大都市居住项目。布鲁诺·陶特的规划借鉴了阿姆斯特丹学派的建筑特点：砖以及由柱子、阳台和凉廊构成的经典竖向立面分割。与室内等高的窗面让大量日光进入室内。颜色作为设计的元素仅限于室内，外立面的设计集中表现建筑材料以及建筑空间结构。早期住宅部分每层只有三个居住单元，建筑通过中间一户的凸出部分使得外立面显得极为引人注目。不过，后期兴建的建筑不再具有这一特点。这种对形式的简化表现出向极简主义靠拢的趋势。

Carl Legien 居住区

该居住区得名于曾经的工厂领导Carl Legien。这是布鲁诺·陶特设计的最后一个大型居住区，也是在魏玛时期柏林城市性最强、最紧凑的居住区。该居住区占地8.4公顷。在这里，凉廊、倒圆角的阳台与方体块的U形排列的住宅主体形成鲜明对比。1169个居住单元中有超过三分之二为两居室，因此这里很少带儿童的家庭。这里从前以老年租客为主，自从被评为文化遗产后也多了许多年轻租客。目前一共有大约1200人居住在这里。

Note Zone

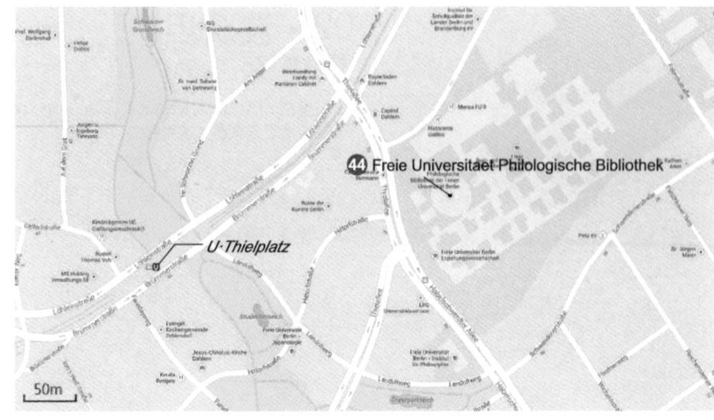

柏林自由大学语言学系图书馆

这个被称之为“大脑”的图书馆坐落于柏林自由大学校园中心地带的一组格状庭院中。 建筑表皮采用双层外壳结构：外层用不透明铝板和透明玻璃面板交替覆盖，并透过铝板的开合来调节室内温度和空气品质；内层半透明的玻璃纤维膜层起到扩散板的作用，可以使光线均匀扩散开来。书架排列在中央位置，以避开四周过多阳光的照射。座位排布在每层空间的外围，使读者充分享受在自然光环境下阅读的乐趣。层层悬挑的空间保证了各层都能接受到更多的天然光，同时消除了传统图书馆空间容易带来的压抑感。

Britz 大型居住区

该居住区亦被称为“中央马蹄铁形”建筑群。超过 1000 个居住单元被标准化为四种平面类型。所有建筑呈行列式布置。这些具有“功能主义”特点，而需求条件不高的建筑通常在细节处体现设计效果。通过以窗洞代替带状窗格的窗户，使用新的颜色、门、步行道铺地等，建筑和建筑群就产生了它们的艺术价值和效果。

44 柏林自由大学语言学系图书馆
Freie Universitaet Philologische Bibliothek

建筑师：诺曼 · 福斯特
地址：Habelschwerdter Allee 45 ,D-14195 Berlin
年代：2005
类型：科教建筑

45 Britz 大型居住区（世界文化遗产）
Großsiedlung Britz (Hufeisensiedlung)

建筑师：Martin Wagner, 布鲁诺 · 陶特 , Max Taut
地址：Lowise-Reuter-Ring 1, D-12359 Berlin
年代：1925-1931
类型：特色片区

02·波茨坦

建筑数量 -02

01 无忧宫 / Friedrich II zus mit G.W. von Knobelsdorff
02 爱因斯坦天文台 / 埃里希·门德尔松

Note Zone

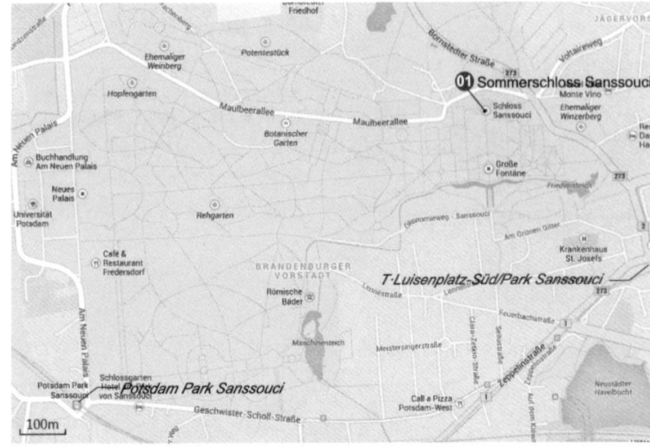

无忧宫

无忧宫源自于法文的sans（无）–souci（忧虑）。波茨坦的这座宫殿为霍亨索伦家族在勃兰登堡地区最著名的宫殿。它是依据普鲁士国王腓特烈二世的草图所设计的洛可可式小型夏日宫殿。其著名景色是在Bornstedt的南侧山坡上的梯形露台以及种植的葡萄架墙。这片斜坡被规划成六个宽阔的梯形露台。为了尽可能地利用自然光线，墙被建成了以台阶为中心的微弓形状。中轴线上是132阶的台阶，山的两侧则建有坡道。

爱因斯坦天文台

该天体物理观测台位于爱因斯坦科学公园中。它是门德尔松第一个重要作品。建筑的外部在设计时原为混凝土，但由于设计复杂带来的建造困难以及战争造成的材料短缺，该建筑的部分实际由砖建造，灰浆刷面。由于建筑材料在施工过程中发生变化，而设计没有变更来解决这一问题，这导致了很多问题，例如开裂和潮气，因此建成之后经历了无数次修补。该建筑被普遍认为是表现主义风格的代表作。

01 无忧宫（世界文化遗产）
Sommerschloss Sanssouci

建筑师：Friedrich II zus mit G.W. von Knobelsdorff
地址：Maulbeerallee，D-14469 Potsdam
年代：1745-1747
类型：文化建筑

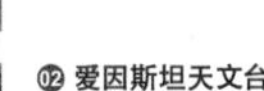

02 爱因斯坦天文台
Einstein Turm

建筑师：埃里希·门德尔松
地址：Telegrafenberg 40，D-14473 Potsdam
年代：1924
类型：文化建筑

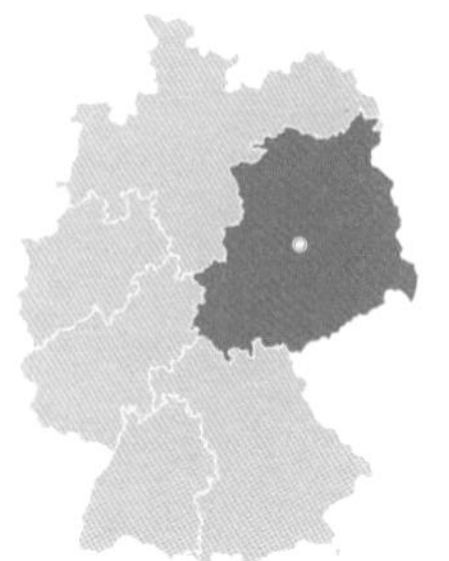

03・德绍

建筑数量 -02

01 **德绍包豪斯大楼** / 沃尔特・格罗皮乌斯
02 **德绍大师之家** / 沃尔特・格罗皮乌斯

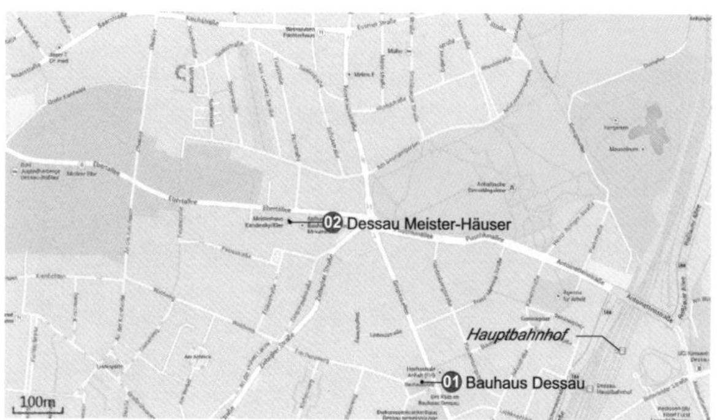

01 德绍包豪斯大楼（世界文化遗产）
Bauhaus Dessau

建筑师：沃尔特・格罗皮乌斯
地址：Gropiusallee 38, D-06846 Dessau
年代：1926
类型：科教建筑
备注：开放时间：10：00～18：00。

02 德绍大师之家（世界文化遗产）
Dessau Meister-Häuser

建筑师：沃尔特・格罗皮乌斯
地址：Ebertallee 5971，D-06846 Dessau
年代：1921
类型：居住建筑
备注：开放时间：2月16日至10月31日，周二至周日10：00～18点；11月1日至2月15日，周二周日10：00～17：00；2月16日至10月31日，周二至周日10：00～18：00；11月1日至2月15日，周二至周日10：00～17：00。

德绍包豪斯大楼

在该建筑设计中，格罗皮乌斯继续发展他在“一战”前的法古斯工厂中实现的建筑理念：悬挂在承重的框架上的玻璃立面（玻璃幕墙）决定了建筑的外表，同时清晰地展示建造元素。格罗皮乌斯放弃在视觉上强调方体体量的转角，反而让玻璃立面在外轮廓上延伸，从而形成轻盈的感觉。他根据功能划分建筑空间，并且以不同的方式组织空间。他以非对称的方式组织建筑的侧翼。如想感知整个综合体的完整形态，参观者必须环绕整个建筑。
[注：1996年列入世界文化遗产的“魏玛和德绍的包豪斯建筑及其遗址”项目包括德绍的包豪斯大楼和大师之家]

德绍大师之家

1925年德绍市政府委托格罗皮乌斯为包豪斯的大师们建造三个半独立住宅，并为主任建造一个独立住宅。基地位于当时一片小松树林中——如今临近Ebert大道。格罗皮乌斯的设计理念是，无论从建造与建筑学的关系中，还是从建造过程本身来看，都可以通过使用工业化预制简单的“建筑块”构件来实现高效建造的原则。住宅群的形态通过不同高度的方块交错形成。侧立面的竖向窗为走廊提供了照明。由于当时拥有的技术来源有限，建筑师只部分实现了构件标准化的愿望。

04 · 莱比锡

建筑数量 -02

01 莱比锡新展览中心 /GMP
02 莱比锡宝马工厂中央大楼 / 扎哈 · 哈迪德

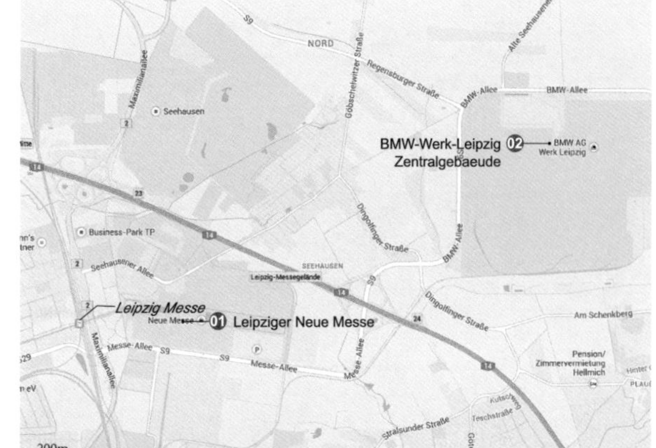

莱比锡新展览中心

建筑设计的原则非常简洁。参观者首先将经过一个人工峡谷。该峡谷位于展厅下一层，长达 2 公里，被设计为一个连续的景观公园。峡谷两侧均有入口大厅，可以把参观者引导到位于堤坝边缘的展厅。这些展厅空间可以独立使用或进行再分隔以供组织小型展览。最大的"高厅"不能被再分隔因此被作为一个多功能厅。这个 150 米 ×150 米的空间的入口采用了大型的液压驱动门。

莱比锡宝马工厂中央大楼

该建筑连接了包括车身、上漆以及装配的生产车间。同时它也是到达工厂及其办公区、交流区域、餐馆以及不同实验室和工坊的主要入口。建筑师的任务在于创造一个开放的、促进交流的、灵活的建筑，同时使得汽车的生产过程对访客和雇员都是同样透明可见。平台状的办公和交流空间提供了近距离体验汽车生产的机会。在 2600 平方米的区域中最重要的是为访客而设的大广场、交流和展示论坛以及带休息区域的宽敞前厅。建筑设计紧扣 BMW 的品牌：有机的建筑形态，与周围环境协调。

01 莱比锡新展览中心
Leipziger Neue Messe

建筑师：GMP
地址：Messe-Allee 1
Leipzig
年代：1993 – 1995
类型：展览建筑

02 莱比锡宝马工厂中央大楼
BMW-Werk-Leipzig
Zentralgebaeude

建筑师：扎哈 · 哈迪德
地址：BMW-Allee 1，
D-04349 Leipzig
年代：2005
类型：工业建筑
备注：开放时间：周一至周五（或是周六运营时候）：8：00 ～18：00。英文或是德文导游申请通过网站 www.bmw-werk-leipzig.de.

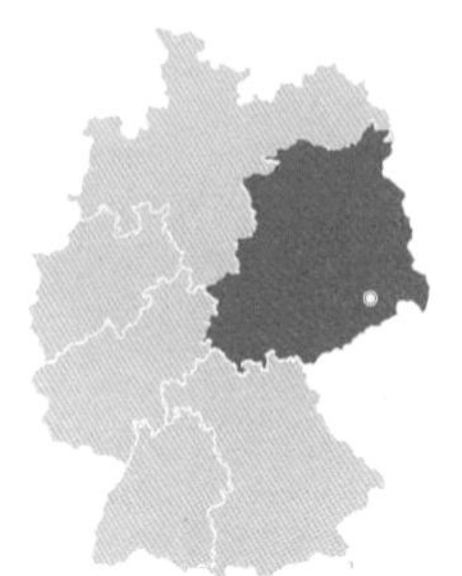

05 · 德累斯顿

建筑数量 -07

01 申培尔歌剧院 / Gottfried Semper
02 德累斯顿茨温格宫 / Matthäus Daniel Pöppelmann
03 德累斯顿新犹太教堂 / Wandel Hoefer Lorch
04 UFA 电影院 / 蓝天组
05 德累斯顿火车站改造 / Foster & Partners
06 德累斯顿工业大学图书馆 / Ortner & Ortner
07 联邦国防军军事历史博物馆 / 丹尼尔 · 里勃斯金

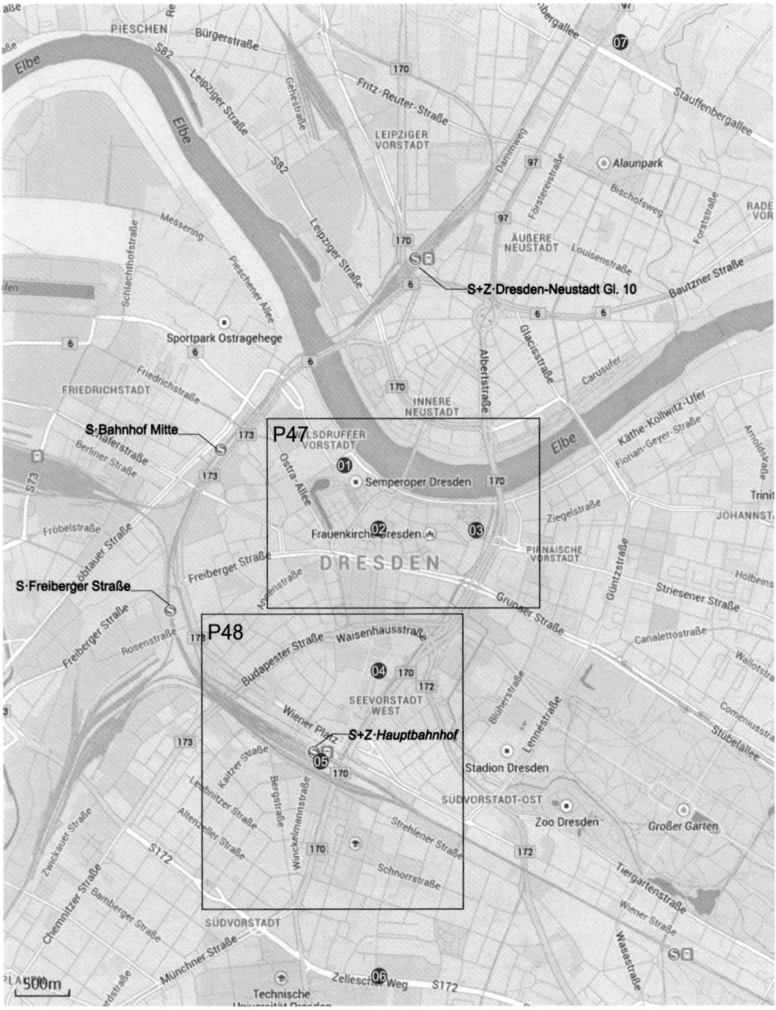

PIESCHEN
Bürgerstraße
Elbe
S82
Leipziger Straße
Gehestraße
Fritz-Reuter-Straße
LEIPZIGER VORSTADT
Dammweg
Stauffenbergallee
07
Alaunpark
Bischofsweg
Förstereistraße
Forststraße
Messering
Schlachthofstraße
Pieschener Allee
ÄUßERE NEUSTADT
Louisenstraße
S+Z·Dresden-Neustadt Gl. 10
Bautzner Straße
Sportpark Ostragehege
Friedrichstraße
FRIEDRICHSTADT
Glacisstraße
Albertstraße
Carusufer
INNERE NEUSTADT
S·Bahnhof Mitte
Berliner Straße
P47
WILSDRUFFER VORSTADT
Ostra-Allee
01
Semperoper Dresden
Käthe-Kollwitz-Ufer
Florian-Geyer-Straße
Ziegelstraße
02
Frauenkirche Dresden
03
DRESDEN
PIRNAISCHE VORSTADT
JOHANNSTADT
Fröbelstraße
Freiberger Straße
Güntzstraße
Striesener Straße
S·Freiberger Straße
Grunaer Straße
P48
Budapester Straße
Waisenhausstraße
Rosenstraße
04
Canalettostraße
SEEVORSTADT WEST
Blüherstraße
Lennéstraße
Wiener Platz
S+Z·Hauptbahnhof
05
Kaitzer Straße
Bergstraße
Winckelmannstraße
Stadion Dresden
SÜDVORSTADT-OST
Zoo Dresden
Großer Garten
Strehlener Straße
Altenzeller Straße
S172
Schnorrstraße
Tiergartenstraße
Zwickauer Straße
Chemnitzer Straße
Bamberger Straße
SÜDVORSTADT
Wiener Straße
Münchner Straße
Wasastraße
500m
Zellescher Weg
06
Technische Universität Dresden

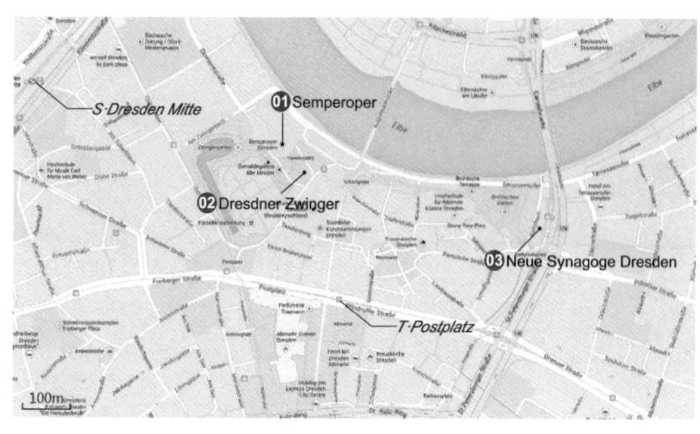

申培尔歌剧院

该建筑前身为撒克逊皇家歌剧院。这座具有意大利文艺复兴时期建筑风格的歌剧院，使德累斯顿一举成为音乐中心。该建筑的外立面由三层文艺复兴风格的拱廊和壁柱构成，最上一层向内收，形成二层顶部有屋顶平台的外观。主体两侧“插入”了两个折中主义风格的古典神庙。该建筑的最大特征在于，它的平面直接反映了观众厅及其外侧休息厅的形状。这一特征使该建筑在从古典建筑到现代建筑的演化过程中占有重要位置。

德累斯顿茨温格宫

该宫殿的前身是由木结构建筑环绕的广场，用作萨克森王公贵族举行各种比赛和进行宫廷游戏的欢庆场所。1710至1719年间，奥古斯特选帝侯统治时期用砂岩修建了茨温格宫。皇宫两侧环绕的亭阁和画廊曾经是橘园。希腊罗马时期的元素以及意大利巴洛克盛期的标志性元素装点着王冠城门。墙亭旁的仙女浴池是德国最精美的巴洛克式喷泉之一。

德累斯顿新犹太教堂

该教堂所在的位置呼应了由申培尔设计的第一个犹太教堂的原址：布吕尔平台的尽端。建筑为一个向东旋转的方体——朝向耶路撒冷的祷告方向。方体借鉴了以色列人第一个圣殿的形式，从而与原来的宗教仪式和传统符号建立了联系。然而对形体的严格简化又回应了原建筑特点——以同样严谨的方体形式原则建造的、平面为20米×20米见方的犹太教堂。由34层异型石材砌成的教堂达到24米高，呈螺旋状向上扭转，直到达到完全正东方向。

01 申培尔歌剧院
Semperoper

建筑师：Gottfried Semper
地址：Theaterplatz 2, D-01067 Dresden
年代：1838
类型：观演建筑

02 德累斯顿茨温格宫
Dresdner Zwinger

建筑师：Matthäus Daniel Pöppelmann
地址：Taschenberg 2, D-01067 Dresden
年代：1709-1728
类型：文化建筑

03 德累斯顿新犹太教堂
Neue Synagoge Dresden

建筑师：Wandel Hoefer Lorch
地址：Hasenberg 1, D-01067 Dresden
年代：2001
类型：宗教建筑
备注：可参观，更多信息请咨询 +49 - 351 - 656070

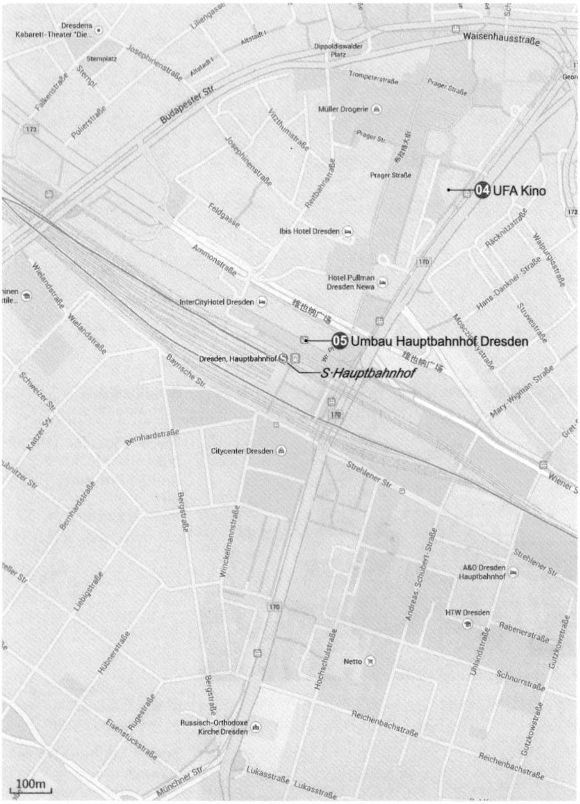

Note Zone

04 UFA 电影院
UFA Kino

建筑师：蓝天组
地址：Sankt-Petersburger-Straße 24,D-01069 Dresden
年代：1998
类型：观演建筑

05 德累斯顿火车站改造
Umbau Hauptbahnhof Dresden

建筑师：Foster & Partners
地址：Wiener Platz 4，D-01069 Dresden
年代：2006
类型：交通建筑

UFA 电影院

由沿布拉格大街的板状高层形成的城市建筑群，与南侧的中央火车站、北侧通向老市场的通道一起，构成了一个1960年代规划的典型产物。而新加入这一整体的电影中心，则重新定义了大街东侧的公共空间，同时强化了与大轴线之间的横向联系。宽敞的前厅、雕塑感极强的台阶、位于金属丝椎体中悬空的酒吧以及其他服务功能均清晰地展现在公共空间之中，它们被包裹在一个水晶般的钢—玻璃结构中，为这个新城市公共空间形成了一个充满魅力的符号。

德累斯顿火车站改造

该火车站在整修中采用了一个新的膜结构屋顶，它由一种特别防撕裂的材料（玻璃纤维构成的特氟龙屋顶）构成。这个半透明的材料是白色的，它根据阳光强度的不同让不同色调的日光通过或者从外表面进行反射。在铁制的大厅拱上方，这个帐篷状屋顶打开了一条狭窄的缝，让视线可以望向天空。

Note Zone

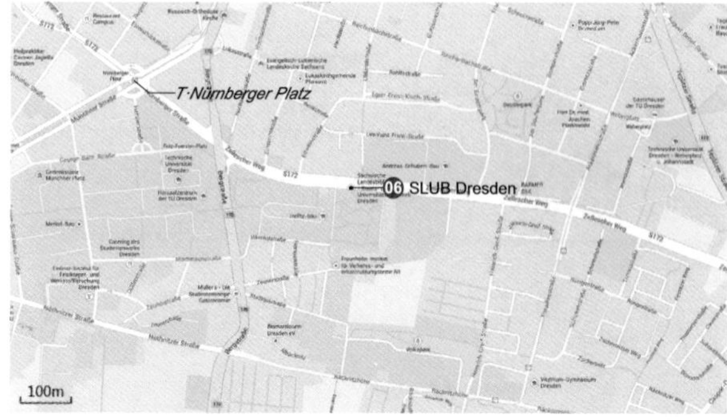

07 Militärhistorisches Museum der Bundeswehr
T·Stauffenbergallee
100m

德累斯顿工业大学图书馆

该图书馆坐落在德累斯顿工业大学校园的东端，位于运动场边上。除了两个耸立的体块以及入口部分外，图书馆的大部分位于地下。底层的屋顶可以上人，同时种满植物，在这里还有大面积的窗面为图书馆提供光线照明。耸立的两个建筑体块表面只有少量窗户，立面为钙华石饰面。南侧的建筑体块内是管理办公室以及德国图片博物馆；另一体块内为公共区域，例如书籍博物馆、咖啡厅以及活动厅。图书馆的大部分都位于地下，共有两层地下空间。

联邦国防军军事历史博物馆

该博物馆的前身为一个新古典主义风格的兵工厂。2001 年，德累斯顿军事博物馆决定将其转变为军事历史博物馆，因此需要增加展览空间。在解构主义风格的设计中，这个历史建筑中劈入了一个楔形体块。原来的兵工厂的三分之一被去掉。这个楔形象征了 1945 年英军对德累斯顿老城的摧毁——楔形的尖端指向当时投向德累斯顿的炸弹的方向。它同时也体现了展览的新构思：传统的、根据时间顺序的展览被一个“现代的楔形”打断，即跨时代的主题“暴力文化历史的基石”。

06 德累斯顿工业大学图书馆
SLUB Dresden

建筑师：Ortner & Ortner
地址：Zellescher Weg 20，D-01069 Dresden
年代：2002
类型：科教建筑

07 联邦国防军军事历史博物馆
Militärhistorisches Museum der Bundeswehr

建筑师：丹尼尔 · 里勃斯金
地址：Olbrichtplatz 2，D-01076 Dresden
年代：2010
类型：文化建筑

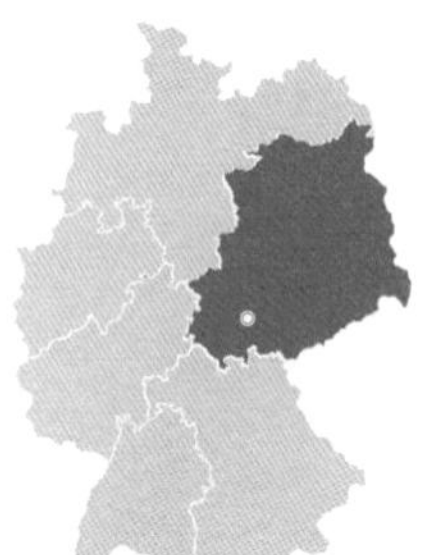

06 · 魏玛

建筑数量 -02

01 古典魏玛
02 Am Horn 住宅 / Georg Muche, 沃尔特 · 格罗皮乌斯

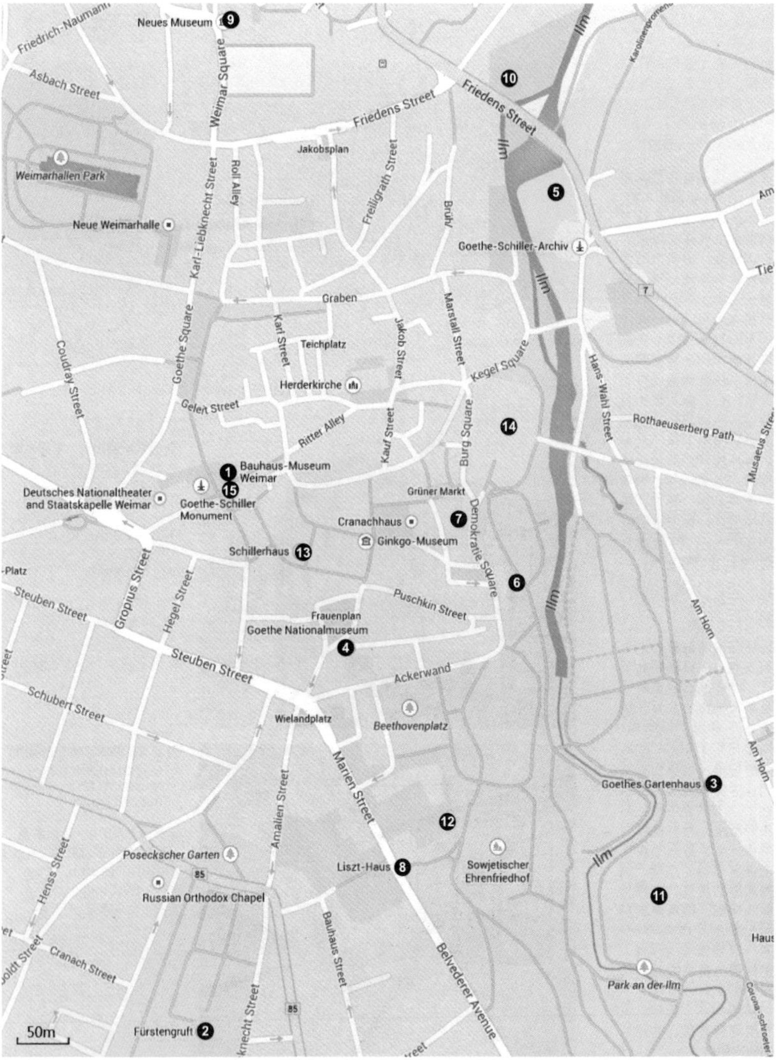

古典魏玛

“古典的”魏玛见证了业已逝去但对后来仍有影响的那个文化时期 — 魏玛古典主义时期。在这里，产生了一大批极为重要的文学作品。它们以追求世界的开放、普及教育和人文主义为特征。这些作家及其资助者的故居和纪念馆是古典魏玛的见证。

“古典魏玛”项目多达二十多个，魏玛城中有15个（注：左图中标注建筑编号均属于“古典魏玛”）：

1 包豪斯博物馆，2 大公国王侯墓室，3 歌德花园，4 歌德国家博物馆，5 歌德和席勒档案馆，6 安娜·阿玛利亚女公爵图书馆，7 研究中心及图书馆，8 李斯特故居，9 魏玛新博物馆，10 蕾贝卡·霍恩装置艺术展，11 伊尔姆河畔公园，12 伊尔姆河畔公园山洞，13 席勒故居，14 魏玛宫殿及宫殿博物馆，15 魏图姆斯宫

Am Horn 住宅

该建筑是为包豪斯 1923 年 7–9 月的展览而建造的。格罗皮乌斯声称该建筑建造的目的是“通过最好的施工工艺，对空间形式、大小、连接的最佳设计以达到最高的经济性和最大的舒适性”。该建筑是一个以钢和混凝土为材料的简单方体。中心是一个由天窗提供照明的房间，周围环绕的是具有特殊功能的房间。格罗皮乌斯如此评价：“在不同的房间，功能都是重要的，例如厨房是最实际和简单的厨房——但是它不能被用作一个餐厅。每个房间都有适合它用途的独特性格。”

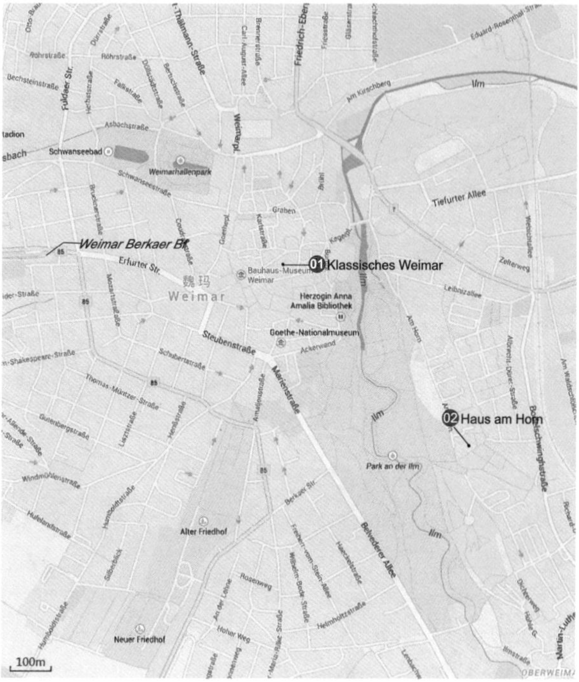

01 古典魏玛（世界文化遗产）
Klassisches Weimar

地址：Frauenplan 13, D-99423 Weimar
年代：1800
类型：特色片区

02 AmHorn 住宅（世界文化遗产）
Haus am Horn

建筑师：Georg Muche, 沃尔特·格罗皮乌斯
地址：AmHorn61, D-99425Weimar
年代：1923
类型：居住建筑
备注：开放时间：周三、周六和周日 11：00～18：00，特别导游团预定通过电话：+493643/583 000 或是邮件：bauhausspaziergang@uni-weimar.de。

北部区域 Nördlicher Teil

07 汉堡 / Hamburg
08 施特拉尔松德 / Stralsund
09 沃尔夫斯堡 / Wolfsburg
10 戈斯拉尔 / Goslar
11 阿尔费尔德 / Al feld
12 希尔德斯海姆 / Hildesheim
13 汉诺威 / Hannover
14 不来梅 / Bremen
15 不来梅港 / Bremerhaven

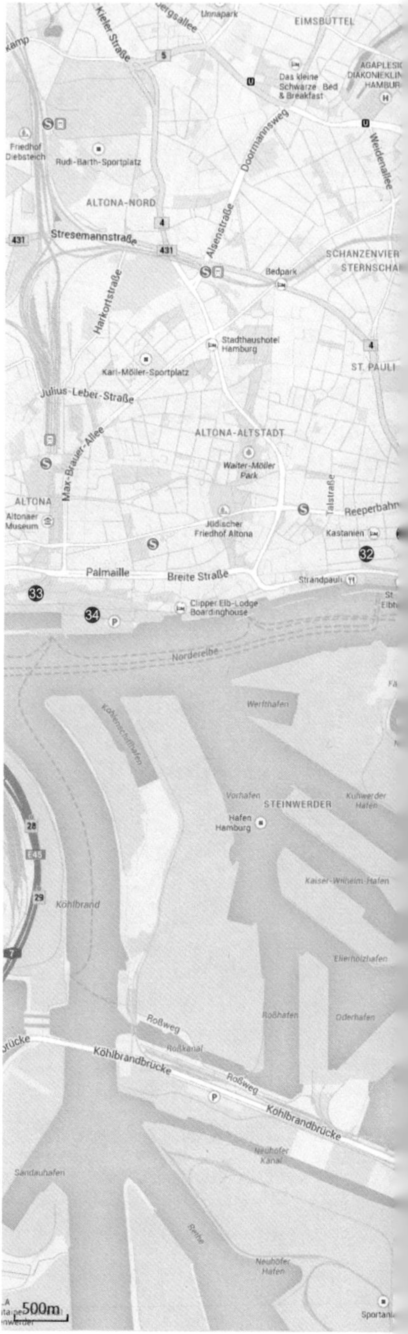

07 · 汉堡

建筑数量 -38

01 Alster 拱廊 / Alexis de Chateauneuf
02 Sankt-Petri 社区中心 / Akyol-Kamps Architekten
03 Meßberghof 办公楼 / Hans und Oskar Gerson
04 Miramar 大楼 / Max Bach,Richard Kuöhl
05 汉堡交易所 / Wimmel Und Forsmann
06 楼中楼 / Behnisch Architekten
07 智利大楼 / Fritz Höger
08 Sprinken 大院 / Hans Und Oskar Gerson 等
09《明镜》周刊总部大楼 / Henning Larsen
10 汉堡 Deich 大街
11 港口新城总体规划开发项目 / M+T 等
12 港口新城 4 号码头 / Asp Architekten
13 港口新城 H2O 大楼 / Spengler Wiescholek
14 港口新城 Am Sandtorkai 68/ Ingenhoven Architekten
15 易北爱乐厅 / Herzog&de Meuron
16 港口新城 S-KAI 办公楼 / BLK2
17 港口新城 Am Kaiserkai 59-69/ Schenk Und Waiblinger Architekten 等
18 港口新城 Am Kaiserkai 35-45/ Sml Architekten 等
19 易北爱乐厅信息亭 / Studio Andreas Heller
20 港口新城 Am Kaiserkai 23-33/ Carsten Lorenzen 等
21 港口新城 Am Kaiserkai 3-7/ Friedrich & Partner
22 港口新城 Am Kaiserkai 1/ NPS TCHOBAN VOSS
23 港口新城 Am Kaiserkai 56/ Love Architecture And Urbanism
24 Am Kaiserkai 椭圆形住宅 / Ingenhoven Architekten
25 仓库城
26 联合利华大楼 / Behnisch
27 Brahms 商务大楼 / Lundt & Kallmorgen
28 Bäckerbreiter 巷子
29 汉堡圣米迦勒教堂
30 圣保利码头栈桥 / Raabe & Wöhlecke
31 汉堡巴伐利亚啤酒坊地块 2/ PFP Architekten
32 帝国河畔酒店 / 戴维・齐普菲尔德
33 Altona 的 Elbberg 办公园区 / BRT Architekten
34 “码头”办公大楼 / BRT Architekten
35 Bogen 大街住宅 / Blauraum Architekten
36 汉堡青年音乐学校 / Miralles & Tagliabue
37 船型办公室 / FORMAT21,Baubüro Eins
38 威廉斯堡岛 6 号高射炮塔 / Friedrich Tamms

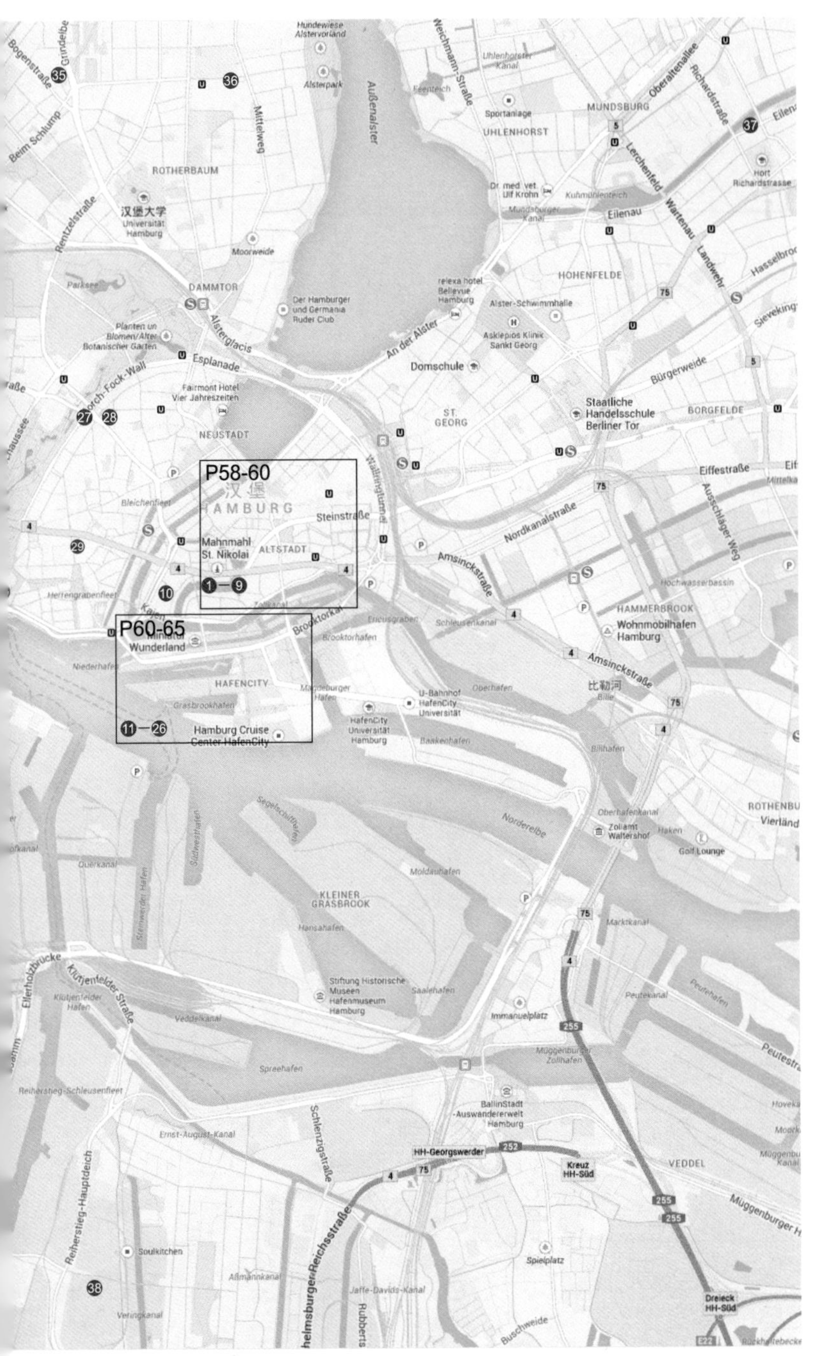
P58-60
P60-65
汉堡
HAMBURG
Mahnmahl
St. Nikolai
ALTSTADT
Steinstraße
NEUSTADT
DAMMTOR
ROTHERBAUM
汉堡大学
Universität
Hamburg
Moorweide
Parksee
Planten un
Blomen/Alter
Botanischer Garten
Esplanade
Alsterglacis
Fairmont Hotel
Vier Jahreszeiten
Bleichenfleet
Herrengrabenfleet
Miniatur
Wunderland
HAFENCITY
Grasbrookhafen
Hamburg Cruise
Center HafenCity
Magdeburger
Hafen
U-Bahnhof
HafenCity
Universität
HafenCity
Universität
Hamburg
Baakenhafen
Brooktorkai
Brooktorhafen
Ericusgraben
Oberhafen
Außenalster
Alsterpark
Hundewiese
Alstervorland
Der Hamburger
und Germania
Ruder Club
An der Alster
Weichmann-Straße
Uhlenhorster
Kanal
Feenteich
Sportanlage
UHLENHORST
MUNDSBURG
Oberaltenallee
Richardstraße
Hort
Richardstrasse
Lerchenfeld
Wartenau
Landwehr
Eilenau
Kuhmühlenteich
Mundsburger
Kanal
Dr. med. vet.
Ulf Krohn
HOHENFELDE
relexa hotel
Bellevue
Hamburg
Alster-Schwimmhalle
Asklepios Klinik
Sankt Georg
Domschule
ST.
GEORG
Bürgerweide
Staatliche
Handelsschule
Berliner Tor
BORGFELDE
Eiffestraße
Ausschläger Weg
Nordkanalstraße
Amsinckstraße
Hochwasserbassin
HAMMERBROOK
Wohnmobilhafen
Hamburg
Schleusenkanal
比勒河
Bille
Billhafen
Wallringtunnel
Bogenstraße
Grindelbe
Beim Schlump
Mittelweg
Rentzelstraße
Holsten-Fock-Wall
Kajen
Niederhafen
Segelschiffhafen
Südwesthafen
Steinwerder Hafen
Querkanal
Norderelbe
Oberhafenkanal
Zollamt
Waltershof
Golf Lounge
ROTHENBU
Vierländ
Moldauhafen
KLEINER
GRASBROOK
Hansahafen
Marktkanal
Ellerholzbrücke
Klütjenfelder Straße
Klütjenfelder
Hafen
Veddelkanal
Stiftung Historische
Museen
Hafenmuseum
Hamburg
Saalehafen
Immanuelplatz
Peutekanal
Peutehafen
Müggenburger
Zollhafen
Spreehafen
Reiherstieg-Schleusenfleet
BallinStadt
Auswandererwelt
Hamburg
Ernst-August-Kanal
Schlenzigstraße
HH-Georgswerder
Kreuz
HH-Süd
VEDDEL
Müggenburger
Kanal
Reiherstieg-Hauptdeich
Soulkitchen
Aßmannkanal
Veringkanal
Harburger Reichsstraße
Jaffe-Davids-Kanal
Spielplatz
Buschweide
Dreieck
HH-Süd
Rückholtebecke

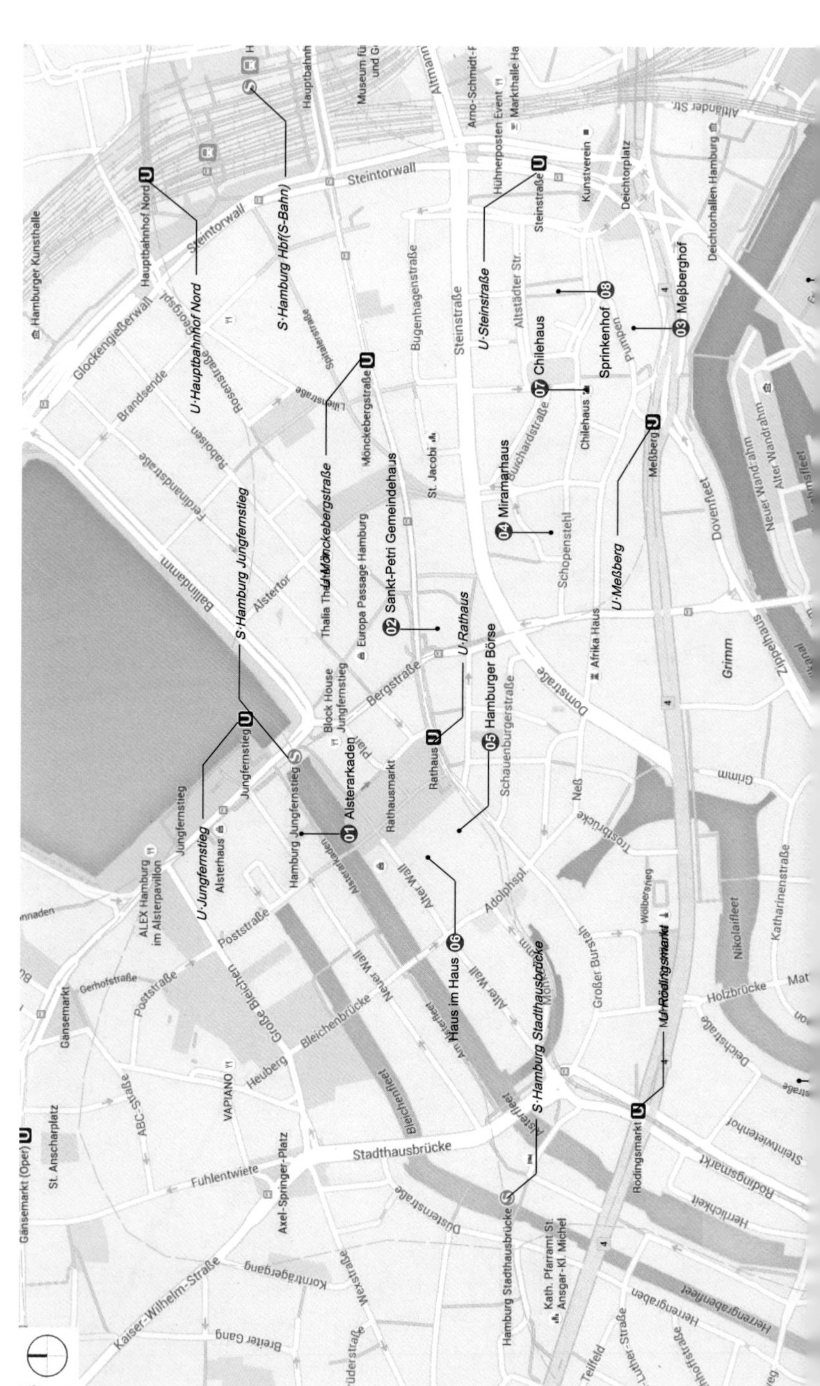
01 Alsterarkaden
02 Sankt-Petri Gemeindehaus
03 Meßberghof
04 Miramarhaus
05 Hamburger Börse
06 Haus im Haus
07 Chilehaus
08 Sprinkenhof
U·Hauptbahnhof Nord
S·Hamburg Hbf(S-Bahn)
U·Mönckebergstraße
U·Steinstraße
S·Hamburg Jungfernstieg
U·Jungfernstieg
U·Rathaus
U·Meßberg
S·Hamburg Stadthausbrücke
U·Rödingsmarkt
Hamburger Kunsthalle
Steintorwall
Glockengießerwall
Ballindamm
Bergstraße
Rathausmarkt
Alter Wall
Neuer Wall
Stadthausbrücke
Domstraße
Steinstraße
Deichtorhallen Hamburg
Gänsemarkt (Oper)
Kaiser-Wilhelm-Straße

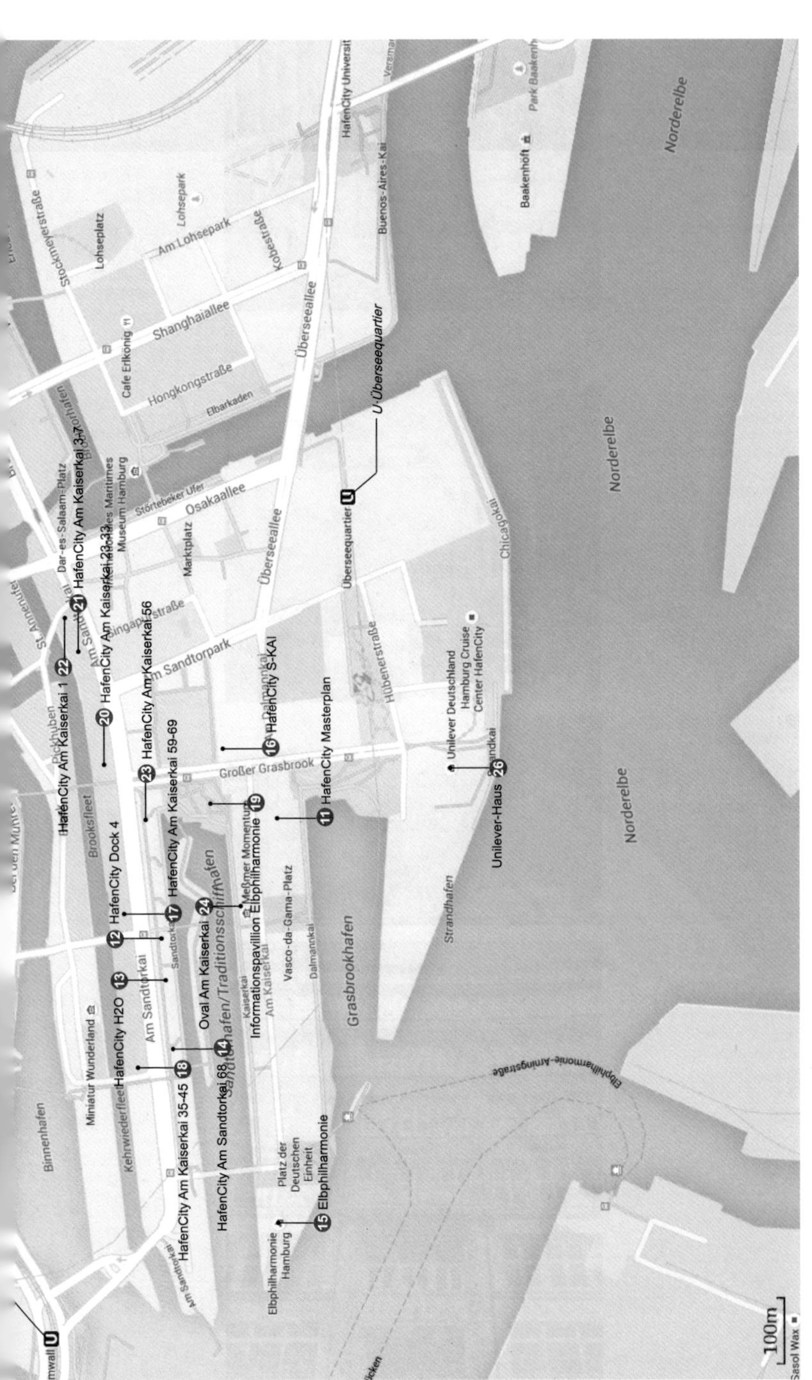

11 HafenCity Masterplan
12 HafenCity Dock 4
13 HafenCity H2O
14 HafenCity Am Sandtorkai 68
15 Elbphilharmonie
16 HafenCity S-KAI
17 HafenCity Am Kaiserkai 59-69
18 HafenCity Am Kaiserkai 35-45
19 Informationspavillion Elbphilharmonie
20 HafenCity Am Kaiserkai 23-33
21 HafenCity Am Kaiserkai 3-7
22 HafenCity Am Kaiserkai 1
23 HafenCity Am Kaiserkai 56
24 Oval Am Kaiserkai
26 Unilever-Haus
U Überseequartier
Binnenhafen
Brooksfleet
Sandtorhafen/Traditionsschiffhafen
Grasbrookhafen
Strandhafen
Norderelbe
Baakenhöft
Lohsepark
Am Lohsepark
Shanghaiallee
Hongkongstraße
Osakaallee
Überseeallee
Am Sandtorpark
Großer Grasbrook
Hübenerstraße
Chicagokai
Buenos-Aires-Kai
Stockmeyerstraße
Lohseplatz
Dar-es-Salaam-Platz
Vasco-da-Gama-Platz
Platz der Deutschen Einheit
Elbphilharmonie Hamburg
Miniatur Wunderland
Kehrwiederfleet
Am Sandtorkai
Dalmannkai
Marktplatz
Cafe Erlkönig
Internationales Maritimes Museum Hamburg
Unilever Deutschland
Hamburg Cruise Center HafenCity
Elbphilharmonie-Arningstraße
100m

01 Alster 拱廊
Alsterarkaden

建筑师：Alexis de Chateauneuf
地址：Alsterarkaden 1, 20354 Hamburg
年代：1843-1846
类型：特色片区

02 Sankt-Petri 社区中心
Sankt-Petri Gemeindehaus

建筑师：Akyol-Kamps Architekten
地址：Bei der Petrikirche 3, 20095 Hamburg
年代：2009
类型：文化建筑

03 Meßberghof 办公楼
Meßberghof

建筑师：Hans und Oskar Gerson
地址：20095 Altstadt, Hamburg
年代：1924-
类型：办公建筑

04 Miramar 大楼
Miramarhaus

建筑师：Max Bach,Richard Kuöhl
地址：Schopenstehl 15, 20095 Hamburg
年代：1921
类型：办公建筑

Alster 拱廊

1842 年的大火烧毁了汉堡市政厅，为了在 Alster 湖的入口构筑市政广场，人们在 Schleusen 桥前修建了一个水池，即小 Alster 湖。建筑师为该湖的西侧设计了一个意大利风格的圆弧形拱廊通道，它原来为赭石色，后来被涂上了白色抹灰，这一特征性外表保留至今。

Sankt-Petri 社区中心

该建筑坐落在 St.Petri 教堂广场旁边，包括了咨询中心、幼儿托管中心、社区大厅以及教堂执事的住所等多项功能。社区中心的设计借鉴了该城区中的典型主题，例如建筑体块的错落变化，暗红色砖块的运用等。为了保护私密及限定边界，建筑中使用了打孔石墙的元素。雕塑感极强的建筑体块堆叠形成了住宅和社区大厅的屋顶平台。

Meßberghof 办公楼

该建筑坐落于汉堡旧商务办公区的最南端，为钢筋混凝土结构，外立面以砖为材料。四坡屋顶覆盖着以钛合金为材料的板片。二层到九层的平面中，承重墙和柱子的位置是相同的，只有第十层往内退。怪兽、传奇生物等表现主义雕塑，位于入口上端，营造出一种哥特氛围。在这里，楼梯延展向上到达 10 层。光线从圆形天窗及彩色玻璃中透射下来，形成了充满魅力的光影变化。

Miramar 大楼

该建筑于 1921 年落成，属于汉堡的旧商务办公区的一部分。该建筑有一个圆角，这点后来成为“新建筑”的典型特征。单独的装饰元素体现了砖表现主义的特征。入口部分装饰有陶瓷砖雕塑。

汉堡交易所

该交易所是德国最古老的交易所。目前该建筑内有包括购物、咖啡、保险、一般交易所、证券交易所等多个部分。在 1842 年的汉堡市大火中，该建筑幸运地逃过一劫，此后经历多次扩建。底层拱券上的雕塑装饰代表了不同的经济部门，中间的入口上方有汉堡市的纹章。

05 汉堡交易所
Hamburger Börse

建筑师：Wimmel und Forsmann
地址：Adolphsplatz 1, 20457 Hamburg
年代：1841
类型：商业建筑

楼中楼

该建筑为汉堡交易所的增建部分，新的设计共加建了五层，不过只占用了原大厅中一个较小的区域，以此，保持建筑原有的开阔空间性格。最上一层可以直通宽敞的屋顶平台，人们透过一系列拱形天窗可俯瞰汉堡。新的结构由层和板元素构成，新建筑部分轻盈感、非物质性以及反射性与原建筑的厚实、精致的墙体形成对比。

06 楼中楼
Haus im Haus

建筑师：Behnisch Architekten
地址：Adolphsplatz 1, 20457 Hamburg
年代：2007
类型：办公建筑

智利大楼

该建筑是 1920 年代砖表现主义建筑的重要实例。该建筑的净建筑面积达 36000 平方米，高 10 层，是汉堡最早的高层建筑之一。朝东的顶端让人联想到船首，也使之成为建筑学中表现主义的重要符号之一。由于该建筑靠近海关运河及易北河，地基较为松软，因此它的基桩深达 16 米。该建筑为钢筋混凝土结构，建造中使用了 4800 万块暗色调的砖。

07 智利大楼
Chilehaus

建筑师：Fritz Höger
地址：Fischerwiete 2, 20095 Hamburg
年代：1922-1924
类型：办公建筑

Sprinken 大院

该建筑为一个九层的方体，立面的菱形砖图案强调了其体块感。立面上充满韵律感地点缀有代表贸易和手工业符号的装饰。建筑设计借鉴了威尼斯的 Dogenpalast 以及萨拉曼卡的贝壳之家的形式元素。该建筑曾经是汉堡最大的办公综合体，拥有大量商店、住宅以及仓储空间。

08 Sprinken 大院
Sprinkenhof

建筑师：Hans und Oskar Gerson,Fritz Höger
地址：Burchardstraße 8, 20095 Hamburg
年代：1927
类型：办公建筑

⑨《明镜》周刊总部大楼
Spiegel Hauptverwaltung

建筑师：Henning Larsen
地址：Brooktorkai 1 20457 Hamburg
年代：2012
类型：办公建筑

《明镜》周刊总部大楼

该项目由两个建筑组成：一个是《明镜》办公主楼本身，另一个建筑是Ericus大楼，为其他公司提供办公场所。Ericus大楼成功营造一个大型公园空间。《明镜》主楼则成了从火车站和Brooktorkai大街面向港口新城的门户。这两个建筑的布局形成了拥抱前方城市空间的巨大U形，同时又构成了两个广场：入口广场以及与滨水步道直接相连的公共开放广场。

⑩ 汉堡 Deich 大街
Deichstraße Hamburg

地址：20459 Hamburg
年代：1304
类型：特色片区

汉堡 Deich 大街

这条街道位于汉堡内城，这里保存下来最后一块老汉堡的典型市民住宅群。该建筑群包括多个木框架建筑，沿街一侧展现出较为华丽的立面，临水的另一侧则保留了木框架结构的原有痕迹。驳船通过滑轮卸货，并且把货物直接运到房子的仓储空间。房子的前侧为居住区域、外贸邮局并安排了典型的走廊。该街道上最重要的建筑是保留了原建筑元素的36号住宅。

⑪ 港口新城总体规划开发项目
HafenCity Masterplan

建筑师：M+T, ASP, BHL, WTM, M+O, ASTOC, KCAP Architects & Planners
地址：HafenCity 20457 Hamburg
年代：2003
类型：特色片区

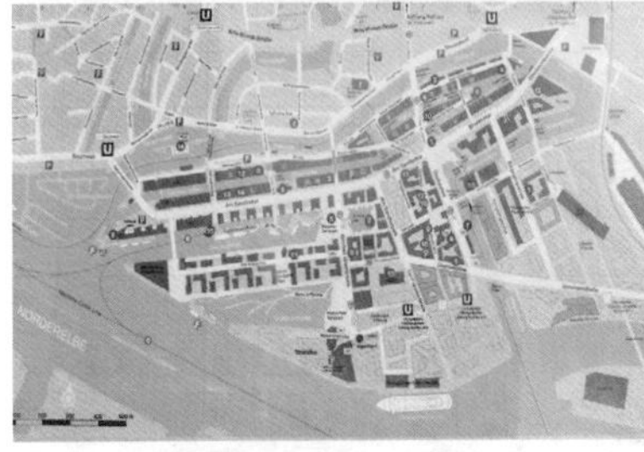

港口新城总体规划开发项目

该项目通过使全世界独一无二的仓库城建筑群与城市相连，实现了历史与现代的完美交融。十个外观迥异、风格鲜明、并且拥有现代化设计风貌的街区组成了这座港口新城。

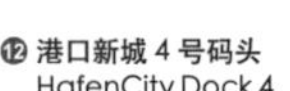

⑫ 港口新城 4 号码头
HafenCity Dock 4

建筑师：ASP Architekten
地址：Am Sandtorkai 62 20457 Hamburg
年代：2004
类型：办公建筑

港口新城 4 号码头

该建筑高八层，位于Sandtorhafen区的入口区域。建筑形体包括两个11米宽、外挑的居住功能块体，它们之间由北侧的办公部分及中间的交通核部分连接。建筑的入口两层通高，位于东侧的广场边上。而位于较高滩涂层的另一个入口则作为附加的防洪入口，同时为办公区提供了独立的流线。居住部分朝向南侧的水面，总共开发了18套住宅，面积从53平方米到210平方米不等。

⑬ **港口新城 H2O 大楼**
HafenCity H2O

建筑师：Spengler Wiescholek
地址：Am Sandtorkai 64, 20457 Hamburg
年代：2004
类型：办公建筑

港口新城 H2O 大楼

该建筑位于港口新城靠岸一侧，毗邻历史仓库城。H2O 既是水的分子式，寓意亲水；又取英文谐音“Home to Office”的简称，指商住两用，从家到办公室，仅一步之遥。建筑的外墙主要为砖墙结构，只有在办公区才使用了引人注目的玻璃墙面。

⑭ **港口新城** Am Sandtorkai 68
HafenCity Am Sandtorkai 68

建筑师：Ingenhoven Architekten
地址：Am Sandtorkai 68, 20457 Hamburg
年代：2004
类型：办公建筑

港口新城 Am Sandtorkai 68

这个现代主义的办公建筑位于港口新城中心。引人注目的立面由玻璃、铝材和陶板材料相互和谐地搭配构成。外露的支撑结构以及港口朝向的出挑是该建筑的另一亮点。

⑮ **易北爱乐厅**
Elbphilharmonie

建筑师：Herzog & de Meuron
地址：Am Kaiserkai, 20457 Hamburg
年代：2007-
类型：观演建筑

易北爱乐厅

建筑位于港口新城区域，目前仍在建造中。音乐厅一至七层的幕墙延续了其前身——港口仓库A的幕墙。它原是仓库城的一部分，曾经用于存贮可可、茶及烟草。建筑总体包括了3个音乐礼堂、1所酒店、45间公寓以及1座大楼，人们可以免费进入俯瞰整座城市。该建筑的核心部分是位于大楼中部约50米高、拥有2150个座席的大音乐礼堂。

⑯ **港口新城 S-KAI 办公楼**
HafenCity S-KAI

建筑师：BLK2
地址：Sandtorkai 50 20457 Hamburg
年代：2009
类型：办公建筑

港口新城 S-KAI 办公楼

该商业办公建筑位于港口新城的中心位置。为了将不同的功能整合到一个具有整体感的形体内，并使之融入这个著名的城区，建筑师别出心裁地把建筑设计为一个紧凑的S形。因此，北端的开口部分模拟了附近沿 Am Sandtorkai 大街的一排新建筑中具有的多个空间进退关系。

Note Zone

⑰ **港口新城港** am Kaiserkai 59-69
HafenCity Am Kaiserkai 59-69

建筑师：Schenk und Waiblinger Architekten, Bieling und Bieling Architekten, Wacker Zeiger Architekten
地址：Am Kaiserkai 59-71, 20457 Hamburg
年代：2008
类型：居住建筑

⑱ **港口新城** Am Kaiserkai 35-45
HafenCity Am Kaiserkai 35-45

建筑师：SML Architekten, Léon Wohlhage Wernlk Architekten, SEHW Architekten
地址：Am Kaiserkai 35-45, 20457 Hamburg
年代：2008
类型：居住建筑

⑲ **易北爱乐厅信息亭**
Informationspavillion Elbphilharmonie

建筑师：Studio Andreas Heller
地址：Großer Grasbrook 10, 20457 Hamburg
年代：2008
类型：文化建筑

港口新城港 am Kaiserkai 59–69

该住宅建筑体现为一种开放的建筑风格以及易北河的景观。该建筑的总建筑面积为6000平方米，包括多个租赁公寓及独立产权公寓。该建筑的另一特点在于公寓的模数化，可以根据私人租客和业主的需求而调整单元的大小。该建筑底部为带有独立入口的两层住宅。

港口新城 Am Kaiserkai 35–45

这个位于Grasbrook港口的奢华住宅甚至拥有私家人花园。用户可以从总共60个住宅单元选择使用四种装修风格当中的一种，建筑面积70～200平方米不等。基地的西侧还有一个独立的建筑，内部安排了约26个拥有2～6个卧室不等的公寓单元。

易北爱乐厅信息亭

该信息亭位于港口新城的中心广场在这里，汉堡的市民和来自世界各地的游客可以了解到关于音乐厅的有趣信息。这个超级结构能够自承重，也被称为浮体结构，同时也可以极为方便地被拆除。钢框架结构为10米 × 10米 × 10米。浮体结构的下侧三分之一由钢板包裹，上侧的三分之二部分由5.8米高的玻璃板包裹。展览空间位于底层的10米长的通道两侧。

Note Zone

⑳ **港口新城** Am Kaiserkai 23-33
HafenCity Am Kaiserkai 23-33

建筑师：Carsten Lorenzen, Kähne Birwe Nähring Krause, Loosen Rüschoff Winkler
地址：Am Kaiserkai 23-33, 20457 Hamburg
年代：2008
类型：居住建筑

㉑ **港口新城** Am Kaiserkai 3-7
HafenCity Am Kaiserkai 3-7

建筑师：Friedrich & Partner
地址：Am Kaiserkai 3-7, 20457 Hamburg
年代：2008
类型：居住建筑

㉒ **港口新城** Am Kaiserkai 1
HafenCity Am Kaiserkai 1

建筑师：NPS TCHOBAN VOSS
地址：Am Kaiserkai 1, 20457 Hamburg
年代：2008
类型：办公建筑

港口新城 Am Kaiserkai 23–33

该项目包括了租赁公寓及独立产权公寓两部分。来自不同国家的几位建筑师用了不同的建筑语汇设计了个性化的建筑。带绿化的内院保证了居民的私密性，同时也提供了俯视 Grasbrook 港口及 Marco Polo 阶梯式广场的场地。

港口新城 Am Kaiserkai 3–7

汉堡合作建造协会 (Bergedorf–Bille) 在 Dalmannkai 的南侧建造了一个有着 42 个高品质的租赁单元的公寓建筑群。这个建筑群由两座独立的建筑组成，它们的独特之处在于透明优雅的玻璃幕墙以及用于抵挡阳光和海风的可移动木板。住宅内部光线充足；有些住宅被设计为复式住宅，占据两层，使人在楼梯间也能饱览 Marco Polo 阶梯式广场的美景。

港口新城 Am Kaiserkai 1

该建筑属于港口新城中较高级的办公建筑之一。尽管设计非常引人注目，但却与周围的城市设计元素十分和谐。建筑的南侧有一个餐馆，从这里可以饱览 Glasbrook 港口步道以及 Dalmannkai 码头侧的咖啡厅的美景，从而为这个街区提供充满吸引力的休憩空间。

Note Zone

㉓ **港口新城** Am Kaiserkai 56
HafenCity Am Kaiserkai 56

建筑师：Love Architecture And Urbanism
地址：Am Kaiserkai 56, 20457 Hamburg
年代：2008
类型：办公建筑

㉔ Am Kaiserkai **椭圆形住宅**
Oval Am Kaiserkai

建筑师：Ingenhoven Architekten
地址：Am Kaiserkai 10, 20457 Hamburg
年代：2009
类型：居住建筑

㉕ **仓库城（世界文化遗产）**
Speicherstadt

地址：Hamburg
年代：1883-1927
类型：特色片区

港口新城 Am Kaiserkai 56

该建筑位于 Sandtor 港口的滨水区，毗邻易北河爱乐厅，建筑面积约为 3900 平方米，附设有服务业空间。

Am Kaiserkai **椭圆形住宅**

该高层住宅位于港口新城中 Kaiserkai 大道的北侧。这个极佳的区位提供了俯瞰汉堡内城、仓库城和港口美景的机会。建筑师根据当地的风向条件分析，采用了椭圆柱的建筑形体。玻璃立面以及平台的波浪形状根据光照条件与视线分析进行了优化，使用户可以从设有大面积玻璃面的住宅中观赏到城市天际线。每一层的住宅单元数目最多不超过三个，面积 60 ~ 125 平方米不等。

仓库城

19 世纪末，汉堡开始建造仓库城。经过数十年的发展，它的面积约为 30 万平方米，是当时世界上最大的仓储式综合市场。六、七层砖结构的哥特式风格建筑沿水路和陆路构成了长长的仓库城街区。在厚实的墙壁后面储存着来自世界各地的“珍宝”。在这里，仓库城博物馆、海关博物馆和香料博物馆以及具有专题性质的城市游览路线向人们诉说着仓库城的传统和现代。

㉖ 联合利华大楼
Unilever-Haus

建筑师：Behnisch
地址：Strandkai 1, 20457 Hamburg
年代：2007-2009
类型：办公建筑

联合利华大楼

该建筑是联合利华的德国、奥地利和瑞士地区的新总部，坐落于易北河畔港口新城的显赫位置。该建筑的核心元素是开阔的中庭，桥、坡道以及台阶把所有中心空间联系起来。该建筑秉承整体性和生态性的原则。在使用节能技术的同时，在能源概念上坚持尽可能避免技术解决方式的使用。位于建筑的保温玻璃外的单层膜表皮保护那些遮光板免受强风和其他气候因素的影响。

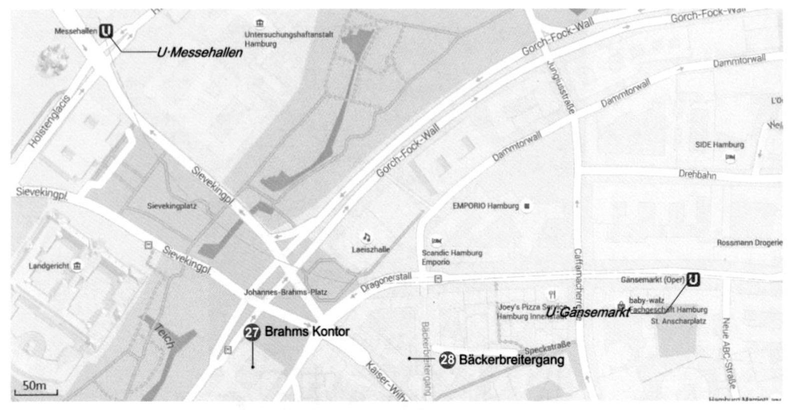

27 Brahms 商务大楼
Brahms Kontor

建筑师：Lundt & Kallmorgen
地址：Johannes-Brahms-Platz 1, 20355 Hamburg
年代：1903-1931
类型：办公建筑

28 Bäckerbreiter 巷子
Bäckerbreitergang

地址：20355 Hamburg
年代：1780-
类型：特色片区

Brahms 商务大楼

该建筑在“德国全国商业雇员协会”委托下建造的，原为一幢5层的居住办公建筑。“一战”后，该建筑由于空间过小而往上加建了8层。曾经装饰丰富的立面后来被拆除，代之以一个等距的砖柱列。1928年，由于该协会发展如此迅速，因此需要在临Pilatuspool大街处再度扩建一个15层的侧翼，侧翼部分采用的高度现代主义的铆接钢结构与砖立面外挂让人联想到芝加哥。

Bäckerbreiter 巷子

巷子上的49–58号是一排建于18、19世纪的木框架住宅，代表了该区域的特色，也是汉堡老城的典型代表。直到1930年代，这里仍充斥着各种社会问题，数以千计居民栖居于狭窄的起居空间。木框架建筑已经腐朽，行列式住宅的密度极高，后院狭窄，日照不足。

Note Zone

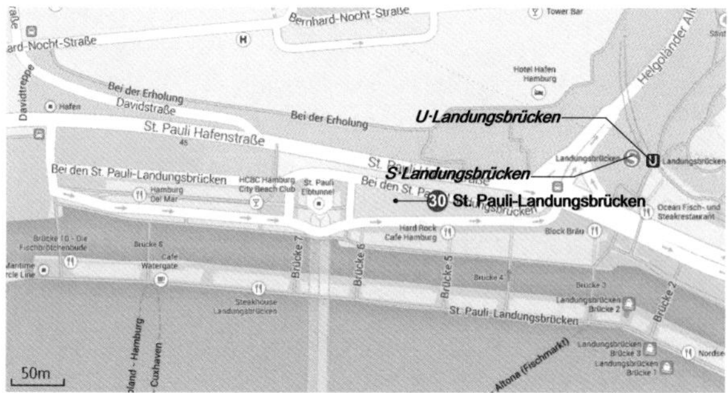

汉堡圣米迦勒教堂

该教堂是汉堡的重要地标，也是该市5座主要新教教堂之一。它以天使长米迦勒命名。在教堂正门上方放置有表现米迦勒战胜魔鬼的大型青铜雕塑。该教堂132米高的巴洛克尖顶覆铜，是汉堡天际线的显著标志，也是船只驶进易北河后首先看到的标志。圣米迦勒教堂有2500个座位，是汉堡最大的教堂。其尖顶是观赏城市和港口景色的绝佳位置。

圣保利码头栈桥

该码头栈桥位于易北河岸的港口和鱼市场之间。今天，它不仅是一个重要的交通节点，同时还是主要的旅游点。这里有众多餐厅，易北河上的观光游船在此出发。西侧尽端是老易北河隧道的入口，东侧以水位塔作为结束。历史上最早的码头栈桥主要用作蒸汽船卸煤点，由于这些船装载的煤炭有造成火灾的危险的，因此码头与城市之间保持一定的安全距离。现存的码头由长近700米的浮桥构成。

㉙ 汉堡圣米迦勒教堂
St. michaelis kirche hamburg

地址：Englische Planke 1, 20459 Hamburg
年代：1669
类型：宗教建筑

㉚ 圣保利码头栈桥
St. Pauli-Landungsbrücken

建筑师：Raabe & Wöhlecke
地址：20359 Hamburg
年代：1839-
类型：交通建筑

汉堡仓库城

WUNDERLAND
HAMBURG
ROCKY
HAMBURG

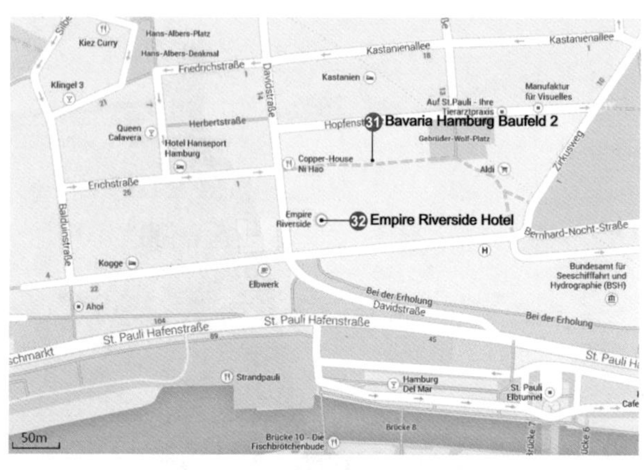

Note Zone

㉛ 汉堡巴伐利亚啤酒坊地块 2 Bavaria Hamburg Baufeld 2

建筑师：PFP Architekten
地址：Hopfenstraße 1, 20359 Hamburg
年代：2008
类型：居住建筑

㉜ 帝国河畔酒店 Empire Riverside Hotel

建筑师：戴维·齐普菲尔德
地址：Bernhard-Nocht-Straße 97, 20359 Hamburg
年代：2007
类型：商业建筑

汉堡巴伐利亚啤酒坊地块 2

在巴伐利亚啤酒坊街区再开发项目中，由于参与的开发商及建筑师数目众多，因此该街区极具多样性。该建筑项目由 4 个主要建筑体块及之间的小花园组成。这些体块在角度、高度层级变化以及外挑部分的大小方面都有所差异，窗户、阳台及凉廊的排布方式也充满变化。建筑的外墙由红色的人造板材构成。

帝国河畔酒店

该建筑位于汉堡市截然不同的两个区域之间：东侧是市政厅、贸易和机关大楼，西侧和北侧则是圣保利区小型的 19 世纪建筑群。这个拥有 328 间客房的酒店由一栋高楼和一个 L 型裙楼构成。四层的入口大厅周围分布着前厅、会议厅、餐馆、舞厅以及一个休息厅。位于 20 层的酒吧区可俯瞰汉堡市全景。私人酒店客房则分布在大楼的其他 17 层。立面上的青铜幕墙形成了强调垂直向的结构，不仅回应周围建筑的色调，同时以一种谦逊的方式与具有优雅比例的体量相得益彰。

Note Zone

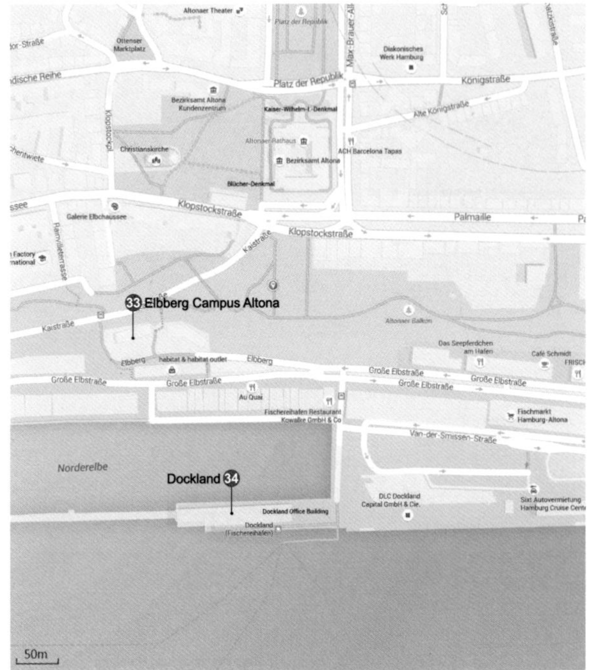

Altona 的 Elbberg 办公园区

该办公园区位于仓库、工业建筑以及绿地之间，结合了居住、工作和休闲活动等功能。设计以原有的建筑为出发点，新的办公室、住宅以及Loft空间顺应山地的等高线，分布在新设计的公园景观之中。新的步行道、台阶以及平台实现了Altona台地上部区域与港口之间的联系。办公楼被设计为面向公共空间布置：较低建筑部分的屋顶形成了开阔的平台，提供了鸟瞰港口的美景。

㉝ Altona 的 Elbberg 办公园区
Elbberg Campus Altona

建筑师：BRT Architekten
地址：Große Elbstraße 1, 22767 Hamburg
年代：2003
类型：办公建筑

“码头”办公大楼

对于所有爱好运动的游客来说，该建筑是一个非常受欢迎的地点。由于它标志性的斜坡，人们可以从东侧步行往上至屋顶。除了特定的“斜坡”建筑和玻璃幕墙外，这个办公建筑的亮点还包括呈对角线方向行驶的电梯。观光平台位于六层的上方，在这里除了可以观赏来往的船只外，还可以欣赏到汉堡港的另一艘“船”：建造中的易北河音乐厅。

㉞ “码头”办公大楼
Dockland

建筑师：BRT Architekten
地址：Van-der-Smissen-Straße 10, 22767 Hamburg
年代：2006
类型：办公建筑

Note Zone

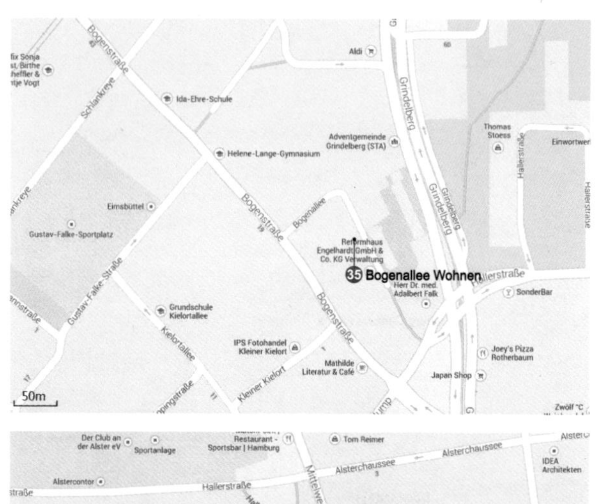

㉟ Bogen 大街住宅
Bogenallee Wohnen

建筑师：Blauraum Architekten
地址：Bogenallee 10-12, 20144 Hamburg
年代：2005
类型：居住建筑

㊱ 汉堡青年音乐学校
Jugendmusikschule Hamburg

建筑师：Miralles & Tagliabue
地址：Mittelweg 42, 20148 Hamburg
年代：1998–2000
类型：科教建筑

Bogen 大街住宅

该建筑位于一个以居住和商业为主的街区内部，充满城市生活气息。老的办公建筑由于年代久远而亟须改造，然而所在的区位找不到投资者愿意延续其办公用途，因此被改造成为高价值的私人住宅。原有建筑被拆除到只剩下主结构，并增加了一个新的楼梯间。该建筑的平面具有“个性定制”的特点：四层共安排了15个不同类型的住宅。底层住宅在内院侧设有前花园。上层的住宅朝向内院侧有着宽敞的阳台，而朝向大街侧则设有“盒子”空间，作为厨房、卧室、浴室的扩展。

汉堡青年音乐学校

建筑的入口立面由玻璃和彩色钢材构成，同时兼具表现主义和立体主义特征。向西南延展的外表皮，则由锌板和玫瑰红色抹灰构成。该建筑与一般学校建筑的不同在于其平面布置。每层的入口平台、其间的楼梯和坡道均位于充满戏剧性的玻璃和彩钢构成的膜空间的背后。从外部看起来，建筑彷如一幢办公建筑的墙被随意撕裂开来，而从内部看时才能领会设计者的用意。

Note Zone

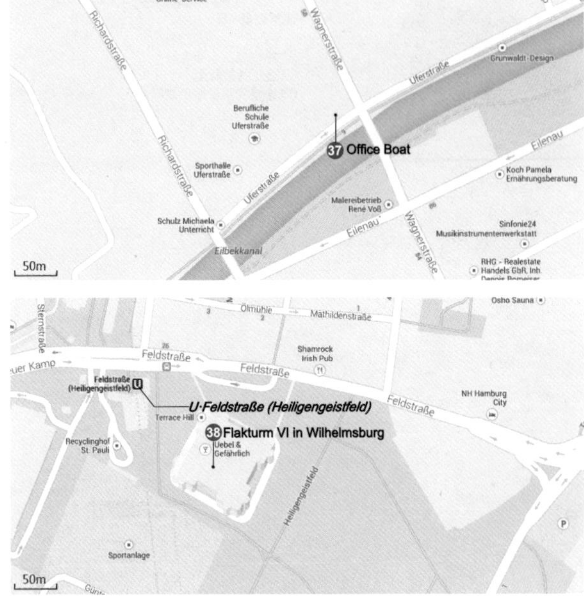

船型办公室

这个位于 Eilbek 河上的两层船屋由两名建筑系学生设计，作为一个建筑师同时也是船屋专家的办公室。该建筑的显著特点在于船的形状，这对材料的选择至关重要：设计者只使用了未经加工的材料，粗糙的橡木被用作地板，自然铝材被用作立面。随着时间的变化，船的外表也会发生变化。解构的建筑语言同时也使得该建筑除楼板以外，不存在其他平坦或者垂直的表面。

威廉斯堡岛 6 号高射炮塔

该炮塔底面积为 57 米 ×57 米，高 41.6 米，墙厚至少 2 米，在建造中使用了约 8 万立方米的钢筋混凝土。该塔一共有 9 层，除军事用途外，另一部分作为空袭时附近平民的避难空间，可以同时容纳 3 万人。在汉堡国际建筑展中，该塔被改造为“能源堡垒”——一个包括生物质热电联产电厂、热水储存以及太阳能光热系统的能源中心。目前，该建筑的屋顶开放为高空观光平台，游客可以在此一睹威廉斯堡岛和汉堡港口的景色。

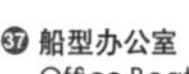

㊲ 船型办公室
Office Boat

建筑师：FORMAT 21, Baubüro Eins
地址：Uferstrasse 8e, 22081 Hamburg
年代：2009
类型：办公建筑

㊳ 威廉斯堡岛 6 号高射炮塔
Flakturm VI in Wilhelmsburg

建筑师：Friedrich Tamms
地址：Heiligengeistfeld 20359 Hamburg
年代：1944
类型：文化建筑

08・施特拉尔松德

建筑数量 -03

01 施特拉尔松德老城
02 圣尼古拉教堂
03 施特拉尔松德市政厅

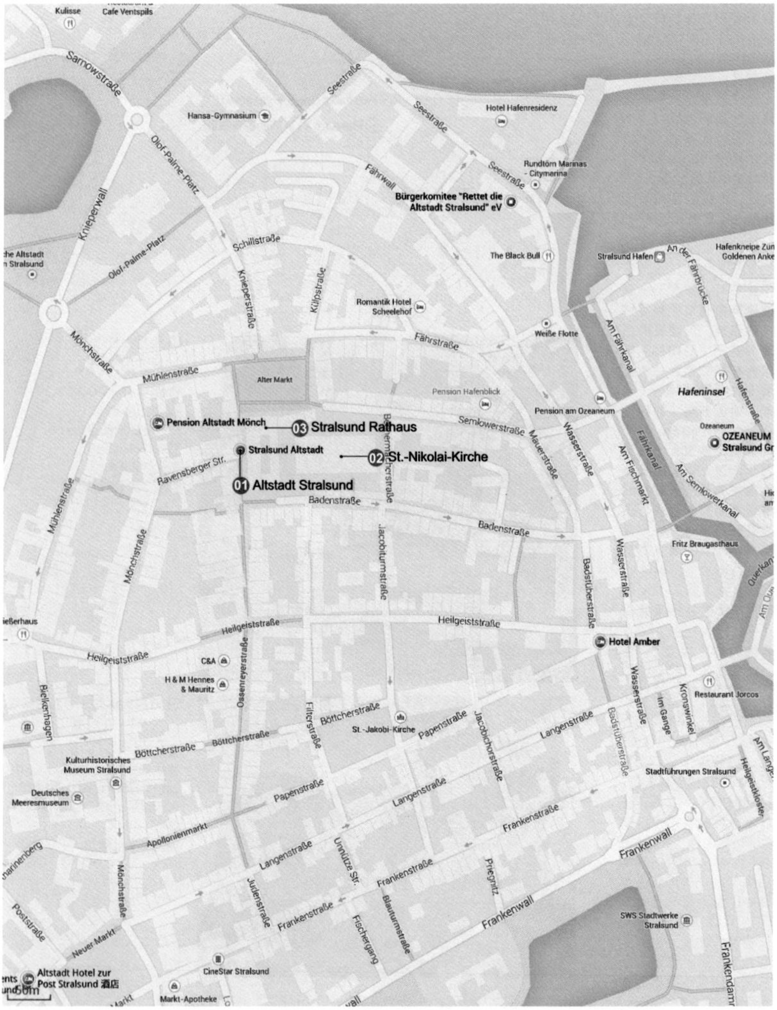

03 Stralsund Rathaus
02 St.-Nikolai-Kirche
01 Altstadt Stralsund

施特拉尔松德老城

占地约 82 公顷的施特拉尔松德老城，是公元 14 世纪至 15 世纪汉萨同盟的主要贸易中心。这里的街道和广场像几百年前一样，仍然保持着中世纪棋盘式的格局。老城的核心在一个小岛上，几乎完全为大海怀抱。蓝色和红色是这个城市的主体颜色。这座老城展示了波罗的海地区哥特式风格的砖结构建筑。

圣尼古拉教堂

13 世纪时，施特拉尔松德市获得了城市的地位，从此开始修建该教堂。最初的设计是带塔楼的大厅式教堂，后来被改建成巴西利卡式，并加入了哥特式双塔。施特拉尔松德市的富有体现在教堂中大量的祭坛上，高坛、中殿以及侧殿的扶壁之间曾有不少于 56 个祭坛。

施特拉尔松德市政厅

该建筑为典型北德哥特式砖建筑。六廊式拱顶地下室大厅最初可能是作为布料交易大厅，一层则作为其销售区域。老市场边上端头的建筑一层为一个双廊式大厅。大厅上方是今天的狮子大厅，它曾经是城市决策阶层的会议大厅。临市场立面的大窗户上那些汉萨同盟城市的纹章标志着往日的海上贸易关系。历史上，该建筑经历多次改建。16 世纪加入了文艺复兴风格的楼梯，17 世纪加入了充满魅力的巴洛克步廊。以纹章作为顶部装饰的巴洛克风格入口被认为是近代建筑杰作。

01 施特拉尔松德老城 (世界文化遗产)
Altstadt Stralsund

地址：Stralsund
类型：古城保护

02 圣尼古拉教堂
St.-Nikolai-Kirche

地址：Alter Markt, Badenstraße, 18439 Stralsund
年代：1276
类型：宗教建筑

03 施特拉尔松德市政厅
Stralsund Rathaus

地址：Alter Markt, 18439 Stralsun
年代：1350
类型：办公建筑

09・沃尔夫斯堡

建筑数量 -04

01 沃尔夫斯堡汽车城 / Henn Architekten
02 菲诺科学中心 / 扎哈・哈迪德
03 沃尔夫斯堡汽车城保时捷展亭 / Henn Architekten
04 阿尔瓦・阿尔托文化之家 / 阿尔瓦・阿尔托

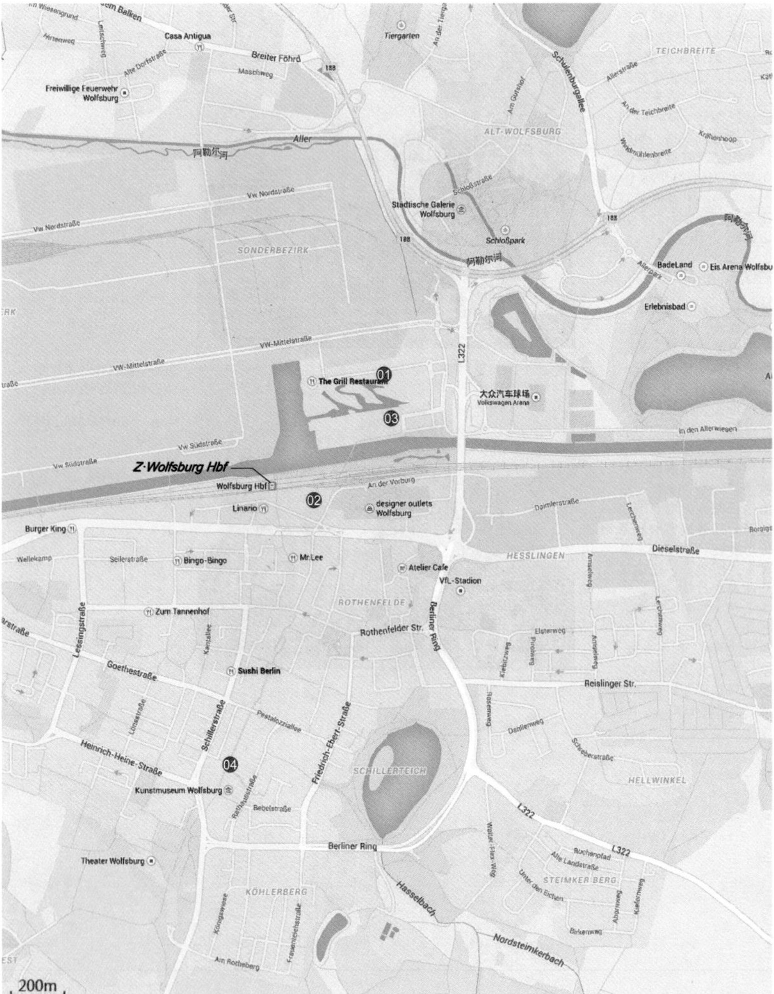

Note Zone

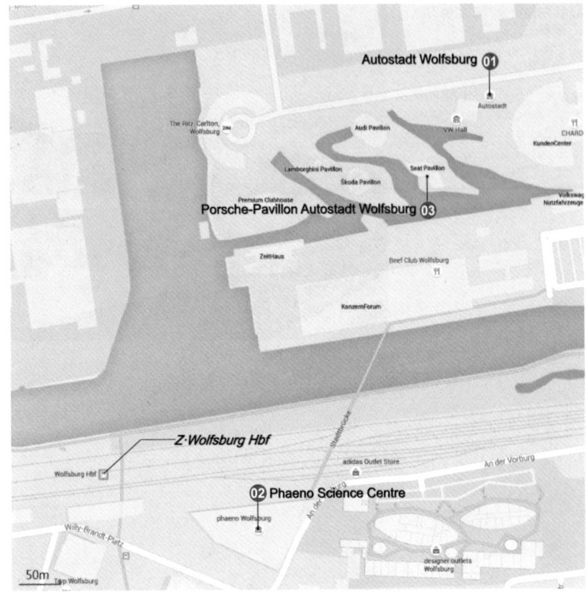

沃尔夫斯堡汽车城

该项目紧邻世界上最大型的汽车工厂，是一个由大型建筑、展厅、水道、桥、湖、岬、山丘以及绿地构成的独立城区。公司对客户展现的开放性精神体现在建筑的高透明性上。汽车城的地标是高达48米的汽车塔，在这里停放着即将被运送给客户的汽车。这里还设有大众旗下多个品牌的展厅，客户中心、公司论坛、汽车博物馆以及利兹卡尔顿酒店等。

01 沃尔夫斯堡汽车城
Autostadt Wolfsburg

建筑师：Henn Architekten
地址：VW-Mittelstraße
38440 Wolfsburg
年代：2000
类型：特色片区

菲诺科学中心

该建筑的外部形象引发人们无数想象：这是火山口景观，山丘，洞穴还是平原？或者是一艘即将起飞的飞船？该建筑由自填充混凝土建造，这是一种特殊的现浇混凝土。菲诺解释道：它的形式是经过精心设计的。在菲诺的内部，没有明显的边界，它充满动感的景观唤醒惊奇感、点燃发现的热情。该建筑包含展厅、实验室和一个科学剧场。

02 菲诺科学中心
Phaeno Science Centre

建筑师：扎哈·哈迪德
地址：Willy-Brand-Platz 1
38440 Wolfsburg
年代：2005
类型：办公建筑
开放时间：周二至周日
10：00～18：00。

03 沃尔夫斯堡汽车城保时捷展亭
Porsche-Pavillon Autostadt Wolfsburg

建筑师：Henn Architekten
地址：Stadtbrücke 38440 Wolfsburg
年代：2012
类型：文化建筑

沃尔夫斯堡汽车城保时捷展亭

这个具有有机形态的建筑位于主题公园的中心轴线上，展示空间大约400平方米。曲折的直线和充满活力的曲线使该建筑成为一个动感十足同时又十分简洁的雕塑，使人联想到保时捷的品牌形象。形成统一、表面磨砂的不锈钢片包裹着这个从地面跃起的体块，在不同的光照和天气条件下呈现不同的外表，使之成为一个可被感知的整体。在宽敞的、非对称形态屋顶下，可容纳数百名参观者就座，该空间视觉上与周围景观相联系，而声学上却是一个单独的区域。

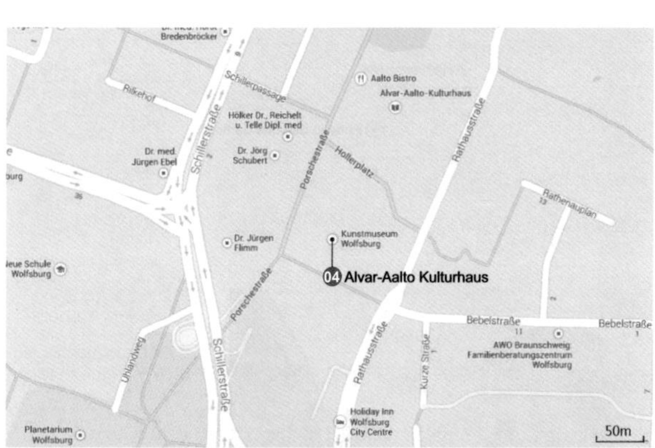

04 阿尔瓦·阿尔托文化之家
Alvar-Aalto Kulturhaus

建筑师：阿尔瓦·阿尔托
地址：Porschestraße 51 38440 Wolfsburg
年代：1963
类型：文化建筑

沃尔夫斯堡文化中心

阿尔托在设计该建筑时，使它在城市设计上从属于旁边的市政厅，市政厅平坦的副楼是确定文化中心高度的参考标准。建筑师通过减小演讲厅周围立方体的体量，把平坦的市政厅与文化中心安静而低矮的商店空间联系在一起。在由公共空间进入建筑的三个侧面，阿尔托通过底层的柱廊完成了从外部到内部的过渡，同时建筑的上层在视觉上仿佛悬浮于柱廊之上。

10 · 戈斯拉尔

建筑数量 -02

01 戈斯拉尔老城
02 拉默尔斯贝格矿山

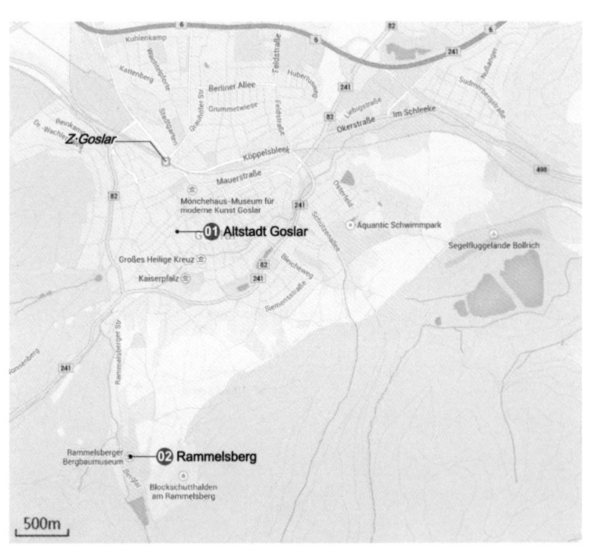

戈斯拉尔老城

附近的拉默尔斯贝格矿山蕴藏着丰富矿藏，这对戈斯拉尔城的历史和发展产生了重要影响，也成为皇帝海因里希二世公元一世纪初在此建立行宫的原因。椭圆形的老城中心保存极好。宏伟的帝王行宫以罗马式风格建造。在几个世纪里，它曾一直是萨克森和撒利安皇帝最大且最安全的行宫。戈斯拉尔是一个基督教的中心，被称为“北方的罗马”。47 座大小教堂的塔尖使这座城市的景观独一无二。行会房屋、集市广场上古老的市政厅以及众多雕梁画栋的桁架房屋成为这座城市的一大特色。

拉默尔斯贝格矿山

该矿山蕴藏着丰富的铜矿、铅和锌矿砂。矿山于 1988 年停产，后来成为博物馆和旅游目的地，这里记录了一千年的采矿史，是德国最大的博物馆之一，拥有不同时期的众多矿业历史见证：废石场（10 世纪）、Rathstiefste 坑道（德国矿山最古老、保存最完好的坑道之一，12 世纪）、Feuergezäher 拱顶（欧洲最古老的衬砌矿间，13 世纪）、Maltermeister 塔（德国矿山最古老的采矿建筑，15 世纪）、Roeder 坑道（18/19 世纪）以及两架原始水车和其他地下采矿设施（20 世纪初）。

01 戈斯拉尔老城
Altstadt Goslar

地址：Markt 1 38640 Goslar
类型：古城保护

02 拉默尔斯贝格矿山
Rammelsberg

地址：Bergtal 19, 38640 Goslar
类型：文化建筑
开放时间：每天 9：00 ~ 18：00。

11·阿尔费尔德

建筑数量 -01

01 法古斯工厂 / 沃尔特·格罗皮乌斯，A·麦耶

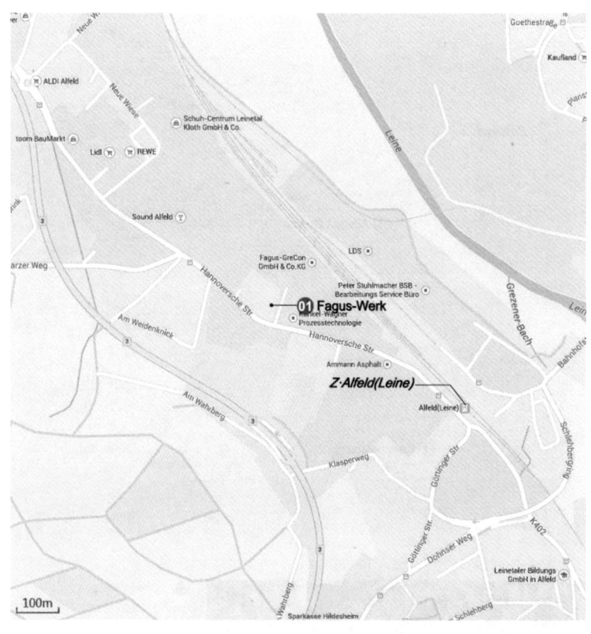

01 法古斯工厂（世界文化遗产）
Fagus-Werk

建筑师：沃尔特·格罗皮乌斯，A·麦耶
地址：Hannoversche Straße 58, 31061 Alfeld
年代：1911-
类型：工业建筑

法古斯工厂

法古斯工厂的出现比德绍的包豪斯校舍早15年，可以是一份提前发布的“新理性主义”宣言。不同的建筑部分（从锯木厂到仓库，再到干燥房，加工车间）的排布与鞋楦的整套生产流程（从木材供应到加工完成）相互实现了完美对应。仓库是一座坚固的砖石建筑，加工车间宽阔明亮的玻璃幕墙为鞋楦的生产提供了理想的光线；工厂的主体建筑则成为现代主义及其宣扬的透明原则的典范，无支撑、全玻璃镶嵌的拐角完全超越了以前古典主义风格的工业建筑，标志着现代框架结构的诞生。

12 · 希尔德斯海姆

建筑数量 -01

01 希尔德斯海姆大教堂

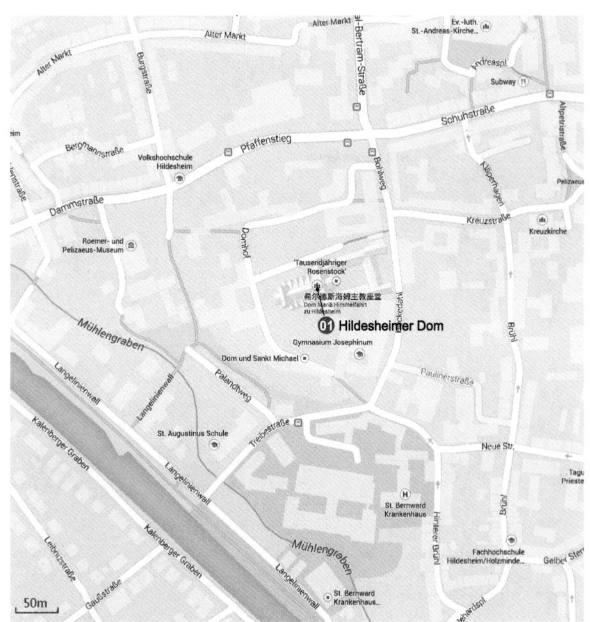

希尔德斯海姆大教堂

最初的教堂是以十字平面为基础的三廊式巴西利卡，西侧入口部分为两层。1046 年被大火烧毁后，又在原址上加以重建。建筑虽经历多次改建，但始终没有偏离最初的平面。哥特时期加建了南北两侧的小教堂。四个塔楼来自巴洛克时期。19 世纪，原来的西侧入口部分被改为新罗马风式双塔立面。在二次世界大战时该教堂几乎被全部毁掉，1950 年到 1960 年以简化的形式重建，主要参考早期罗马式风格，去掉了巴洛克式的装潢。

01 希尔德斯海姆大教堂（世界文化遗产）
Hildesheimer Dom

地址：Domhof 18-21 31134 Hildesheim
年代：815-
类型：宗教建筑

13 · 汉诺威

建筑数量 -07

01 国家歌剧院 / Georg Ludwig Friedrich Laves
02 新闻报业大楼 / Fritz Höger
03 盖里塔 / 弗兰克 · 盖里
04 汉诺威老市政厅 / Curd Haverkoper+Ludeke Haverkoper
05 北德意志银行总部 / Behnisch
06 世博会大屋顶 / 托马斯 · 赫尔佐格
07 世博会荷兰馆 / MVRDV

S+Z·Hannover Hb

S+Z·Hannover Messe/Laatzen

500m

Note Zone

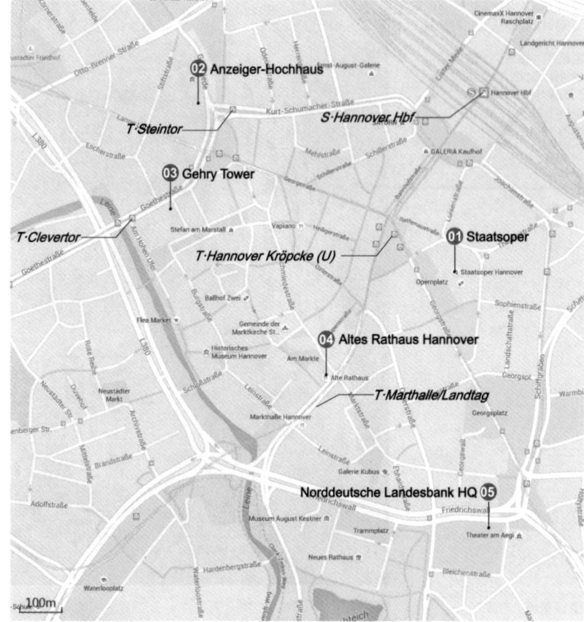

国家歌剧院

该歌剧院原为国王的宫廷剧院，位于老城的东侧边缘，为后古典主义风格。“二战”期间被燃烧弹击中，被烧至只剩下基础部分。战后，该建筑以历史主义风格重建，后经历不断改建值得一提的是，前厅部分为战后现代主义风格。该剧场共拥有 1200 个座位。

01 国家歌剧院
Staatsoper

建筑师：Georg Ludwig Friedrich Laves
地址：Opernplatz 1 30159 Hannover
年代：1848-1852
类型：观演建筑

新闻报业大楼

该建筑高 51 米，它是德国第一批高层建筑之一，同时也是极少数位于汉诺威市中心区域、在“二战”中几乎毫无损伤幸存下来的建筑之一。该建筑高达 12 米的带绿锈的铜穹顶是汉诺威市的著名标志。该建筑为钢框架结构，砖砌立面以暗红色为主，局部为金色。立面的装饰元素体现了哥特化及表现主义的细节形式。立面上，墙体的楔形凸出，此外夜间由竖直方向的日光灯管带进行照明的手法强调了竖向的结构。该建筑风格被认为是偏向“砖表现主义”建筑。

02 新闻报业大楼
Anzeiger-Hochhaus

建筑师：Fritz Höger
地址：Goseriede 9 30159 Hannover
年代：1928
类型：办公建筑

03 盖里塔
Gehry Tower

建筑师：弗兰克·盖里
地址：Goethestraße 13a
30169 Hannover
年代：2001
类型：办公建筑

盖里塔

该建筑高九层，其特色在于其外部形态：建筑体块绕中轴——一个钢筋混凝土核心筒扭转和倾斜。该建筑的屋檐比底层边界外挑约 2.5 米，同时外墙向外隆起，通过这种方式尽可能优化使用相对较小的基地。该建筑的外立面为经过特别加工的不锈钢板，从而使表皮具有一种“粗糙”的形象。像盖里的其他建筑一样，该建筑的设计应用了当时最先进的技术。盖里的事务所首先做了一个 1：100 的模型，通过扫描导入 CAD 软件来计算每一个独立块的尺寸，而每一块的尺寸和形状都不一样。

04 汉诺威老市政厅
Altes Rathaus Hannover

建筑师：Curd Haverkoper+Ludeke Haverkoper
地址：Am Markte 30159 Hannover
年代：1453-
类型：办公建筑

汉诺威老市政厅

该建筑及位于其旁边的市场教堂是砖砌哥特式建筑最北的重要实例。建筑的修建过程几乎持续了一个世纪。位于铁匠大街的最古老部分修建于 1420 年，后来加建了一个市场。这部分完成后，该建筑与位于 Köbelinger 大街上“药房部分”（议会药房）连接起来，不过这部分后来被一个意大利式罗马风建筑所代替。幸存的建筑两翼经过修复，恢复为1500年左右的风貌。

05 北德意志银行总部
Norddeutsche Landesbank HQ

建筑师：Behnisch
地址：Am Friedrichswall 10
30159 Hannover
年代：2002
类型：办公建筑

北德意志银行总部

该建筑占据了一个完整的城市街区，为了符合城市规划 4～6 层高的规定，建筑外轮廓线的投影与现有街道对齐，同时也保持与周围环境格局和尺度相协调。从外表看，该建筑似乎与传统的块状街区无异，然而在它的中心，这里隔绝了来自了外面街道的噪音，形成了一个大型的公共内院。这个内院主要服务于银行本身的日常运营，但不仅如此，这里还有商店、餐馆、咖啡厅、水面、绿地和公共艺术。

Note Zone

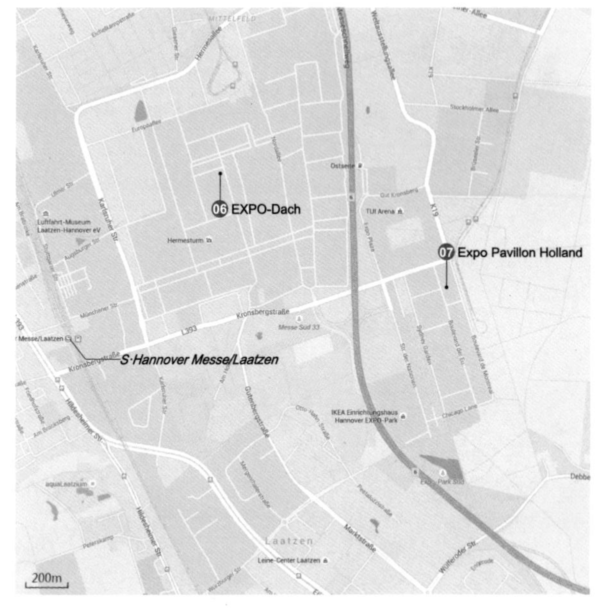

世博会大屋顶

该建筑是一个在尺度、建造方式和造型上均有所创新的大型木建筑。建筑师设计了一个既是建筑又是雕塑的构成——位于巨型、具有遮盖作用的大屋顶下的展览馆以及开放空间和水面，这个充满象征性的构筑物形象地体现了汉诺威世博会的“人、自然与科技”口号。该屋顶由10个单独的伞结构构成，每个伞高逾26米，覆盖40米×40米的面积。而每一个伞又可以细分为多个元素：塔形构筑物，一个由钢、四个悬臂构成的中心连接节点构成以及一个由四个壳面构成的双曲网壳。

世博会荷兰馆

该建筑通过六种景观的竖向叠加，充分体现荷兰作为一个高人口密度国家对空间利用的理念。从底层出发，从“沙丘景观”进入“温室景观”：在新的高科技世界中，自然尤其是农业生产，仍与生活紧密联系；在“盆景观”中，大型“花盆”支撑着上层树木的根部，同时投下关于光和颜色信息的数字画面；“雨景观”在水的空间中不断变化着，这里成为提供视觉和听觉信息的屏幕；“雨林景观”中到处都是大型树干；最顶层是“滩涂景观”，这里有大型的风车及大片绿地。

06 世博会大屋顶
EXPO-Dach

建筑师：托马斯·赫尔佐格
地址：EXPO-Allee Hannover
年代：2000
类型：观演建筑

07 世博会荷兰馆
Expo Pavillon Holland

建筑师：MVRDV
地址：Boulevard der EU 3 D-30539 Hannover
年代：2000
类型：文化建筑

14・不来梅

建筑数量 -02

01 不来梅市政厅 / Johann Hemeling
02 天主教圣心教堂 / Dominikus Böhm

Note Zone

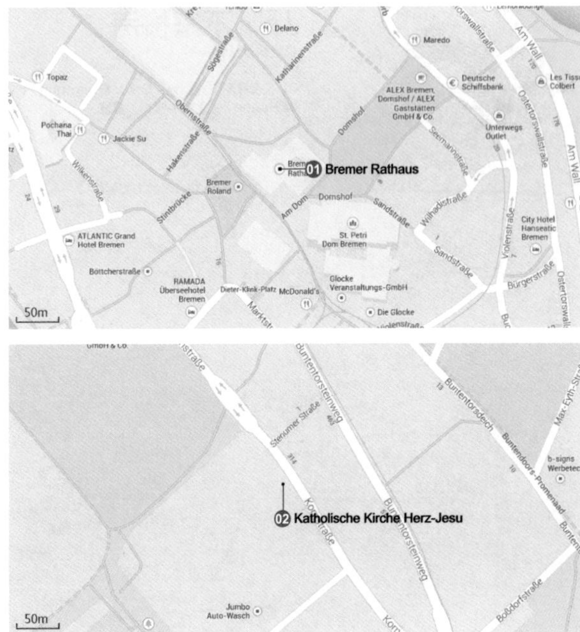

不来梅市政厅

该建筑是欧洲最重要的哥特式建筑之一。它与不来梅的罗兰像（世界文化遗产）一起，被认为是欧洲在神圣罗马帝国时期发展市民自治权和主权的杰出象征。15世纪初不来梅在加入汉萨同盟不久，建造了这个哥特式的老市政厅，作为城市议会的所在地。该建筑是中世纪楼厅夹层式建筑的代表，也是德国北部威悉河文艺复兴风格的范例。现在这个建筑是不来梅市市长和议会主席的驻地，市政厅的左翼摆放着著名雕塑作品《不来梅的城市乐手》，雕塑的创意来自同名的童话。

天主教圣心教堂

该教堂是科隆建筑师哥特佛伊德·波姆的作品，也是20世纪最重要的教堂建筑之一。2008年，不来梅的建筑师 Ulrich Tilgner 缩小了该教堂的规模，同时把它与 St. Michael 老年中心的改建设计进行了整合。

01 不来梅市政厅（世界文化遗产）
Bremer Rathaus

建筑师：Johann Hemeling
地址：Am Markt 21, 28195 Bremen
年代：1405-
类型：办公建筑

02 天主教圣心教堂
Katholische Kirche Herz-Jesu

建筑师：Dominikus Böhm
地址：Kornstraße 371 D-28201 Bremen
年代：1938
类型：宗教建筑

15・不来梅港

建筑数量 -02

01 不来梅港市立剧场 / Oskar Kaufmann
02 Hofmeyer 之家 / 汉斯・夏隆

Note Zone

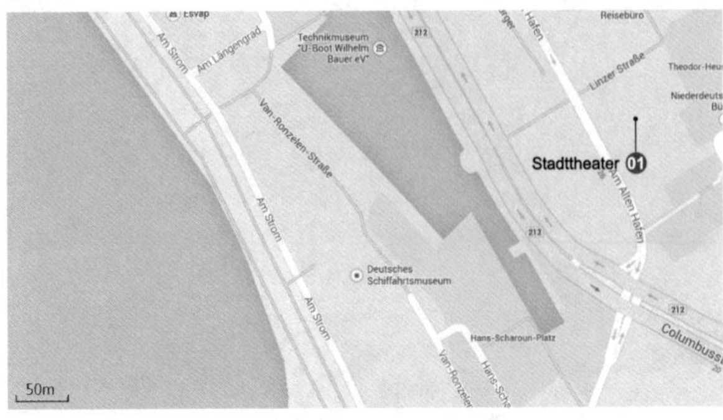

不来梅港市立剧场

该建筑位于城市中心，是一个多用途演出剧场，可以演出歌剧、轻歌剧、音乐剧、戏剧及舞蹈剧。该建筑的一大特点在于，面向港口的建筑背面，也设计得十分气派。在“二战”的猛烈轰炸下，剧场中建于1911年的表演空间被完全损毁。剩下的青年风格派立面一直伫立，直到1952年被整合到新的剧场建筑中。

01 不来梅港市立剧场
Stadttheater

建筑师：Oskar Kaufmann
地址：Theodor-Heuss-Platz 2 D-27568 Bremerhaven
年代：1909-1911
类型：观演建筑

Hofmeyer 之家

在1933年至1945年的纳粹统治期间，夏隆暂停了所有公共建筑项目，并把设计重点转向私人住宅，该建筑即在此期间完成。尽管他需要面对小住宅设计市场的限制，以及现代主义建筑常用的几种材料由于禁运而匮乏，然而他还是设计出带有其典型风格特点的住宅。该住宅是为他的妹夫 Hans Helmuth Hoffmeyer 设计的。

02 Hofmeyer 之家
Haus Hoffmeyer

建筑师：汉斯·夏隆
地址：Friesenstraße 6 27568 Bremerhaven
年代：1935
类型：居住建筑

Note Zone

西北区域 Nordwestlicher Teil

16 明斯特 / Münster
17 多特蒙德 / Dortmund
18 波鸿 / Bochum
19 费尔伯特 / Velbert
20 埃森 / Essen
21 杜伊斯堡 / Duisburg
22 克雷菲尔德 / Krefeld
23 杜塞尔多夫 / Düsseldorf
24 诺伊斯 / Neuss
25 赫姆布洛依 / Hombroich
26 科隆 / Köln
27 布吕尔 / Brühl
28 梅谢尼希 - 瓦亨多夫 / Mechernich-Wachendorf
29 波恩 / Bonn
30 亚琛 / Aachen

16・明斯特

建筑数量 -02

01 明斯特老市政厅 / Heinrich Bartmann+Heinrich Benteler
02 Erbdrostenhof 宫殿 / Johann Conrad Schlaun

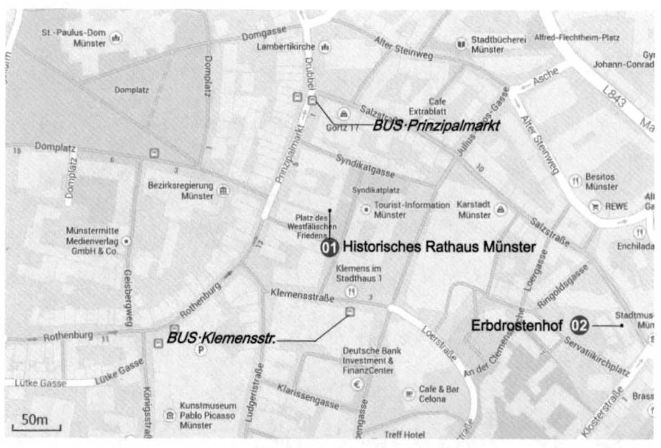

明斯特老市政厅

该市政厅始建于 12 世纪后半叶，原为木框架建筑。13 世纪初被一个石砌建筑所代替，这部分是今天市议会会议室的核心部分。而在 14 世纪，人们在这个石砌建筑朝向 Prinzipal 市场方向的前侧又修建了一个大厅式建筑，14 世纪中期进一步修建了市政厅拱廊以及主立面。16 世纪在两个建筑体块上又加建了共同的坡屋顶。经历“二战”的破坏，该建筑在 1948 年至 1958 年间作为城市形象及历史象征而被逐步重建。哥特式的立面在重建后与原初状态略有区别。该建筑的立面被认为是德国哥特式世俗建筑立面中的重要实例之一。

Erbdrostenhof 宫殿

该建筑为巴洛克风格的三层贵族宫殿，立面呈内凹弧线状。该宫殿由一个法式屋顶覆盖。宫殿的中间部分由点缀有大量建筑装饰的方石立面强调出来，两侧部分则采用相对内敛的造型，砖砌的立面搭配砂岩立面形成色彩变化。对于周围场地，建筑采取了呈对角线方式布局的策略，同时开口朝向如广场般开阔的 Salz 大街。该建筑成功结合了法国及意大利宫殿建筑的母题，在欧洲西北部地区有着独特的地位。

01 明斯特老市政厅
Historisches Rathaus Münster

建筑师：Heinrich Bartmann+Heinrich Benteler (1958)
地址：Prinzipalmarkt 10 48143 Münster
年代：1200-1958
类型：办公建筑

02 Erbdrostenhof 宫殿
Erbdrostenhof

建筑师：Johann Conrad Schlaun
地址：Salzstraße 28 48145 Münster
年代：1753-1757
类型：文化建筑

汉堡 Alster 拱廊／Alexis de Chateauneuf in Hamburg

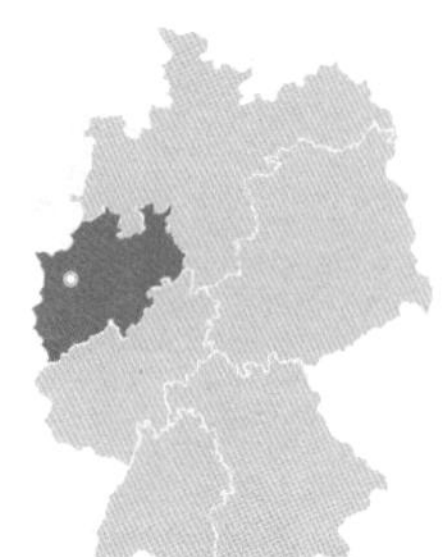

17 · 多特蒙德

建筑数量 -07

01 多特蒙德市立及州立图书馆 / 马里奥 · 博塔
02 RWE 塔楼 / Gerber Architekten
03 “多特蒙德 U” 大楼 / Gerber Architekten
04 莱茵大街办公楼 / Bahl Architekten
05 多特蒙德歌剧院 / Heinrich Rosskotten, Edgar Tritthart
06 Minister Stein 矿井的 锤头塔 / Bahl Architekten
07 西格纳伊度纳球场 / Ulrich Drahtler+GSP，Schröder Schulte-Ladbeck，Planungsgruppe Drahtler

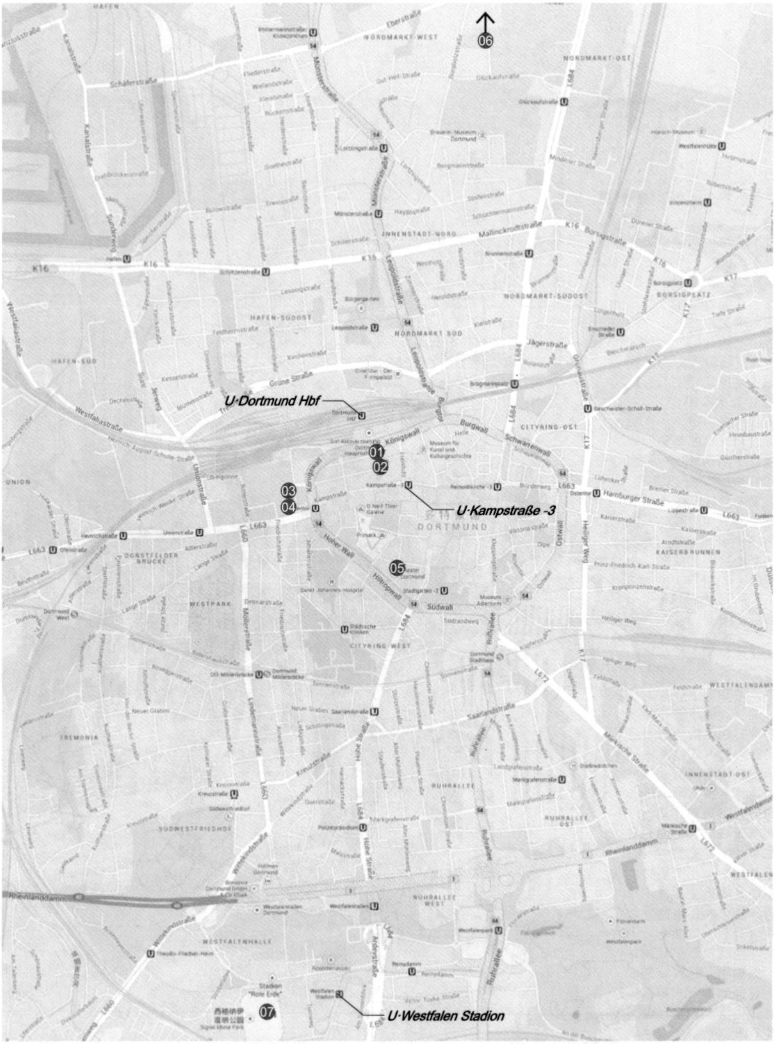
06
U·Dortmund Hbf
01
02
03
04
U·Kampstraße -3
05
DORTMUND
07
U·Westfalen Stadion

Note Zone

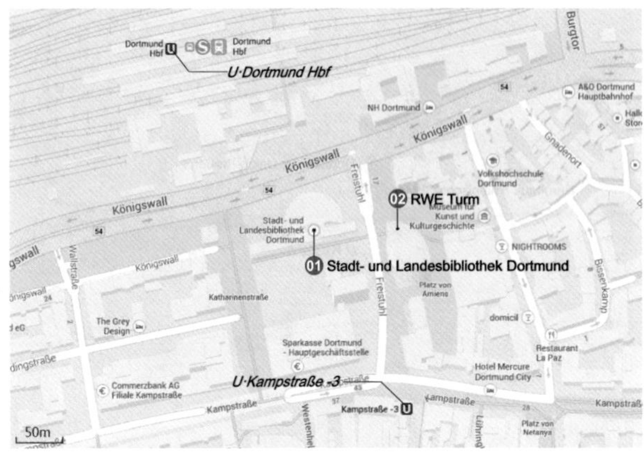

多特蒙德市立及州立图书馆

该图书馆由两个建筑体块构成：一个是向横向延展的五到七层的条状建筑，另一个是它前面的玻璃半圆柱体。根据博塔的说法，前者构成了一道新的“城墙”，而后者则像是“玻璃云”，占据了火车站前广场。条状建筑由带淡红色石英岩为材料的幕墙钢筋混凝土结构构成，这里容纳了办公和档案空间。玻璃的“鼓”由钢筋混凝土圆柱和桁架构成，内部是开架阅览空间。这个四层的玻璃圆厅由自动扶梯进行竖向连接。

01 多特蒙德市立及州立图书馆
Stadt- und Landesbibliothek Dortmund

建筑师：马里奥 · 博塔
地址：Königswall 18 44137 Dortmund
年代：1995
类型：科教建筑

RWE 塔楼

该建筑位于多特蒙德市中心，高 100 米，共 22 层，是城市中最高的办公建筑。该建筑有特色的地方包括暗色弧形立面、开窗方式以及由两个向内倾斜的屋面构成的屋顶。斜屋顶中较高的部分由玻璃建造，从而使光线进入下面的餐馆和画廊。低矮的护栏、暗色的磨光花岗石材的小柱子使得立面并不单调，每扇办公室窗户都可以开启。地面上，一个环绕透镜形平面的单层结构中，既有坡道向下延伸到地下车库，同时还提供了商店、餐馆和酒馆空间。

02 RWE 塔楼
RWE Turm

建筑师：Gerber Architekten
地址：Freistuhl 7. 44137 Dortmund
年代：2005
类型：办公建筑

Note Zone

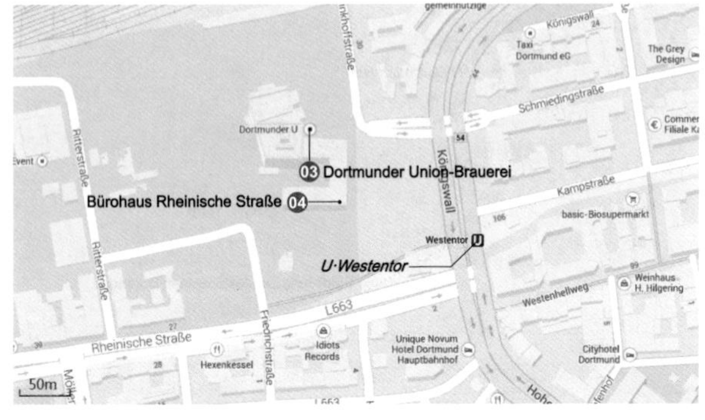

⑬“多特蒙德 U”大楼
Dortmunder Union-Brauerei

建筑师：Gerber Architekten
地址：Rheinische Straße 1. 44137 Dortmund
年代：2010
类型：文化建筑

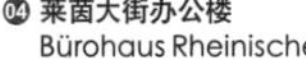

⑭莱茵大街办公楼
Bürohaus Rheinische Straße

建筑师：Bahl Architekten
地址：Rheinische Straße 1. 44137 Dortmund
年代：2011
类型：办公建筑

⑮多特蒙德歌剧院
Opernhaus Dortmund

建筑师：Heinrich Rosskotten, Edgar tritthart
地址：Kuhstrasse 12 44137 Dortmund
年代：1966
类型：观演建筑

“多特蒙德 U”大楼

该建筑在主立面被破开，从而形成了一个可以让参观者可以感受达到建筑规模的开放型“竖向艺术”空间，同时这里也是不同楼层入口的所在。建筑外立面加建了多个凸出的体块，如位于四层西侧“VIP 休息室”、北侧的两层高的图书馆等，这些空间因此获得了更多的自然光。

莱茵大街办公楼

这个的七层办公楼建筑呈块状结构，西侧有一个中庭，东南侧有一个内院。开洞的立面、立面上变化的窗户形式、壁柱以及和栏杆等元素，都是由一种高质量的砖采用极具地区特色的方式砌成。

多特蒙德歌剧院

该歌剧院由钢、玻璃以及混凝土建造而成。建筑设计中特意把舞台建筑与观众厅分开。前者包括舞台及其他技术区域，建筑外形以直线为主；而观众厅则位于薄壳结构下。从建筑的外部看，最先跃入视野的是观众厅上的大拱形屋顶。三个护墙支撑着三个 70 厘米宽的混凝土拱，在混凝土拱之间是厚达 8.5 厘米的相对平坦的混凝土拱形屋顶。屋顶由三角形的铜板材覆盖，拱下的侧边部分为玻璃面。

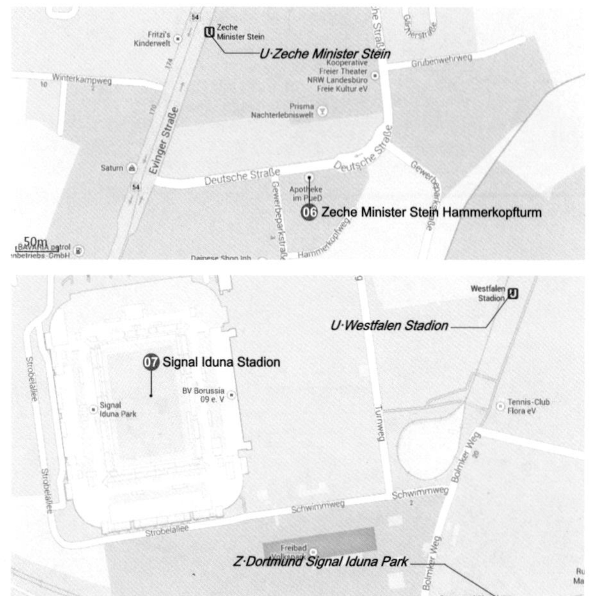

Note Zone

Minister Stein 矿井的锤头塔

Minister Stein 矿井的旧支架由于改造被分成两段。如今在锤头塔下方的位置落成了一个由柱子支撑的四层办公楼。锤头塔中的空间也被改造成高品质的办公空间，办公空间高三层，结构为“房中房”的独立结构。通过 U 形的平面布局，建筑避开了受历史建筑保护的老传送马达。传送机房的烧结砖立面被保留下来，原有的玻璃面保证了室内良好的采光。在这里，使用者可以从大约 60 米的高空观看到多特蒙德及其周边地区的全景。

西格纳伊度纳球场

该球场是全德国最大的球场，是德甲球队多特蒙德的主场场地。1970 年代多特蒙德市修建该球场时，用于资金十分短缺，建筑商采用了以预制组件为基础的新型设计方案，造价相当低廉，仅用了一年球场便落成启用。该球场迄今经历多次扩建。2002 年德国获得世界杯主办权后进行了第三次扩建，在原有四面看台的四角处进行加建，将容量提升到 67000 人。为了防止新看台遮挡观众的视线，旧顶盖的龙门支架被拆除，改为由八支 62 米高的黄色三角支架支撑。

06 Minister Stein 矿井的锤头塔
Zeche Minister Stein Hammerkopfturm

建筑师：Bahl Architekten
地址：Deutsche Strasse 5 44339 Dortmund
年代：1999
类型：办公建筑

07 西格纳伊度纳球场
Signal Iduna Stadion

建筑师：Ulrich Drahtler+GSP,Schröder Schulte-Ladbeck, Planungsgruppe Drahtler
地址：Strobelallee 50, 44139 Dortmund
年代：1971
类型：体育建筑

18・波鸿

建筑数量 -02

01 波鸿圣约翰教堂 / 汉斯・夏隆
02 Bochum Stiepel 村教堂

Note Zone

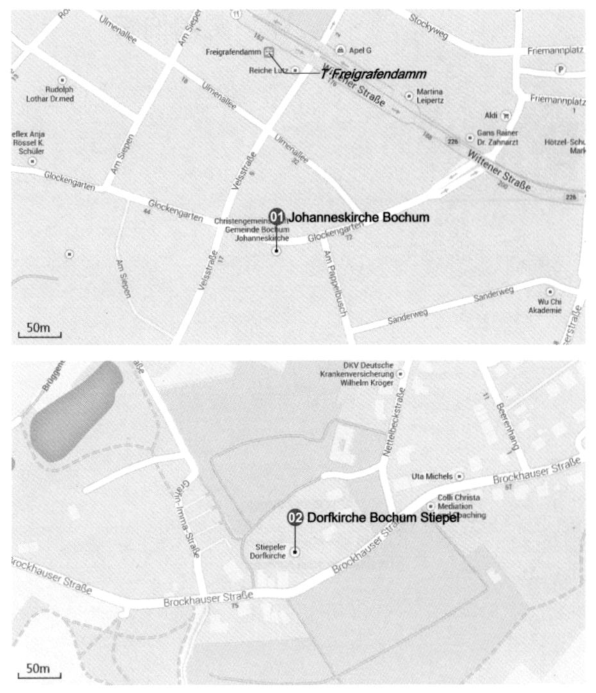

波鸿圣约翰教堂

该教堂把经典的现代主义建筑的重要特征，如功能性、和谐的空间关系与有机建筑的内容结合在一起。这个非对称的建筑中几乎没有一个直角，这是有机建筑的典型特征。该建筑与夏隆著名的柏林爱乐厅类似：从外部看，有机的建筑形态显得不同寻常，而内部空间更是激动人心。这里的声学效果非同寻常，不仅体现在音乐表演上，即使是在一般讲话时，演讲者或者牧师的声音不需要技术设备也能清晰地传到最后一排。同时，屋顶、墙面上的灯光元素渲染了一种神圣的气氛。

Bochum Stiepel 村教堂

该教堂以其逾千年的历史属于波鸿市现存最古老的建筑之一，拥有大量极为珍贵的中世纪壁画。该教堂在建造初期曾是一个单廊式教堂，直到 12 世纪后期才改建为一个巴西利卡式教堂。15 世纪又被改建为大厅式教堂，同时唱诗坛被改造为哥特式风格，教堂的东侧山墙改为了木框架式墙面。该建筑的墙体主要采用了当地典型的鲁尔砂岩。砌造过程中加入了经过加工的粗石。中殿上部的窗户为哥特式，而塔上的窗户则为罗马风式。

01 波鸿圣约翰教堂
Johanneskirche Bochum

建筑师：汉斯 · 夏隆
地址：Glockengarten 70. 44803 Bochum
年代：1996
类型：宗教建筑

02 Bochum Stiepel 村教堂
Dorfkirche Bochum Stiepel

地址：Brockhauser Straße 72a 44797 Bochum
年代：1008
类型：宗教建筑

19 · 费尔伯特

建筑数量 -01

01 Neviges 朝圣教堂 / Gottfried Böhm

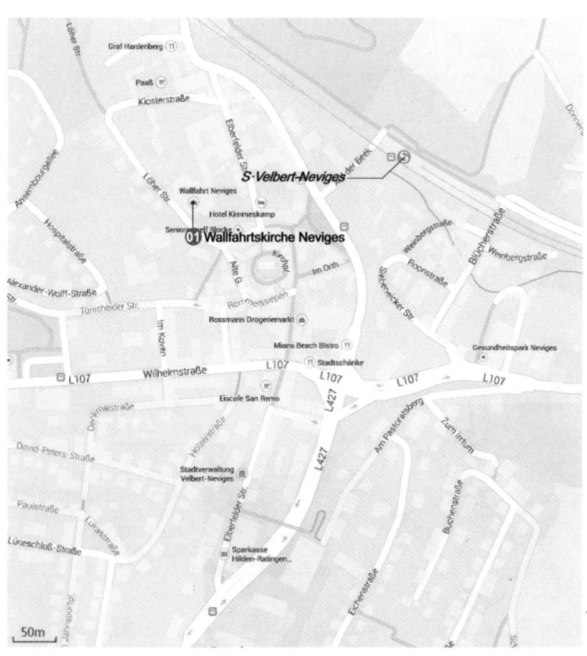

01 Neviges 朝圣教堂
Wallfahrtskirche Neviges

建筑师：Gottfried Böhm
地址：Elberfelder Str. 12, 42553 Velbert-Neviges
年代：1962
类型：宗教建筑

Neviges 朝圣教堂

该教堂位于一个坡地上，与同样由波姆设计的朝圣者之家一起，标志了朝圣之路。该教堂通过折叠的屋顶产生了不规则的面和尖顶，混凝土体块在参观者看来就像一个大型晶体型帐篷。该建筑通过表现主义形式表达了对历史的回顾。

柏林犹太人博物馆／丹尼尔·里勃斯金

20 · 埃森

建筑数量 -06

01 Folkwang 博物馆 / 戴维 · 齐普菲尔德
02 矿业关税同盟 / Fritz Schupp
03 炼焦业关税同盟
04 矿业同盟洗煤厂 / OMA - Rem Koolhaas, Hans Krabel, Heinrich Böll
05 矿业同盟管理和设计学校 / SANAA
06 Herford 的 MARTA 综合体 / Gehry Partners

Note Zone

Folkwang 博物馆

新建部分在作为原Folkwang博物馆补充部分的同时，保持了建筑自身整体的自主性，延续它本身由六个结构、四个内院、花园和廊道构成的建筑原则。从公共入口一直到原有展览厅的过程中，高差保持不变。一个大型开放的台阶从俾斯麦大街通向新的入口大厅，这里被设计为一个带咖啡厅、餐馆、书店的开放内部庭院，由一面玻璃立面与大街隔开。新的博物馆提供了一系列充分考虑自然采光的房间作为展厅、图书馆、阅览室、多功能厅、仓储及修复工作坊等。

矿业关税同盟

矿业和炼焦业同盟的整个工业群作为“欧洲重工业发展的代表”而被列入世界遗产名录。地处埃森的矿业同盟曾经是世界上最大和最现代化的煤炭开采基地。建筑大部分建造于1920年代，采用了当时非常时髦的包豪斯风格，建筑形体为几何形，大部分是立方体。居民们把这里更多视为一个拥有工业历史的公园。

01 Folkwang 博物馆
Museum Folkwang

建筑师：戴维·齐普菲尔德
地址：Museumsplatz 1 45128 Essen
年代：2010
类型：文化建筑
备注：普通开放时间：周二至周日10：00～18：00；周五10：00～22：30；周一关闭。其他开放日：耶稣受难日，五一劳动节，耶稣升天节，6月3日，11月1日，12月25日，1月1日。其他闭馆日：12月24日,26日,31日。

02 矿业关税同盟（世界文化遗产）
Zeche Zollverein

建筑师：Fritz Schupp
地址：Gelsenkirchener Straße, 45309 Essen
年代：1847-
类型：文化建筑
备注：开放时间：10：00～20：00（Ruhr Museum 10月至3月18点关闭），圣诞和新年期间关闭。

03 炼焦业关税同盟（世界文化遗产）
Kokerei Zollverein

地址：Gelsenkirchener Str D-45309 Essen
年代：1961-
类型：文化建筑

炼焦业关税同盟

炼焦业同盟建于1960年代末期，它与矿业同盟的第12号矿井在空间和功能上紧密联系。由于钢铁危机导致对煤炭的需求不断下降，该区域在1993年停工，即将面临被拆除的命运。埃姆舍园国际建筑展把各工业区纳入区域结构改造的构想中，使该区域因此得到重生。该部分的建筑与采矿业关税同盟中的建筑一样，都采用了包豪斯的建筑风格。该区域的另一大亮点是位于焦炉上方的小型摩天轮以及游泳池。

04 矿业同盟洗煤厂
Kohlenwäsche Zeche Zollverein

建筑师：OMA - Rem Koolhaas, Hans Krabel, Heinrich Böll
地址：Gelsenkirchener Str D-45309 Essen
年代：2006
类型：文化建筑
备注：开放时间：4月-11月，每天10：00～19：00;10月-3月，周六-周四10：00～17：00，周五10：00～19：00。

矿业同盟洗煤厂

这个洗煤厂如今是鲁尔区博物馆，长90米，宽30米，高40米，它是矿业同盟中最大的建筑，在这里，石煤被分拣、归类、储存以及分配。建筑的造型也是充分按照这些功能进行组织的。改造后的博物馆的流线按照原来的产品生产流程从上至下展开，参观者首先通过一个自动扶梯到达位于24米高的游客中心，这里集中了所有的服务功能。该层以上的空间保留了大部分的机器原状，体现了关税同盟所采用的一部分历史保护措施。

05 矿业同盟管理和设计学校
Zollverein School of Management and Design

建筑师：SANAA
地址：Gelsenkirchener Straße 209 45309 Essen
年代：2003-2006
类型：科教建筑

矿业同盟管理和设计学校

作为世界文化遗产区域内首幢新建筑，该学校将为这个曾经的工业区向一个设计区域转变提供突破性的推动力。这个边缘锐利的明亮的灰色34米高方体看起来既充满力量，又显得轻盈。建筑设计的特点是极端纯粹主义。超巨型方体的封闭外表被无规律排布的窗户打破。该建筑共四层（四个楼层和一个屋顶花园），每一层层高都不相同。建筑的内部只有少数的支撑结构，所有的建筑设备部分都埋藏在墙体和天花板中。

Note Zone

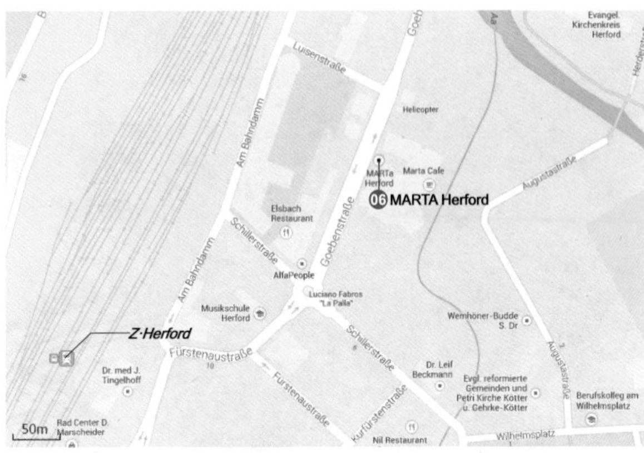

06 Herford 的 MARTA 综合体
MARTa Herford

建筑师：Gehry Partners
地址：Goebenstraße 4
32052 Herford bei Essen
年代：2005
类型：文化建筑

这个有着波浪状钢板屋顶的建筑使用地区常用的砖砌筑而成。内部包含四个部分：博物馆、论坛、会议中心以及咖啡厅，这些部分都充分体现了建筑师特殊的、充满雕塑感的建筑语汇。博物馆由一个 22 米高的穹顶和五个由天窗照明的小型画廊构成。由于这些小画廊只有一层，参观者可以在毫无障碍地观看艺术品的同时，还可以眺望天空。

矿业关税同盟/Zeche Zollverein

21 · 杜伊斯堡

建筑数量 -02

01 杜伊斯堡北公园 / Latz + Partner
02 St. Dionysius 教堂

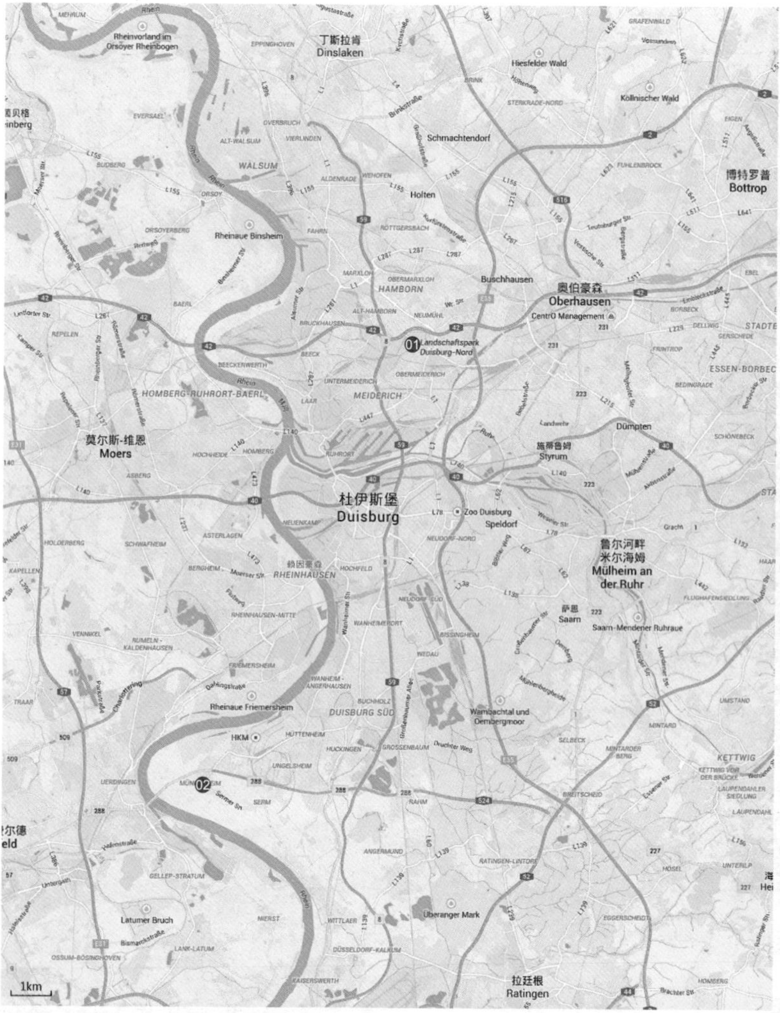

Note Zone

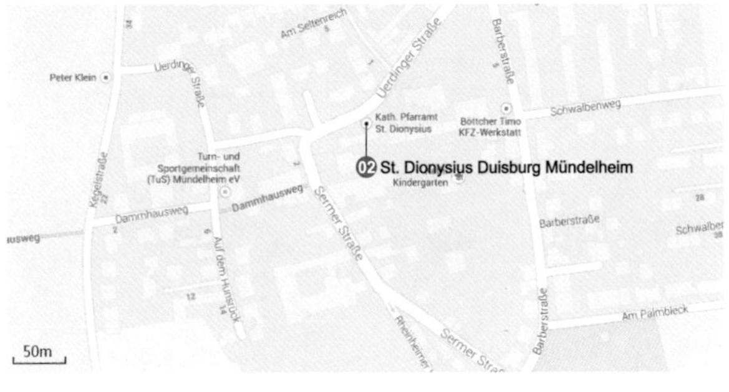

杜伊斯堡北公园

该公园是鲁尔区一个著名的后工业景观公园。尤为引人注目的是保留了由四架电动涡流鼓风机组成的鼓风室。这座大厅现已被改造成一个能容纳七百人的剧场。在五号高炉的内部，游客可以参观巨型浇铸室。在外面，人们也可以登上 70 米高的巨大高炉顶部，从那里欣赏杜伊斯堡的全貌及鲁尔区的广大地区。在巨大的储气罐中有一个独一无二的潜水场。古老的过滤室宛如一所露天剧院。从前，这里的高炉日夜不停地燃烧，而如今一切已归于沉寂，变成了一座 24 小时开放的景点。

St. Dionysius 教堂

该教堂为罗马风后期风格的三廊式巴西利卡，由凝灰岩建造而成，特点是建筑体量从东往西逐步抬高。五层高的西塔在“二战”中损毁，这部分后来经过简单重建后，还增加了一个金字塔形的屋顶。教堂简洁的外表采用了拱形带状装饰，圆拱形的窗户为教堂内部提供照明。在教堂的内部，中殿及唱诗坛区域以十字肋起拱结构，而侧殿则采用了十字拱。室内的柱头装饰不同寻常地采用了丰富的花蕊、鸟、卷叶等装饰。中殿的北侧墙面上有 14 世纪的湿壁画。

01 杜伊斯堡北公园
Landschaftspark Duisburg-Nord

建筑师：Latz + Partner
地址：Emscherstrasse 30
47137 Duisburg
年代：1999
类型：特色片区

02 St. Dionysius 教堂
St. Dionysius Duisburg Mündelheim

地址：Sermer Strasse 1
47259 Duisburg
年代：1220-
类型：宗教建筑

22・克雷菲尔德

建筑数量 -01

01 Lange 之家与 Ester 之家博物馆 / 密斯・凡・德・罗

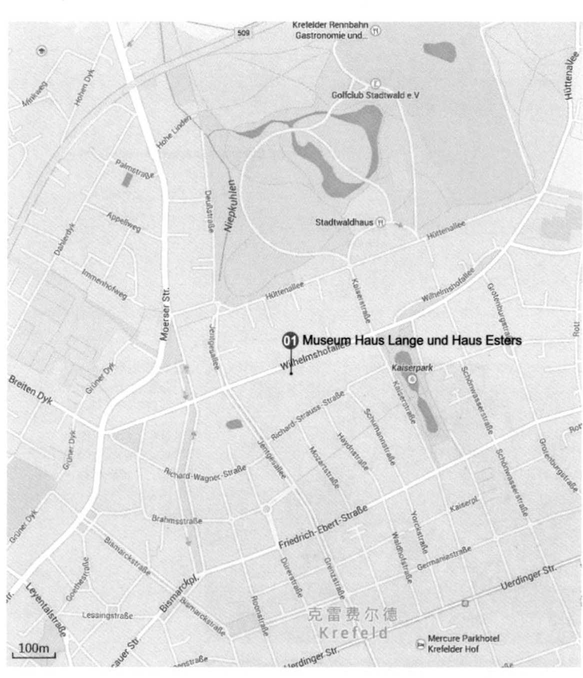

01 Lange 之家与 Ester 之家博物馆
Museum Haus Lange und Haus Esters

建筑师：密斯・凡・德・罗
地址：Wilhelmshofallee 97 47798 Krefeld
年代：1928
类型：文化建筑
备注：开放时间：周二至周日 11：00～17：00。

Lange 之家与 Ester 之家博物馆

该博物馆充分体现了包豪斯的空间统一性，以及思想与手工艺之间互动关系的理念。这两个以砖作为材料的别墅是为两个丝绸工业家的家庭设计的。具有标志性特点的是清晰的直角形式语言以及开放的空间序列。到处都有大面积的窗面，提供从内部空间到花园空间流畅的空间过渡，花园空间也是由密斯设计的。这两个住宅目前被作为 Krefeld 艺术博物馆的临时展览空间。

柯伦巴博物馆／彼得·卒姆托

杜塞尔多夫“国王大道”

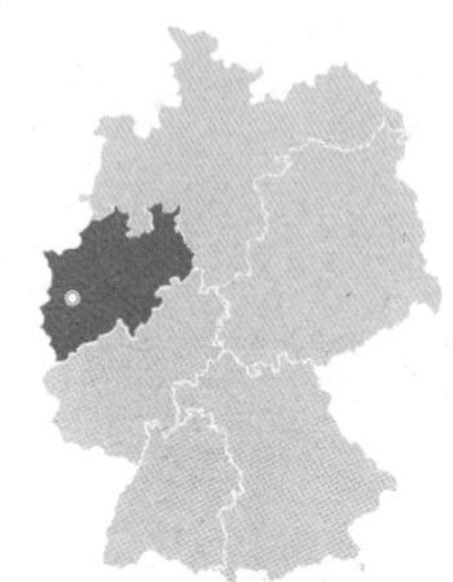

23 · 杜塞尔多夫

建筑数量 -09

01 St. Lambertus 教堂
02 杜塞尔多夫百货大楼 / Joseph Maria Olbrich
03 “三片状”大楼 / Helmut Hentrich
04 杜塞尔多夫城市之门 / Petzinka, Overdiek
05 媒体港新海关综合体 / 弗兰克 · 盖里
06 港口活动中心 / Wansleben Architekten
07 码头办公塔楼 / Jo Coenen
08 Capricorn 大楼 / Gatermann+Schossig
09 St. Margareta 教堂

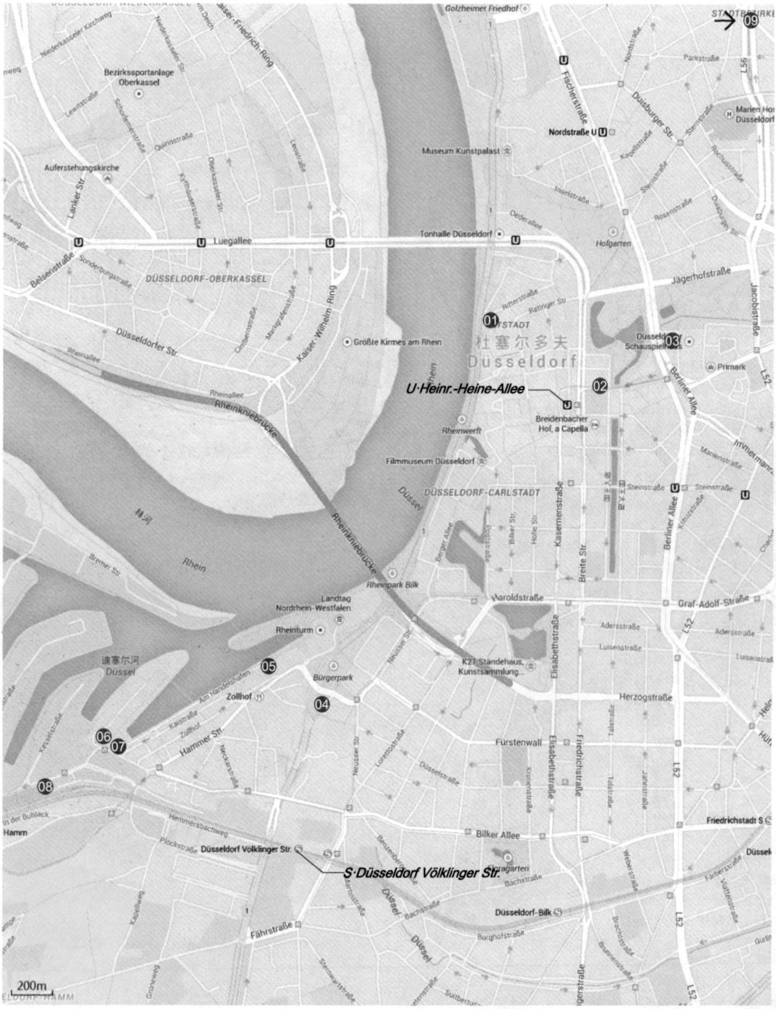

01 St. Lambertus Düsseldorf
02 Kaufhof Düsseldorf
03 Dreischeibenhaus
T·Jan-Wellem-Platz
T·Jacobistraße
U·Heinr.-Heine-Allee U
100m

St．Lambertus 教堂

该教堂扭曲的塔顶是杜塞尔多夫的重要标志之一。该教堂为三廊式大厅，用下莱茵地区砖砌哥特式风格建造。19 世纪初，一场大火烧毁了当时的塔顶。也许是后来由于在重建过程中使用了过于潮湿的木材，结果使屋顶发生扭转效果。该教堂内有多件源于 7 世纪的重要艺术作品以及宗教圣物。

杜塞尔多夫百货大楼

该百货大楼为“改革派建筑风格”（注：20 世纪初出现的，与历史主义风格相对立的一种建筑风格，主张应用客观的、简洁的建筑形式）。立面设计的母题很简单：三列窗户通过纤细的墙带分隔。三段式窗户组合两侧是充满力量感的柱子。立面在五层和六层的高度后退，因此“弱化了法式屋顶的纪念性”。这个百货大楼展现了“可为后来建筑所借鉴的新设计典范”，特别是充满纪念性的采光中庭。

“三片状”大楼

该建筑是一幢高 95 米的办公建筑，是战后现代主义国际风格的重要实例之一。交通走廊位于“片”之间的“缝隙”中，隐藏在立面之后。由此该建筑获得了独特的外部造型效果，但也因此造成了功能方面的损失。中间被隐藏的部分是包含电梯和卫生间的核心区域。这种平面布置大大减少了交通空间的面积，这种平面不仅能够将走廊分隔成独立办公室，也可分隔成大空间的办公、会议室以及活动室。

01 St. Lambertus 教堂
St. Lambertus Düsseldorf

地址：Stiftsplatz 1 40213 Düsseldorf
年代：1288-
类型：宗教建筑

02 杜塞尔多夫百货大楼
Kaufhof Düsseldorf

建筑师：Joseph Maria Olbrich
地址：Königsallee 1-9. 40212 Dusseldorf
年代：1908－1909
类型：商业建筑

03 “三片状”大楼
Dreischeibenhaus

建筑师：Helmut Hentrich
地址：August-Thyssen-Straße 1. 40211 Düsseldorf
年代：1960
类型：办公建筑

Note Zone

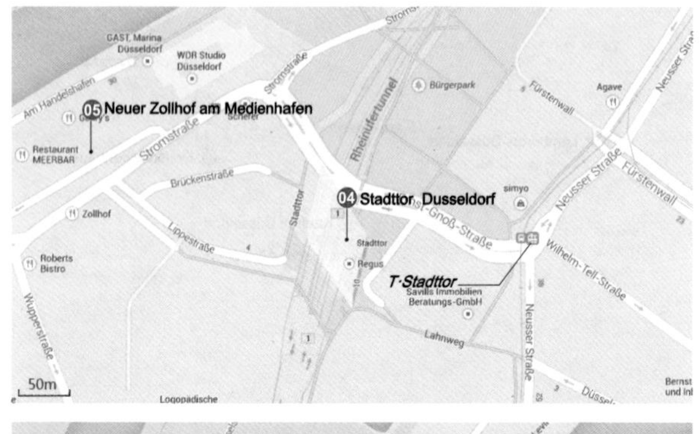

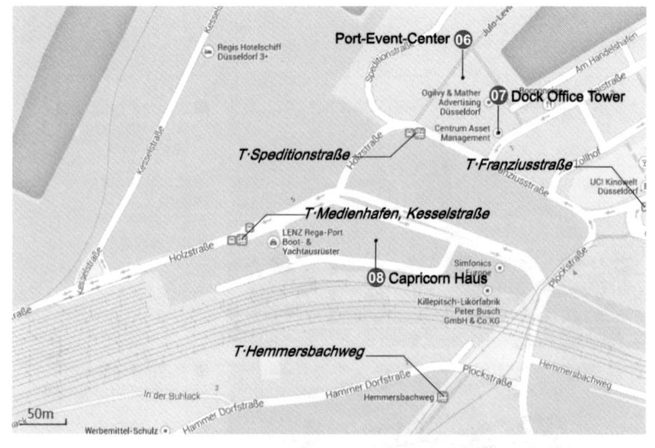

04 杜塞尔多夫城市之门
Stadttor Düsseldorf

建筑师：Petzinka, Overdiek
地址：Stadttor 1 40219 Düsseldorf
年代：1992–1998
类型：办公建筑

05 媒体港新海关综合体
Neuer Zollhof am Medienhafen

建筑师：弗兰克 · 盖里
地址：Neuer Zollhof 2-6 Dusseldorf
年代：1998
类型：办公建筑

杜塞尔多夫城市之门

该建筑是一幢高达 72.55 米，共 20 层的办公建筑，成了莱茵河隧道南入口的标志。该建筑最重要的特点在于其约 65 米高的中央大厅，该大厅的两侧以及阁楼层均为办公空间。建筑由于这种空间安排而获得了“门楼”的特征，这也是“城市之门”名字的来源。该建筑的立面由一个双层玻璃表皮构成，透过玻璃可以清晰地看到钢结构。双层表皮的内层立面为榉木—玻璃组合，外层则是玻璃—钢组合。在内外层立面的中间，是一个 1.4 米宽，由可上人的阳台构成的气候缓冲区。

媒体港新海关综合体

该建筑由三个充满张力的建筑体块构成，形成了一个大型雕塑。建筑中充满不对称性：特别订制的窗户从立面跃出，平面是不规则的。通过不同材料的选择，使每个建筑体块保持了独立的身份。中间的体块在各体块之间起到了联系的作用，因此在立面材料的选择上，建筑师还特意选择了反光材料。

Note Zone

⑥ 港口活动中心
Port-Event-Center

建筑师：Wansleben Architekten
地址：Franziusstraße 8. 40221 Düsseldorf
年代：2002
类型：办公建筑

⑦ 码头办公塔楼
Dock Office Tower

建筑师：Jo Coenen
地址：Kaistrasse 2 40221 Dusseldorf
年代：2002
类型：办公建筑

⑧ Capricorn 大楼
Capricorn Haus

建筑师：Gatermann+Schossig
地址：Holzstrasse 40221 Düsseldorf
年代：2006
类型：办公建筑

港口活动中心

港口活动中心是由一个作为“媒体通廊”尽端的塔楼，以及一个位于活动空间上方悬挑35米的办公部分组成的。该建筑从受历史建筑保护的前发电站上方伸出，作为对港口景观的回应。

码头办公塔楼

这个63米高的办公塔楼采用一个强有力的、单一而具有纪念性顶盖的形式。尽管如此，这个巨大的建筑内部安排的却是完全按照人体尺度设计的办公室。大尺度和人体尺度之间的对比，体现在材料的使用中：一方面是粗糙的自然石材，另一方面是精致的玻璃幕墙。

Capricorn 大楼

该建筑位于杜塞尔多夫媒体港的南端，是媒体港新入口的一部分。建筑通过把蜿蜒的结构及大玻璃厅与另一层隔声屏障相互结合，为一个满足低能耗要求的个性化办公世界创造了前提条件。大的入口大厅延续了Spedition大街轴线的方向，强调了新建筑群的既合理又具吸引力的端点特征。该建筑地上7层，地下4层。普通层净高为2.9米。地面层为满足商业功能净高为5.4米。

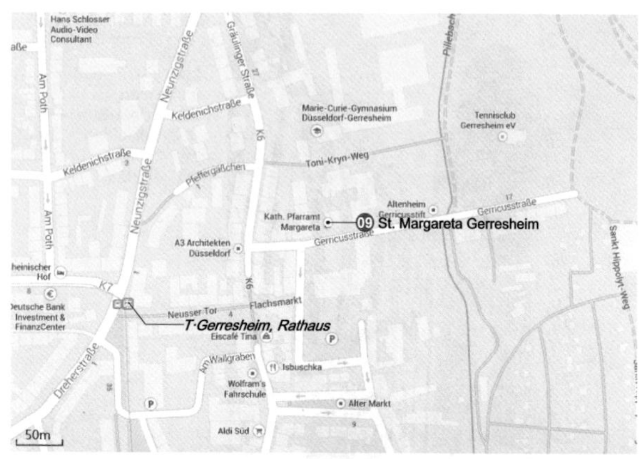

Note Zone

09 St. Margareta 教堂
St. Margareta
Gerresheim

地址：Gerricusstraße 9, 40625 Dusseldorf
年代：1230-
类型：宗教建筑

该教堂是下莱茵地区后罗马风式宗教建筑的重要实例之一。该教堂为三廊式十字形巴西利卡，横廊部分极短，唱诗坛为半圆形封闭式。外部简洁的造型以圆拱形带状装饰作为点缀，同时在西侧以一个巴西利卡式的多段式立面作为结束。在直廊与横廊交接处耸立着一个八边形的塔，三角形山墙上是折板式尖顶。在主圣坛后面悬挂着一个制作于970年的木十字架受难像，它是莱茵兰地区现存最古老的罗马风格的纪念雕塑之一。

24 · 诺伊斯

建筑数量 -02

01 Quirinus 教堂 / Wolbero
02 诺伊斯 Obertor 城门

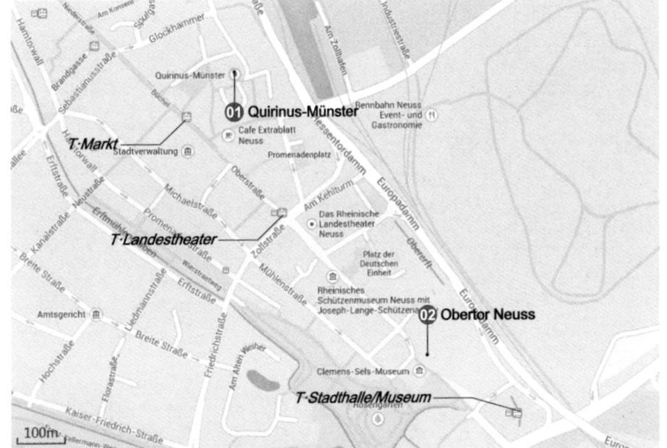

Quirinus 教堂

该教堂是诺伊斯市在历史、城市空间造型以及艺术方面最为重要的建筑。建筑为罗马风后期风格，由内三廊式拱形巴西利卡，高耸的西立面，横廊以及三个半圆形后殿结构等部分构成。西立面及其方塔上都有丰富的装饰。位于直廊与横廊交接处的塔楼呈八边形，上有巴洛克风格穹顶以及圣 Quirinus 的雕像。该教堂的内部装饰曾经非常气派，但大部分都在“二战”中遭到毁坏。值得一看的包括在半圆形后殿中的圣 Quirinus 神龛、一个罗马石棺和一个 14 世纪的十字架耶稣受难像等。

诺伊斯 Obertor 城门

该城门是诺伊斯五个中世纪城门中唯一保存下来的。该城门控制了通往作为主教城市的科隆的重要商业之路。与其他几个较为简单的城门塔楼的构成方式不同，Obertor 城门由一个四边形的中间部分以及两侧的圆塔共同构成。该城门由玄武石、凝灰石以及砖砌筑而成。城门旁是一个建于 18 世纪的小礼拜堂。目前城门的顶端是 Clemens-Sels 博物馆的一部分，这里展示了中世纪时期的城市历史。

01 Quirinus 教堂
Quirinus-Münster

建筑师：Wolbero
地址：Münsterplatz 23 41460 Neuss
年代：1209-
类型：宗教建筑

02 诺伊斯 Obertor 城门
Obertor Neuss

地址：Am Obertor 41460 Neuss
年代：1100-
类型：交通建筑

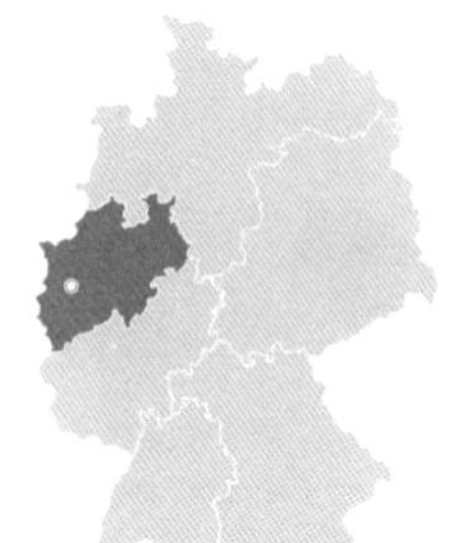

25 · 赫姆布洛依

建筑数量 -02

01 Langen 基金会 / 安藤忠雄

02 Hombroich 博物馆岛 / Erwin Heerich, Bernhard Korte

Note Zone

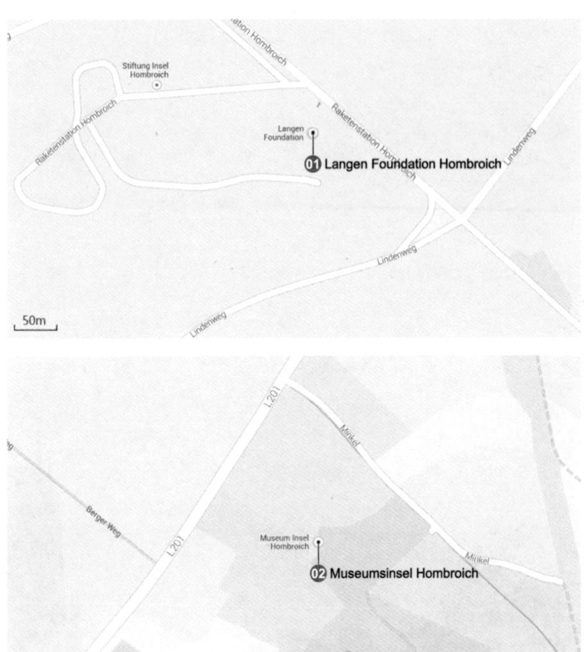

Langen 基金会

这个和谐融入周围景观中的建筑是一个由清水混凝土、玻璃和钢构成的组合体。游客们要先是穿过一道宽阔的混凝土弧形墙面，经过樱桃树林和一个人工水池，然后才能到达这个由两个极为不同的部分组成的建筑组合：一个外表面为玻璃的混凝土结构，以及两个互相平行、与它呈45度角的混凝土条形建筑。这两个混凝土条形建筑体块有6米的深度埋在地下，只有3.45米的空间露出地表，高达8米的室内高度只有在建筑的内部才能被感知到。

Hombroich 博物馆岛

博物馆岛在一片62公顷的草地上成功地融合了建筑、艺术与自然。它既是一个公园，也是一个博物馆，巧妙组织的空间使得游客可以毫不费劲地在建筑和开放空间之间漫步。博物馆岛诞生于1982年，地产经纪人Karl Heinrich Müller买下了Rosa之家，当时这里是一处长满野草的别墅和公园。他希望以一种新的方式展示他的艺术收藏品。他的计划受到了当地艺术家和建筑师的支持，博物馆岛就此诞生。

01 Langen 基金会
Langen Foundation Hombroich

建筑师：安藤忠雄
地址：Raketenstation Hombroich 1 41472 Neuss
年代：2004
类型：文化建筑
备注：开放时间：每天10：00～18：00。

02 Hombroich 博物馆岛
Museumsinsel Hombroich

建筑师：Erwin Heerich, Bernhard Korte
地址：Raketenstation Hombroich 41472 Neuss-Holzheim
年代：1993
类型：文化建筑
备注：开放时间：4月1日至9月30日:10:00～19:00；10月1-31日:10:00～18:00；11月1日至3月31日:10:00～17:00；关闭时间：12月24日，25日，31日，1月1日。夏令时建筑关闭之后，游客可在公园内停留至21点。

科隆大教堂

26・科隆

建筑数量 -13

01 科隆主火车站扩建 / Busmann + Haberer
02 Ludwig 博物馆 / Busmann + Haberer
03 科隆大教堂
04 Gürzenich Alt St. Alban 宴会大楼 / Karl Band+Prof. Rudolf Schwarz (1995)
05 Wallraf-Richartz 博物馆 / Oswald Mathias Ungers
06 柯伦巴博物馆 / 彼得・卒姆托
07 WDR 购物廊 / Gottfried Boehm
08 科隆世界之都大楼 / 伦佐・皮亚诺
09 科隆媒体艺术学校 / JSWDBRT
10 St. Aposteln 教堂
11 Chelsea 酒店 / Hartmut Gruhl
12 莱茵港塔吊大楼 1 号 / BRT
13 本斯贝格市政厅 / Gottfried Böhm

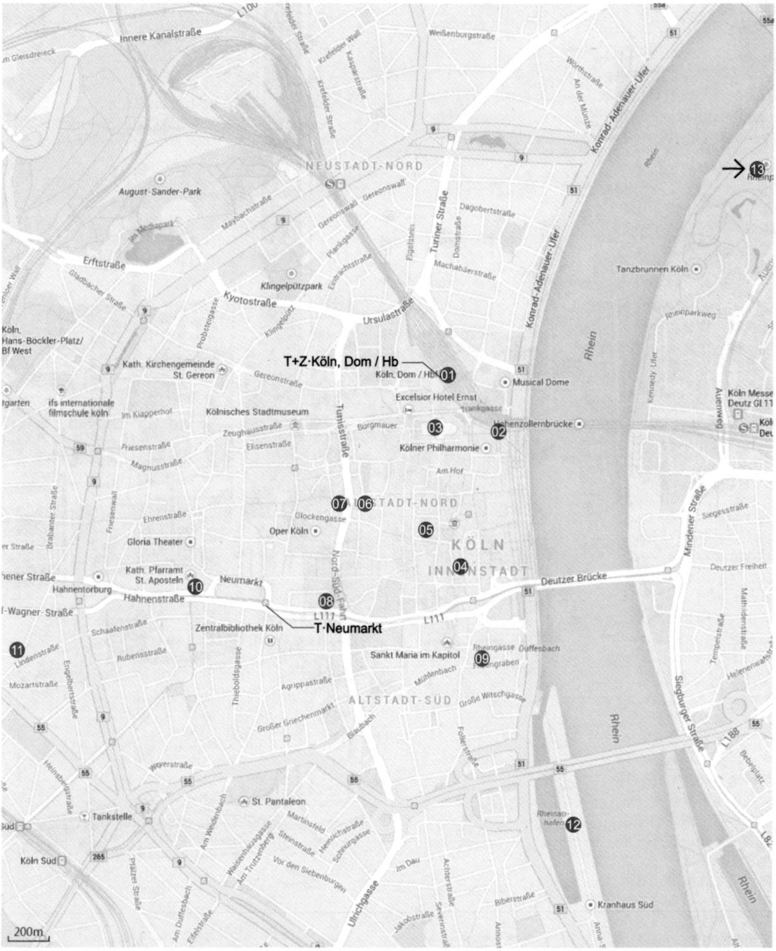

T+Z·Köln, Dom / Hb

T·Neumarkt

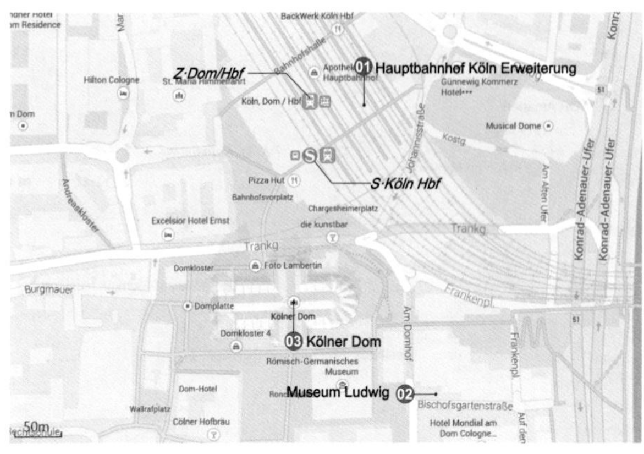

科隆主火车站扩建（站台顶篷）

该扩建部分的设计概念来自于一个树状的屋顶支撑：一个纤细的面承重结构，它的强化肋直接连接到柱子上。考虑到从 Hohenzollern 大桥到火车站之间的轨道呈极为复杂的几何形态，因此整个系统的受力方向选择向轨道倾斜。结果是产生了一系列的十字拱——这是一种能适应不同弧度的轨道和站台的形式。为了适应轨道和站台的不同弧度，这些承重的拱最终呈现在平面上呈现为一个弯曲变形的菱形网格——类似于一个在不同方向被拉伸的渔网。

Ludwig 博物馆

该博物馆是为收藏及展出 20 世纪初以后的现代艺术设计的，这里是美国以外最大的波普艺术收藏地点。建筑的外观形成一种充满韵律感的东西向锯齿状屋顶景观。为了不阻断从大教堂到莱茵河的视觉和步行联系，博物馆的前厅位于由外部街道和广场形成的十字形中心，楼梯从这里通往不同的楼层和展览区域。

科隆大教堂

该教堂是中世纪哥特式建筑的杰作。在世界各地的大教堂中，科隆大教堂最纯粹、最完整地体现了哥特鼎盛时期大教堂的典型特征。它在落成时是世界最高大的建筑之一。该大教堂拥有世界最大的教堂立面，建筑面积达 7000 平方米，高达 157 米的雄伟双塔高耸于教堂两侧。大教堂内珍藏有众多重要的艺术作品：彩色玻璃绘画、奥托王朝时期的戈罗十字架（公元 970 年）、最古老的西方大型雕塑、三圣王圣龛（1180–1225 年）、莱茵玛斯兰式锻金艺术的优秀作品、城市守护人祭坛（约 1450 年）、科隆画派的杰作和管风琴。

01 科隆主火车站扩建（站台顶篷）
Hauptbahnhof Köln Erweiterung

建筑师：Busmann+Haberer
地址：Köln Hauptbahnhof Köln
年代：2000
类型：交通建筑

02 Ludwig 博物馆
Museum Ludwig

建筑师：Busmann+Haberer
地址：Heinrich-Böll-Platz 50667 Köln
年代：1986
类型：文化建筑
备注：开放时间：周二至周日：10：00～18：00；每月第一个周四：10：00～22：00；周一关闭。

03 科隆大教堂（世界文化遗产）
Kölner Dom

地址：Domkloster 4, 50667 Köln
年代：1248 / 1842-1880
类型：宗教建筑

Note Zone

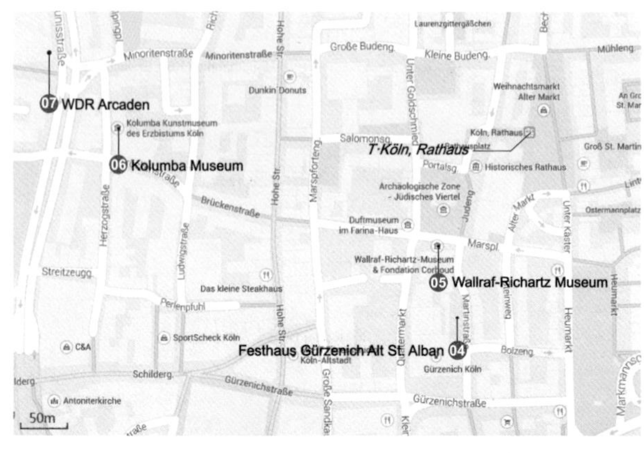

Gürzenich Alt St. Alban 宴会大楼

Gürzenich 最早作为舞厅，建于 15 世纪，17 世纪被改造为百货商场及仓库，在 19 世纪又被改造为音乐厅。二战的空袭使该建筑与旁边的 St. Alban 教堂都遭受了严重破坏，只有 15 世纪时期的外墙幸存了下来。1950 年代开始了重建的建筑竞赛。获奖设计保留了舞厅的哥特式外墙，建筑的底层被改造为衣帽间及葡萄酒餐厅，上部则为一个新的宴会厅。St. Alban 教堂没有被重建，而是在它的原址与舞厅之间建造了一个新的建筑部分作为连接。1996 年对该建筑进行了修复及现代化改造。

Wallraf–Richartz 博物馆

这个博物馆是科隆最老的博物馆，它位于一个充满历史的基地上，见证了多个世纪的建造历史。在博物馆的地下室，可以看到一个罗马神庙和一个中世纪的地下室的考古挖掘现场，入口的后面则是 St. Alban 教堂的废墟。在这个严谨的、方形建筑体块中，包括 3300 平方米的常设展览区域、800 平方米的特展区域。建筑师使用他惯有的严谨、正交的空间分层手法对建筑体块进行划分。在该博物馆的室内外都采用了高级的材料：立面为凝灰石和玄武石，展厅的地面为黑色花岗石以及经过烟熏处理的橡木地板。

04 Gürzenich Alt St. Alban 宴会大楼 Festhaus Gürzenich Alt St. Alban

建筑师：Karl Band+Prof. Rudolf Schwarz (1995)
地址：Martinstraße 29-37 50667 Köln
年代：1440 ～ 1995
类型：观演建筑
备注：开放时间：周二至周五 10:00 ～ 18:00; 每个周四 10:00 ～ 22:00; 周六和周日 11:00 ～ 18:00; 周一关闭，12 月 24-25 日，31 日，1 月 1 日关闭。

05 Wallraf-Richartz 博物馆 Wallraf-Richartz Museum

建筑师：Oswald Mayhias Ungers
地址：Obenmarspforten 50667 Köln
年代：2001
类型：文化建筑

Note Zone

⑥ 柯伦巴博物馆
Kolumba Museum

建筑师：彼得 · 卒姆托
地址：Kolumbastr.4 50667 Köln
年代：2007
类型：文化建筑
备注：开放时间：周三至周一：12：00～17：00;周二关闭。

⑦ WDR 购物廊
WDR Arcaden

建筑师：Gottfried Böhm
地址：Breite Straße 1 50667 Köln
年代：1996
类型：办公建筑
备注：开放时间：周一至周五：10:00～19:00；周六：10:00～18:00。

柯伦巴博物馆

该博物馆是科隆总主教的艺术博物馆。作为一个将场所、藏品和建筑完美结合的产物，它让参观者通过建筑中由近古到当代的多个建造结构体验到了两千多年的西方文化。该建筑由哥特后期的圣柯伦巴教堂、“废墟中的圣母”小教堂(1950年)、独一无二的考古挖掘(1973–1976年)以及由祖姆托设计的新建筑等部分。充满实体感的建筑所采用的暖灰色砖，与废墟中的凝灰石、玄武石和砖块形成和谐的整体。

WDR 购物廊

WDR 购物廊不是一个传统的购物中心。这个充满现代感的玻璃建筑内容纳的是办公空间、咖啡厅以及 WDR 的玻璃工作室：西德广播公司的行政总部。该建筑的另一个特点是与购物廊整合在一起的巨型邮政办公室。此外，购物廊中还包括了服装店、珠宝店以及餐厅。

08 科隆世界之都大楼
Weltstadthaus Köln

建筑师：伦佐・皮亚诺
地址：Schildergasse 65-67 50667 Köln
年代：2005
类型：商业建筑
备注：开放时间：周一至周四：10:00 ~ 20:00；周五：10:00 ~ 21:00；周六 10:00 ~ 20:00。

09 科隆媒体艺术学校
Kunsthochschule für Medien Köln

建筑师：JSWDBRT
地址：Filzengraben 2 50676 Köln
年代：2009
类型：科教建筑

Note Zone

科隆世界之都大楼

该建筑的形式让人不禁联想到船的形象，它同时又酷似一头搁浅的鲸鱼，因此也就被科隆人戏称为“鲸鱼”。该建筑长 130 米，宽 60 米，共有 14400 平方米销售面积。总面积达 4900 平方米的玻璃立面由 6800 块单独的玻璃片以及 66 根西伯利亚落叶松制成的强化复合木横梁构成。建筑的圆顶部分不对外开放，只是作为特殊活动和邀请用途的场所。该百货大楼由服装连锁 Peek & Cloppenburg 运营，2006 年获得“德国木建筑奖”。

科隆媒体艺术学校

该建筑位于科隆内城的南部，一个紧凑的地块上集中了各种复杂的功能要求。三个建筑体块构成了主要的功能单元：朝向街道的包括观众厅及工作空间的建筑主体、工作室大楼以及咖啡厅。这些建筑共同围合出了一个充满校园气氛的内院，该内院可以作为多种用途使用，同时还为咖啡厅提供了室外平台。内院中不同的高度变化，强化了其作为综合体中心的特征。它的周围是形式简洁、雕塑感很强的建筑，从而显示出一种整齐统一的力量。

Note Zone

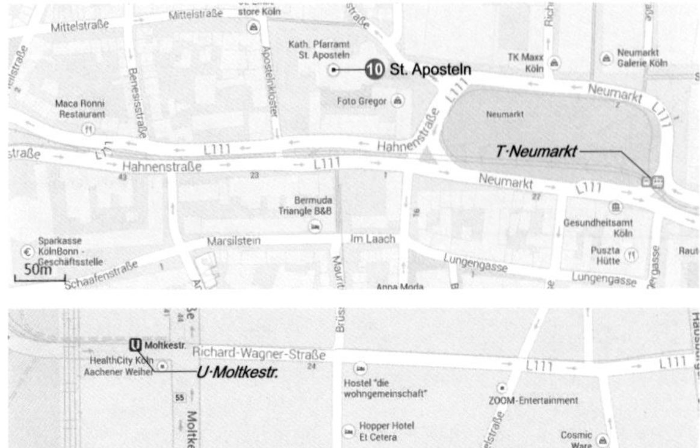

⑩ St. Aposteln 教堂
St. Aposteln

地址：Neumarkt 30 50667 Köln
年代：1000-
类型：宗教建筑

St. Aposteln 教堂

该教堂为三廊式巴西利卡，横廊及唱诗坛位于西侧。13世纪初，该建筑在东侧加入了一个大型的三个半圆形后殿结构。该建筑因此被认为是莱茵罗马风式建筑的代表作之一。在教堂的内部中，早期的墙体和屋顶已不复存在。19世纪及20世纪初，以马赛克与湿壁画结合的方式构成了拜占庭风格的墙面与屋顶装饰。而“二战”后只有极少部分保留了下来。1980年代Hermann Gottfried对三个半圆形后殿、直廊与横廊交接处的塔等内部空间进行了绘画创作，但是由于作品带有极为明显的20世纪绘画风格而充满争议。

⑪ Chelsea 酒店
Hotel Chelsea

建筑师：Hartmut Gruhl
地址：Jülicherstr 1 50674 Köln
年代：2001
类型：商业建筑

Chelsea 酒店

该建筑为一个艺术家酒店。建筑师Hartmut Gruhl改造部分形似一个位于台座上的雕塑，一些房间有错层，大部分都拥有自己的屋顶平台。倾斜的建筑语言创造了不同寻常的具有刺激体验的空间体验，人们在这里可以从与墙等高的悬挑窗户向外眺望。

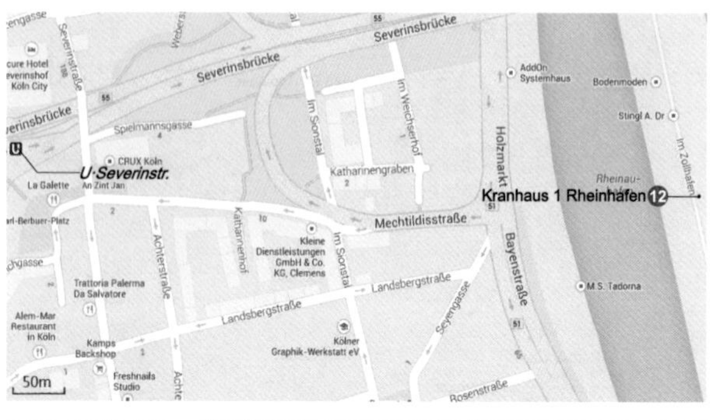

⑫ 莱茵港塔吊大楼 1 号
Kranhaus 1
Rheinauhafen

建筑师：BRT
地址：Im Zollhafen 50678, Köln
年代：2008
类型：办公建筑

⑬ 本斯贝格市政厅
Bensberger Rathaus

建筑师：Gottfried Böhm
地址：Wilhelm-Wagener-Platz, 51429 Bergisch Gladbach
年代：1969
类型：市政建筑

Note Zone

莱茵港塔吊大楼 1 号

该建筑体现了设计者对于 El Lissitzky 1924 年提出的“云中铁架”设想的自由解读（注：El Lissitzky，是俄罗斯先锋派的重要人物），同时也创造了一种新的高层建筑类型。对公众来说，该建筑不仅仅提供了在一个方形塔楼前的经典广场，这个方体更是一个充满雕塑感的存在，它没有采取垂直塔楼的形式，而是在九层高的位置架起了一个 70 米长的修长水平体块。这个充满动感、同时让人联想到前港口区域塔吊的建筑，是城市在滨水地区的建筑宣言与符号。

本斯贝格市政厅

今天的贝吉施—格拉德巴赫市由两个城市贝吉施—格拉德巴赫和本斯贝格于 1975 年合并而来，因此这个城市有两个市政厅。与贝吉施—格拉德巴赫的“历史性”的市政厅相对的，本斯贝格市政厅充满未来主义的气息。很多市民亲昵地称呼它为“猴岩”。这个混凝土与玻璃构成的建筑是对老本斯贝格宫殿废墟的回应，而这个宫殿的基座部分可以追溯到 10 世纪。目前这个市政厅主要为城市管理的技术部门使用。

27 · 布吕尔

建筑数量 -01

01 奥古斯都堡与猎趣园行宫 / Johann Conrad Schlaun

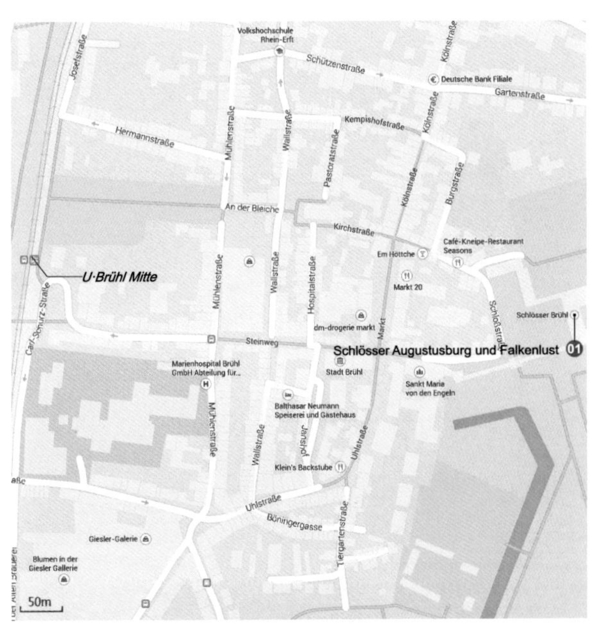

奥古斯都堡与猎趣园行宫

作为科隆选帝侯和大主教最为青睐的避暑行宫，奥古斯都堡当属德国洛可可建筑中最为知名的杰作。1725 年人们开始在一座中世纪水上城堡的废墟上修建这座宫殿，到完全竣工耗时超过 40 年。同属巴洛克风格的 18 世纪园林则由多米尼克 · 吉拉尔（Dominique Girard）按照法国样式设计。距离奥古斯都堡几步之遥，在僻静的小树林边缘坐落着别有一番风情的猎趣园行宫。 在 1729 年至 1737 年的短短几年内，这座舒适惬意又庄重华丽的德国洛可可建筑珍品拔地而起。

01 奥古斯都堡与猎趣园行宫
Schlösser Augustusburg und Falkenlust

建筑师：Johann Conrad Schlaun
地址：Schloßstraße 6 Brühl
年代：1725-
类型：文化建筑

28·梅谢尼希－瓦亨多夫

建筑数量 -01

01 Bruder-Klaus 小教堂 / 彼得·卒姆托

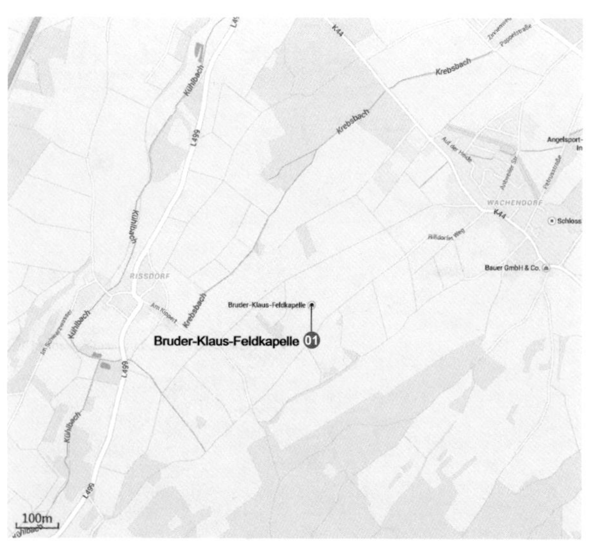

01 Bruder-Klaus 小教堂
Bruder-Klaus-Feldkapelle

建筑师：彼得·卒姆托
地址：Rissdorfer Weg
53894 Mechernich-
Wachendorf
年代：2007
类型：宗教建筑

Bruder–Klaus 小教堂

该教堂是一个通过私人资助并建造的天主教小教堂。建造之前，建筑师首先架起了一个由112棵云杉原木搭成的帐篷状结构。围绕这个内部结构周围，进一步兴建了由夯实混凝土建造而成的建筑体。建筑从外部来看的话，是一个平面为五角形的极简且无窗的塔。内部空间如一个位于帐篷内部的洞穴，墙面清晰地展现了云杉原木的肌理。空间向上开敞，让视线引向天空，同时也让光和雨水进入黑暗的空间。由于空间的狭促，这里并不适合用作公共祷告的空间，而是适合个人冥想的场所。

慕尼黑现代绘画陈列馆 /Stephan Braunfels

29・波恩

建筑数量 -03

01 波恩老市政厅 / Michael Leveilly
02 波恩圣马丁大教堂
03 波恩艺术博物馆 / Schultes Frank Architekten

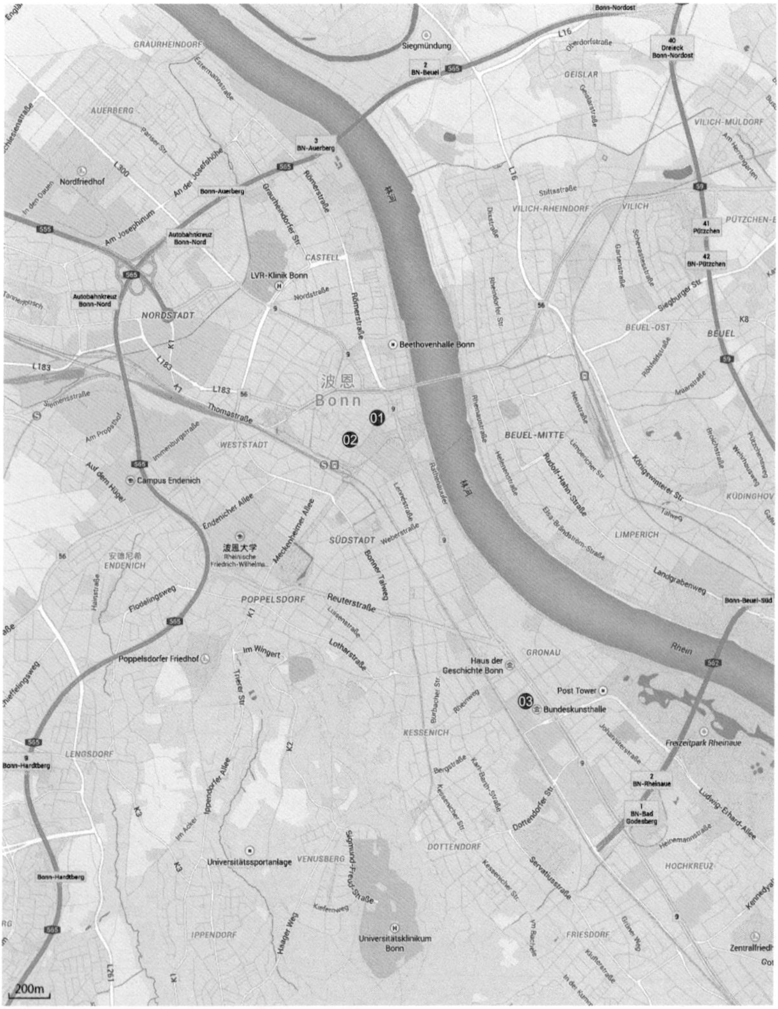

Note Zone

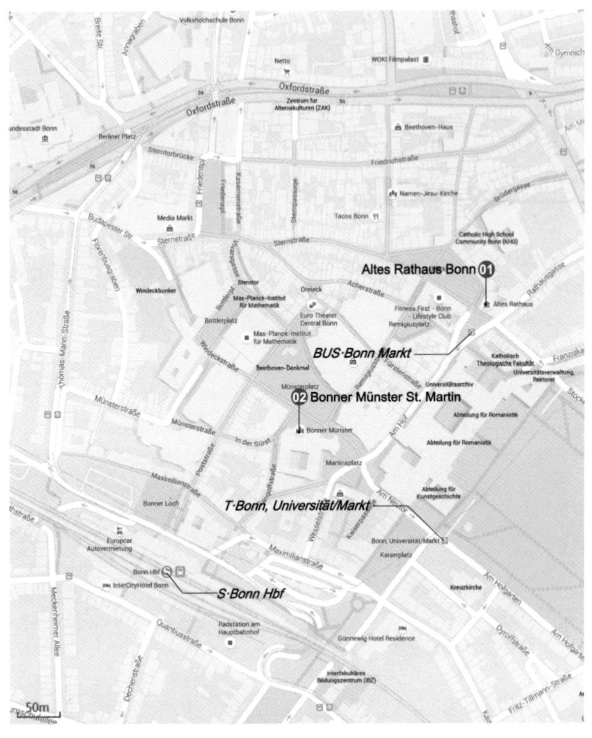

波恩老市政厅

这个表面抹灰的三层洛可可风格的砖砌建筑限定了市场广场的北侧边界，在这里人们可以通过一个双跑台阶进入建筑。立面的入口顶部饰有波恩的城市徽章，两侧各有一只狮子的雕塑。该建筑的立面由有混合式柱头的巨型壁柱柱列构成，中部略微凸出。1944 年空袭后，大火几乎把广场边上的所有建筑烧光。该建筑只有波恩市徽章及选帝侯王冠部分幸免于难。战后对该建筑按照 18 世纪原貌进行了重建。

波恩圣马丁大教堂

该教堂是波恩的城市象征之一。建于 11 世纪的罗马风式教堂为三廊式十字形巴西利卡，是当时莱茵兰地区第一批大型教堂之一。该教堂的横直廊交接部位几乎为正方形，而横廊部分则极短。巴西利卡的内部有个双层的唱诗坛。13 世纪初，教堂的中殿被改建为哥特式。历史上，教堂经历过多次摧毁和重建。如今的教堂建筑自身风格以罗马风式及哥特风格为主，而内部的装饰则主要为巴洛克式装饰。值得一看的是两个大理石的圣坛、圣 Helena 铜像、修道院、地下室等。

01 波恩老市政厅
Altes Rathaus Bonn

建筑师：Michael Leveilly
地址：Markt 2, 53111 Bonn
年代：1737-
类型：办公建筑

02 波恩圣马丁大教堂
Bonner Münster St. Martin

地址：Münsterplatz 18, 53111 Bonn
年代：1050-
类型：宗教建筑

Note Zone

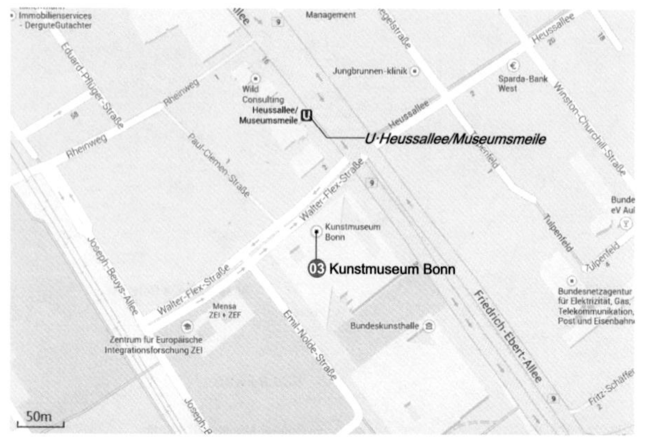

03 波恩艺术博物馆
Kunstmuseum Bonn

建筑师：Schultes Frank Architekten
地址：Friedrich-Ebert-Allee 2 53113 Bonn
年代：1992
类型：文化建筑

该博物馆属于德国战后最重要的博物馆建筑之一。该建筑既是一个独立的作品，同时也是一个较为收敛的载体，在表现自己的同时也衬托收藏品。建筑师采用强调公共开放的策略，艺术博物馆有三个入口，台阶拾级的设计创造出一个经过精确切割的、像珠宝般的几何形态。对光线的巧妙利用使得藏品充满生命力，光线如从一个水瓶中倾泻到展厅中。

炼焦业关税同盟 Kokerei Zollverein / HG Merz Architekten

30 · 亚琛

建筑数量 -08

01 亚琛大教堂
02 亚琛某公共汽车站 / 彼得·埃森曼
03 亚琛市政厅
04 亚琛 Ponttor 城门
05 前 Delius 毛巾工厂 / Georg Wilhelm Mönkemeyer
06 亚琛－慕尼黑保险公司总部 / Kadawittfeld Architektur
07 圣体大教堂 / Rudolf Schwarz
08 亚琛大学医院 / Weber, Brand Und Partner

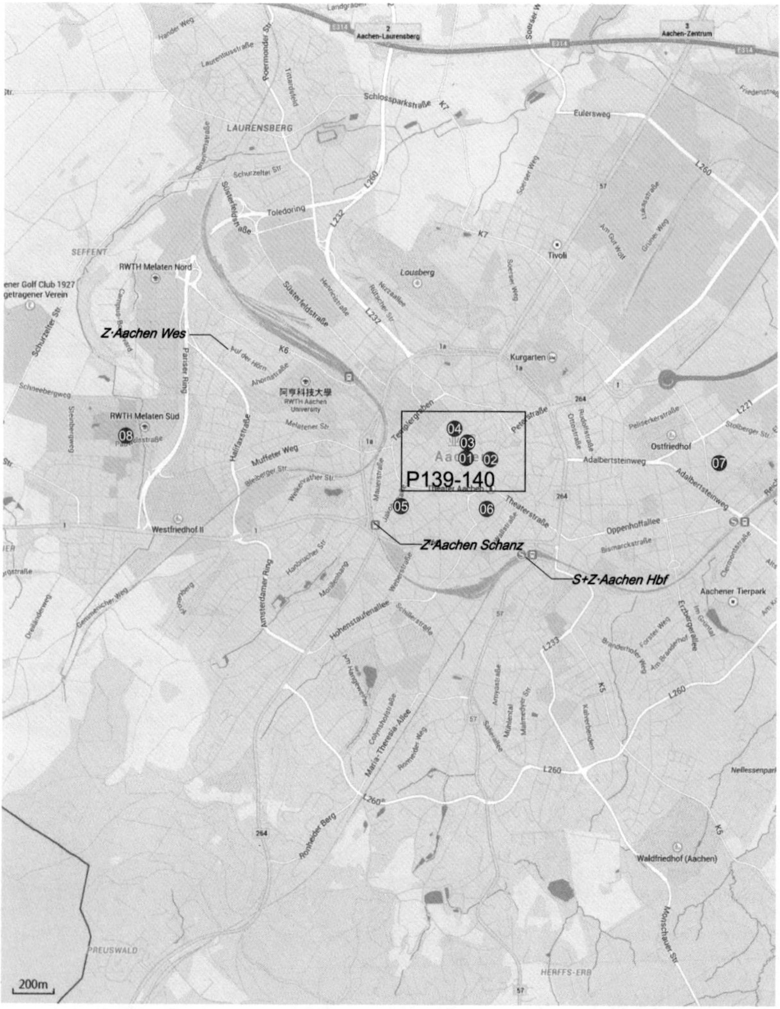

P139-140

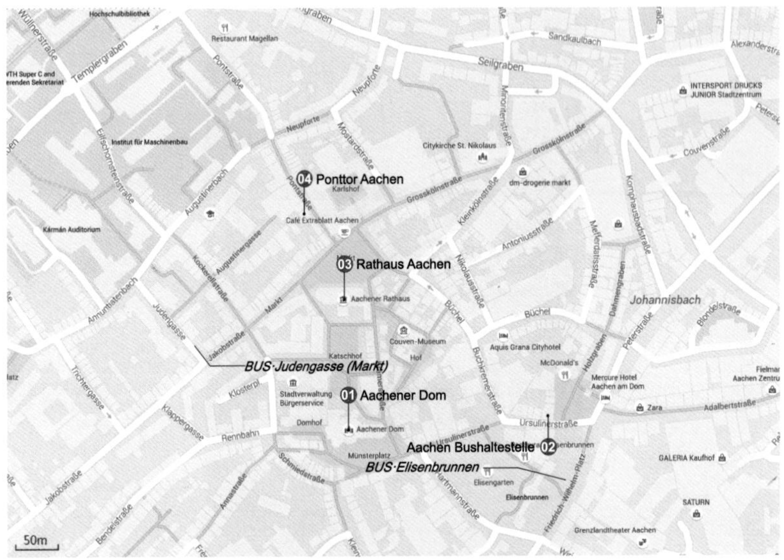

亚琛大教堂

该教堂曾经是查理大帝的领地教堂，它是亚琛的标志。八角形的穹顶大约完工于公元9世纪。1414年建造的雄伟的唱诗厅被视为哥特建筑艺术的杰作，窗户高达27米，这在当时是绝无仅有的。在公元936至1531年的六百年间，先后有三十位德意志皇帝在这里加冕。大教堂宝库为欧洲最重要的教堂珍宝收藏地之一。其中有来自古典时代后期、加洛林王朝、奥托王朝、施陶分和哥特时期的宗教文化宝藏。该教堂是德国第一个被列入联合国教科文组织世界文化遗产名录的历史建筑。

01 亚琛大教堂（世界文化遗产）
Aachener Dom

地址：Domhof 1, 52062 Aachen
年代：790-800 / 1355-1414 / 1664
类型：宗教建筑

亚琛某公共汽车站

该车站位于19世纪的优雅建筑群内部，周边是1970年代的办公街区，因此显得十分特别。这个折叠的钢结构酷似一个紧抓地面的大爪，或者一只被突然冻住了的、原本正在仓促穿越广场的螃蟹。对于当地的孩子来说，这不是一个功能性的构筑，它更像一个攀爬架。在雨天，它在提供遮蔽功能的同时，也尽可能保证不去阻碍人们的视线。旁边耸立的如石头般的铁片，呼应了汽车站大幅度倾斜的线条。

02 亚琛某公共汽车站
Aachen Bushaltestelle

建筑师：彼得·埃森曼
地址：Ursulinerstraße 25, 52062, Aachen
年代：1996
类型：交通建筑

03 亚琛市政厅
Rathaus Aachen

地址：Markt 52062 Aachen
年代：1349-
类型：办公建筑

04 亚琛 Ponttor 城门
Ponttor Aachen

地址：Pontstraße 1 52062 Aachen
年代：1250-
类型：市政建筑

亚琛市政厅

14 世纪时，在加洛林皇帝行宫宫殿的基墙之上建造了哥特式的市政厅及其加冕庆典大厅，在数百年后这里被进一步改建为一座巴洛克式城市宫殿。Alfred Rethel 创作的五幅查理大帝湿壁画以及皇权象征（十字架金球、佩剑、王冠）的复制品值得一看。

亚琛 Ponttor 城门

该城门由硅酸钙石材以及长条形杂砂岩砌筑而成。它是一个带铁闸门的三层城门城堡的一部分。在战争时期，该城门发挥了防御的作用；在和平时期，它又是某种形式的关卡，旅行者必须在这里缴纳税款。在法国统治时期，城堡的其他部分都被毁坏，唯一幸存下来的只有 Maschiertor 和 Ponttor 城门。

Note Zone

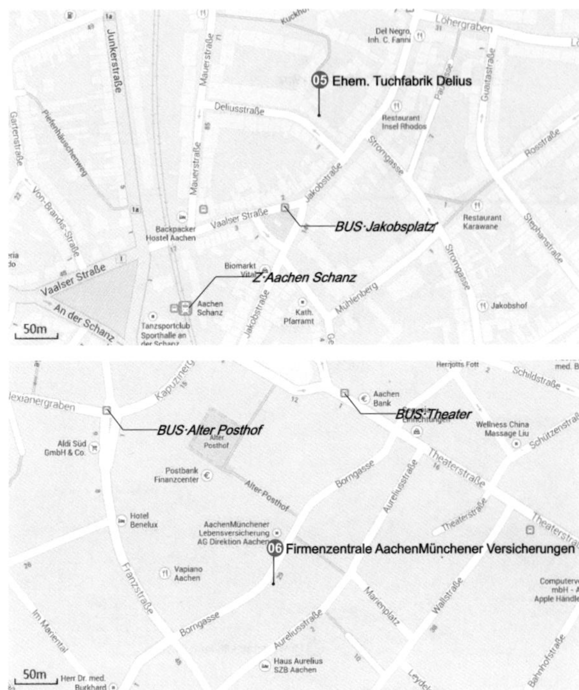

05 前 Delius 毛巾工厂
Ehem. Tuchfabrik Delius

建筑师：Georg Wilhelm Mönkemeyer
地址：Deliusstraße 6-30 52064 Aachen
年代：1906
类型：居住建筑

前 Delius 毛巾工厂

该工厂为三层半的砖砌建筑，立面呼应了街道的弧形走向。立面点缀着少量亮色抹灰的红色砖砌块，窗户以每两个成组的方式统一在一个平拱下形成韵律感。而阁楼层的立面连续排列了三个窗户，位于 Mauer 大街及 Delius 大街拐角处的阁楼层被特意加高而加以强调。该建筑自 1980 年代起被改造为一个拥有 78 个住宅单元的公寓建筑。

06 亚琛－慕尼黑保险公司总部
Firmenzentrale Aachen Münchener Versicherungen

建筑师：Kadawittfeld Architektur
地址：Aachen-Münchener-Platz 1, 52064 Aachen
年代：2010
类型：办公建筑

亚琛－慕尼黑保险公司总部

该项目的重点在于最大限度地强化基地上内的公共空间，并通过一系列广场、一条连接火车站与内城的步行道以及与其他功能进行整合，从而提升对公众的吸引力。建筑的内部组织也体现了这种追求公共空间最大化和交流的特点。联系新建筑与现有建筑的核心元素为一条通透的内部通廊。

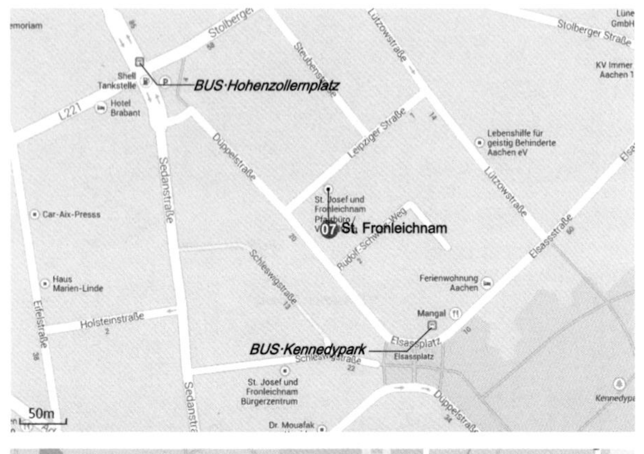

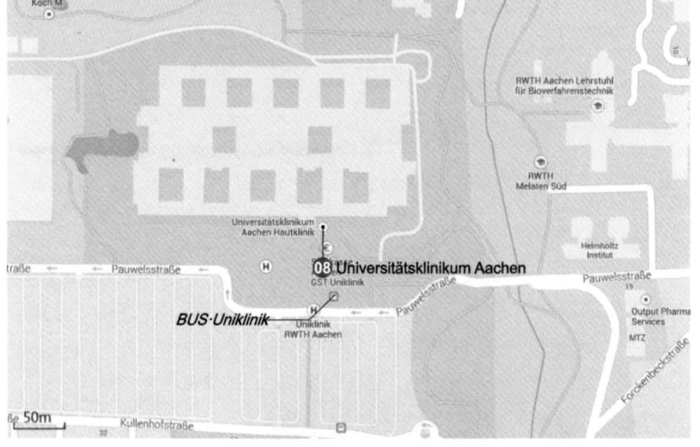

Note Zone

⑦ 圣体大教堂
St. Fronleichnam

建筑师：Rudolf Schwarz
地址：Düppelstraße 25
52070 Aachen
年代：1930
类型：宗教建筑

⑧ 亚琛大学医院
Universitätsklinikum Aachen

建筑师：Weber, Brand Und Partner
地址：Pauwelsstraße 30.
52074 Aachen
年代：1982
类型：市政建筑

圣体大教堂

该教堂是现代主义风格教堂建筑的重要实例之一。不过极简主义的设计对于 1920 年代后期的社会来说过于激进，以至于当时的官方反对该设计。该建筑由一个极为平坦的坡屋顶覆盖的白色方体（主廊）和一个高达 40 米的方形钟塔构成。建筑的内部只使用了黑白两种颜色：纯白色粉刷的侧墙、白色圣坛墙面与由黑色自然石材砌成的圣坛、地板以及暗色的椅子形成了强烈对比。位于圣坛区域上方的小窗则是透明的。

亚琛大学医院

该建筑的主楼为钢筋混凝土框架结构，长 257 米，宽 134 米，共有 24 个作为竖向联系的楼梯间。该结构在各个方向都具有可扩展性。与主楼相邻的两层辅助功能楼的平面长 95 米，宽 131 米。该建筑的楼梯核心筒的建造使用了现浇混凝土滑模技术，而其他构件均为预制件。建筑的内部和外部看起来都极不寻常。地板铺装、门和墙元素几乎都采用了绿、银以及黄色调，而天花板下的管道（供暖、通风等）都是裸露在外的。该建筑被认为是“德国高技派建筑的最重要实例”。

炼焦业关税同盟 Kokerei Zollverein／HG Merz Architekten

中部区域 Mitteler Teil

31 · 卡塞尔

建筑数量 -03

01 威廉高地公园
02 威廉高地宫殿
03 卡塞尔的主墓地火葬馆 / Bieling & Bieling

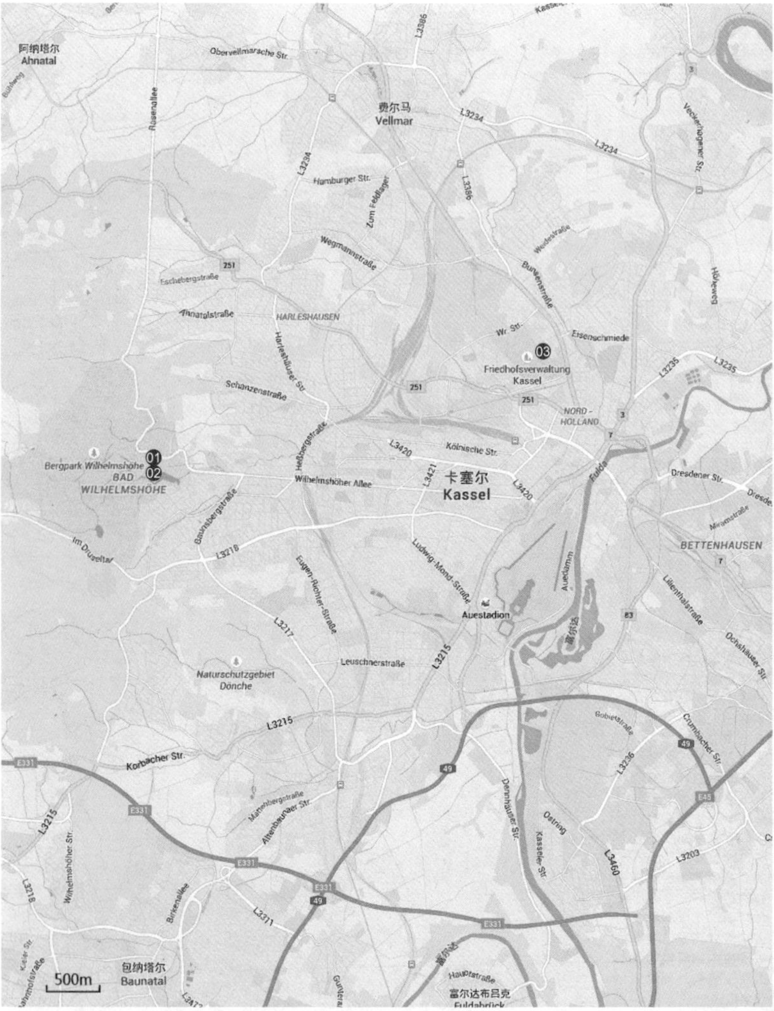

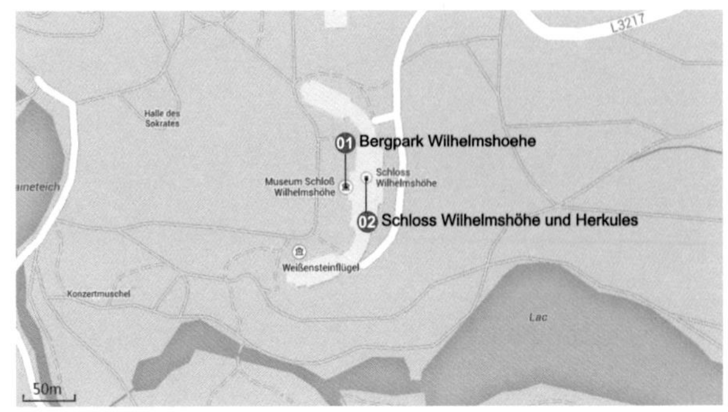

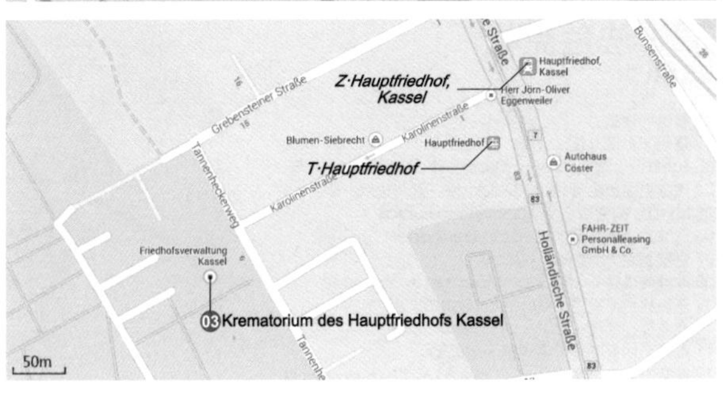

威廉高地公园

该公园占地约2.4平方公里，是欧洲最大的高地公园。这个公园的建设始于1696年，此后经历了150年才建造完成。公园一直延伸至Karlsberg山，山顶上矗立着一尊大力士赫拉克勒斯的雕像。公园在建造之初采用的是巴洛克风格的意大利花园以及法国式园林布局，水流以小瀑布形式从山上流到威廉高地宫殿。该公园后来以英式花园的方式进行重新布局。艺术史学Georg Dehio认为该公园“可能是巴洛克景观与建筑艺术最宏伟的组合”。

威廉高地宫殿

该宫殿位于占地240公顷巴洛克风格的威廉高地公园中。12世纪，这里曾经是一个名为Weißenstein的修道院，后来被改造为一个狩猎行宫。18世纪，选帝侯下令建造了今天宫殿的“Weißenstein侧翼部分”，后来又陆续建造了中间部分及教堂部分。该宫殿在“二战”时期被严重损毁，1974年重建为博物馆，并与历代大师的画廊、版画展和古代珍品展一起，成了威廉高地公园里一块吸引公众目光的珍宝。

卡塞尔的主墓地火葬馆

该火葬馆位于卡塞尔主墓地的历史建筑群中。在庭院中一处曾经作为车库的地点，它塑造出了一个力量感十足的空间边界。充满体量感的建筑体块连接了庭院与墓地之间的设施，同时使整个历史建筑群在地下联系在一起。半透明的玻璃表皮使这个严谨的立方体蒙上了一层神秘的色彩——形成了一种轻盈、开放同时又秘密掩藏的感觉。该双层表皮由内侧厚实的钢筋混凝土墙与外侧的强化玻璃组成。

01 威廉高地公园（世界文化遗产）
Bergpark Wilhelmshoehe

地址：Schlosspark 1, 34131 Kassel
年代：1696-
类型：特色片区

02 威廉高地宫殿（世界文化遗产）
Schloss Wilhelmshöhe und Herkules

地址：Schlosspark 1, 34131 Kassel
年代：1786～1798
类型：文化建筑

03 卡塞尔的主墓地火葬馆
Krematorium des Hauptfriedhofs Kassel

建筑师：Bieling & Bieling
地址：Tannenhecker Weg 6, 34127 Kassel
年代：2001
类型：市政建筑

32・法兰克福

建筑数量 -31

01 皇帝大教堂
02 现代艺术博物馆 / 汉斯・霍莱因
03 Schirn 艺术馆 / Dietrich Bangert, Bernd Jansen 等
04 法兰克福历史博物馆 / Diezinger Architekten
05 My-Zeil 购物中心 / Massimiliano Fuksas
06 Eschenheim 塔 / Madern Gerthener
07 老歌剧院 / Richard Lucae
08 歌剧院塔楼 / Christoph Maeckler Architekten
09 圣伊格纳斯教堂 / Gottfried Böhm
10 商业银行塔楼 / Foster and Partners
11 应用艺术博物馆 / 查理德・迈耶
12 德意志建筑艺术博物馆 / Oswald Mathias Ungers
13 施泰德博物馆扩建 / Gustav Peichl
14 施泰德博物馆扩建 / Schneider Schumacher
15 法兰克福西港口塔楼 / Schneider Schumacher
16 “西花园” 商住综合体 / Stefan Forster
17 德意志合作银行大楼 / KPF
18 法兰克福商品交易会大厦 / 赫尔穆特・扬
19 大市场大厅 / Martin Elsässer
20 Ostend 大街住宅 / Stefan Forster
21 Mühlberg 的城市别墅 / Stefan Forster
22 天主教圣米歇尔教堂 / Rudolf Schwarz
23 CAMPO 居住区 / Stefan Forster
24 法兰克福展会服务中心 / O. M. Ungers
25 VoltaStraBe 住宅 / Stefan Forster
26 汉莎航空中心 / Ingenhoven Architekten
27 法兰克福城市管理署 / Meixner-Schlueter-Wendt-Architekten
28 Goldstein 居住区（盖里）/ 弗兰克・盖里
29 Olivetti 总部 / Egon Eiermann
30 Römerstadt 居住区 / Ernst May
31 Ernst-May 之家 / Ernst May

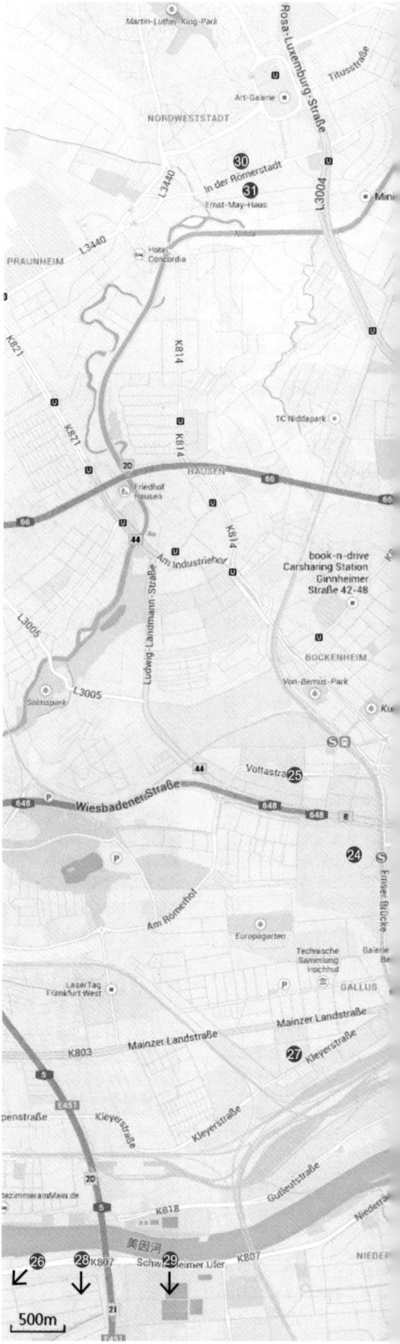

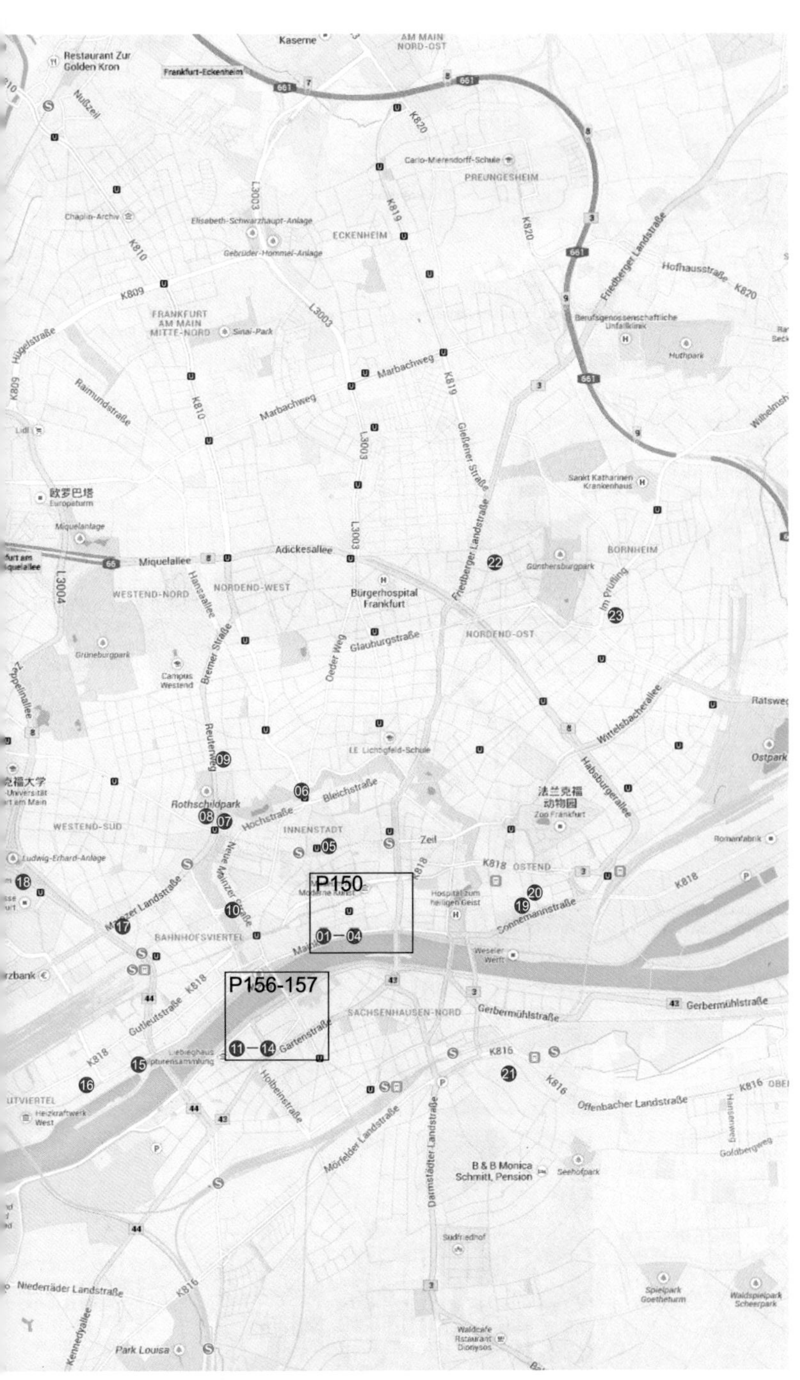
P150
P156-157
01—04
05
06
07
08
09
10
11—14
15
16
17
18
19
20
21
22
23
Restaurant Zur Golden Kron
Frankfurt-Eckenheim
Kaserne
Carlo-Mierendorff-Schule
PREUNGESHEIM
ECKENHEIM
Elisabeth-Schwarzhaupt-Anlage
Gebrüder-Hommel-Anlage
Chaplin-Archiv
FRANKFURT AM MAIN MITTE-NORD
Sinai-Park
Hofhausstraße
Friedberger Landstraße
Berufsgenossenschaftliche Unfallklinik
Huthpark
Marbachweg
Raimundstraße
Gießener Straße
Sankt Katharinen Krankenhaus
欧罗巴塔
Europaturm
Miquelanlage
Miquelallee
Adickesallee
BORNHEIM
Günthersburgpark
Im Prüfling
WESTEND-NORD
NORDEND-WEST
Hansaallee
Bürgerhospital Frankfurt
NORDEND-OST
Glauburgstraße
Oeder Weg
Grüneburgpark
Campus Westend
Bremer Straße
Wittelsbacherallee
Ostpark
Reuterweg
Habsburgerallee
Bleichstraße
Rothschildpark
法兰克福动物园
Zoo Frankfurt
WESTEND-SÜD
Hochstraße
INNENSTADT
Zeil
Ludwig-Erhard-Anlage
Neue Mainzer Straße
OSTEND
Hospital zum heiligen Geist
Sonnemannstraße
BAHNHOFSVIERTEL
Weseler Werft
Gerbermühlstraße
SACHSENHAUSEN-NORD
Gutleutstraße
Gartenstraße
Offenbacher Landstraße
Holbeinstraße
Mörfelder Landstraße
Darmstädter Landstraße
B & B Monica Schmitt, Pension
Seehofpark
Südfriedhof
Niederräder Landstraße
Kennedyallee
Park Louisa
Spielpark Goetheturm
Waldspielpark Scheerpark
Waldcafe Restaurant Dionysos

皇帝大教堂

这个哥特式大教堂位于法兰克福的罗马广场以东，又称为加冕教堂。从14世纪到现在已有六百多年的历史，虽几经战火，仍能幸免于难。在1562年－1792年，共有10位德国皇帝的加冕典礼在此举行，教堂宝库内陈列有大主教们在加冕典礼时所穿的华丽衣袍。主楼为壮丽的15世纪哥特式塔楼，高95米。有332级台阶直通塔顶，塔顶可俯瞰整个城市。

现代艺术博物馆

该建筑被认为是后现代主义建筑的重要实例。设计基于两个前提：首先是建筑所处的特殊城市环及基地自身的条件，第二是现代艺术博物馆的"功能规划"以及功能要求，这是因为在建筑的内外，视觉艺术均作为前景展现给广大观众。该建筑的主入口位于教堂大街和Braubach大街的转角处，使得入口位置十分清晰明显，建筑围绕从顶部自然采光的中心大厅展开，游客在这里不仅可以看到，而且能够前往不同的楼层和展厅。

Schirn 艺术馆

该建筑位于互相平行的Bender大街和Saal大街之间，布局沿东西向延伸。这个浅色砂岩饰面的艺术馆，由若干个互相嵌套的几何体块构成。这些体块中最显著的是一个东西向的五层展览大厅。大厅底层沿Bender大街一侧保持开放，为一排严谨的无装饰的方柱柱廊。在这个体块中部附近的其他建筑体块则沿着一条想象的横向轴线展开。

法兰克福历史博物馆（改建和修复）

该建筑由5个分别建于12–19世纪的建筑部分组成，由于战争破坏以及加建过程缺乏考虑，从建筑的内部已经无法辨识。对于这个"大院"建筑群，建筑师针对现存建筑状况和设计概念均进行了全面地修复，并且使该建筑符合现代博物馆的技术要求。修复之后，建筑群作为一个整体得到了强化。

01 皇帝大教堂
Kaiserdom

地址：Domplatz 1, 60311 Frankfurt am Main
年代：852-
类型：宗教建筑

02 现代艺术博物馆
Museum für Moderne Kunst

建筑师：汉斯・霍莱因
地址：Domstraße 10, 60311 Frankfurt am Main
年代：1983
类型：文化建筑

03 Schirn 艺术馆
Schirn Kunsthalle

建筑师：Dietrich Bangert, Bernd Jansen, Stefan Jan Scholz und Axel Schultes
地址：Römerberg, 60311 Frankfur am Main
年代：1983
类型：文化建筑
备注：开放时间：10:00~22:00

04 法兰克福历史博物馆（改建和修复）
Historisches-Museum (Umbau und Sanierung)

建筑师：Diezinger Architekten
地址：Fahrtor 2, 60311 Frankfurt am Main
年代：2012
类型：文化建筑

Note Zone

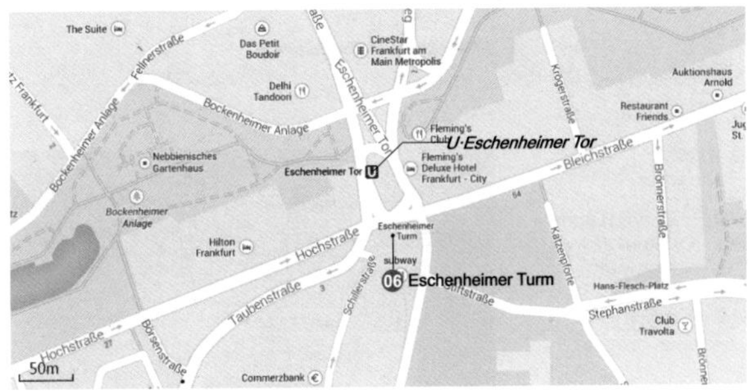

My-Zeil 购物中心

该建筑的概念是希望通过一个流体形态把 Zeil 购物街与 Thurn und Taxis 宫殿联系起来。人们不会在建筑的底层停留：一旦进入建筑之后，他们就会找到一系列充满流动感的流线。一系列的虚空间让自然光进入室内，使停留的过程变得十分惬意。沿着 Zeil 大街的立面体现出了休闲、放松、娱乐的感觉。另一侧则通往酒店和办公空间。该建筑由玻璃和钢所构成的一层半透明表皮所包裹。

Eschenheim 塔

该建筑是一个建于中世纪晚期的城门，是法兰克福市的重要标志之一。塔高 47 米，包括 8 个普通层和 2 个屋顶层。在方形平面的裙房上矗立着圆形的主塔。陡峭的塔顶四周环绕着四个比例相同的小型侧塔，它们的周围是一圈向外突出的墙堞。该通道可以由一道闸门封闭。塔的二层存放泥土和石头，以阻止来自通道中的攻击。塔的两侧在三层的高度上饰有浮雕：城内侧为代表自由帝国城市红色背景上的银色鹰；城外侧为作为帝国标志金色背景上的黑色双头鹰。

05 My-Zeil 购物中心
My-Zeil Shopping Mall

建筑师：Massimiliano Fuksas
地址：Zeil 106 60313 Frankfurt am Main
年代：2009
类型：商业建筑

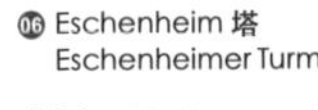
06 Eschenheim 塔
Eschenheimer Turm

建筑师：Madern Gerthener
地址：Eschenheimer Tor, 60318 Frankfurt am Main
年代：1428
类型：文化建筑

Note Zone

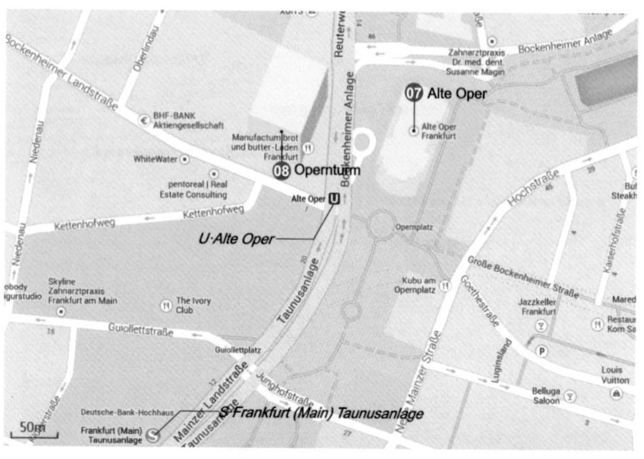

07 老歌剧院
Alte Oper

建筑师：Richard Lucae
地址：Opernplatz 1, 60313 Frankfurt am Main
年代：1871-1981
类型：观演建筑

08 歌剧院塔楼
Opernturm

建筑师：Christoph Maeckler Architekten
地址：Bockenheimer Landstraße 2-4, Frankfurt am Main
年代：2009
类型：办公建筑

老歌剧院

该歌剧院建于文艺复兴时期。为了建造该建筑，法兰克福的全体市民贡献了48万金马克。落成时，威廉一世皇帝观看了首场演出，大为感动，宣布说唯有法兰克福能继承如此金碧辉煌。剧院毁于“二战”期间的轰炸。战后，法兰克福的居民花费近3亿马克对它进行重建，使外观尽可能地保留了原貌，内部采用现代化的处理方式。从那时起，剧院每年约300场顶级音乐会和活动总是吸引着众多游客的到来。

歌剧院塔楼

在歌剧院广场西侧的建筑被拆除、并兴建了歌剧院塔楼以后，这个19世纪宏伟的广场重新获得了原有作为大城市建筑群的形态。这组建筑的形态同时也源于广场周边的统一米黄色石材饰面的建筑立面，黄色砂岩饰面的歌剧院位于中心位置。该塔楼的立面采用了葡萄牙产的浅色石灰石，从而和谐地融入周围环境。建筑高170米，共有42层。入口大厅高度为18米。

Note Zone

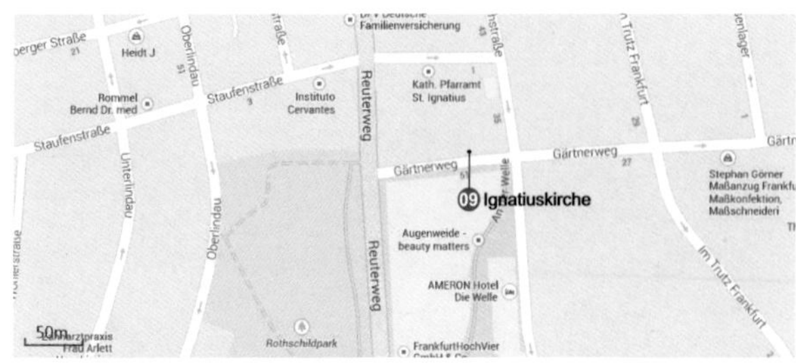

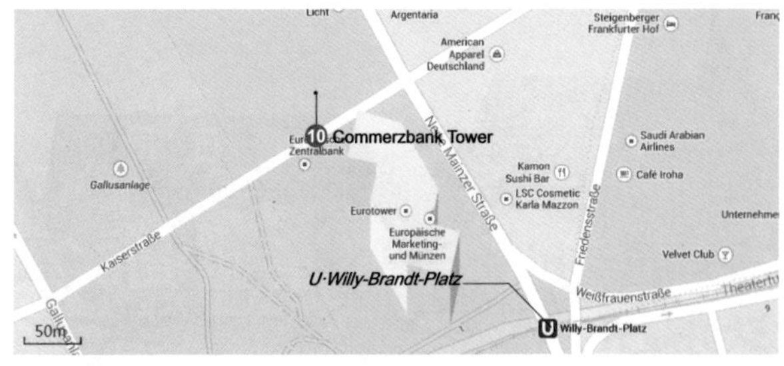

圣伊格纳斯教堂

该建筑完全由混凝土建造而成，帐篷的形状象征着“荒漠中行进的上帝之子民”。教堂空间位于二层，周围环绕着作为支撑结构的混凝土柱、其形状和比例近似教堂尖塔。屋顶从八角形纤细的教堂尖塔开始，向外展开成三个不同比例的山墙。圣坛上以燃烧的荆棘为主题的大型三角形窗统领了内部空间。侧面带状窗上的玫瑰花瓣图案也同样令人想到荆棘和玫瑰皇冠的母题。教堂空间下而为洗礼堂，内有一个大理石洗礼井，这个空间序列象征性地表达了经过洗礼才能进入教堂的含义。

⑨ 圣伊格纳斯教堂
Ignatiuskirche

建筑师：Gottfried Böhm
地址：Gärtnerweg 56
60322 Frankfurt am Main
年代：1964
类型：宗教建筑

商业银行塔楼

建筑内部包括一个从地面延展到顶层的中庭空间，同时每个办公室都可以毫无阻碍地享受窗外景观。它成功地解决了各项要求：对空间的合理使用，人性化工作环境，健康的环境，技术创新以及建筑品质等。该建筑展示了在高密度内城中发展高层建筑设计的多种可能性。

⑩ 商业银行塔楼
Commerzbank Tower

建筑师：Foster and Partners
地址：Kaiserstraße 30
60311 Frankfurt am Main
年代：1994-1997
类型：办公建筑

法兰克福“罗马广场”

ART
APART

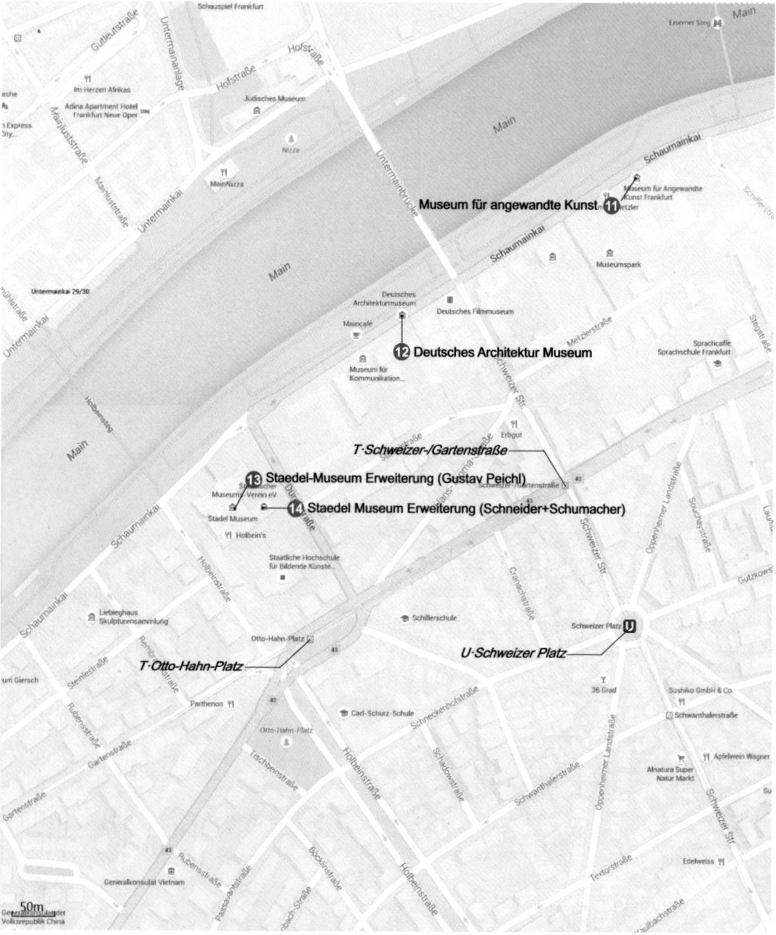
Museum für angewandte Kunst
11
12 Deutsches Architektur Museum
13 Staedel-Museum Erweiterung (Gustav Peichl)
14 Staedel Museum Erweiterung (Schneider+Schumacher)
T·Schweizer-/Gartenstraße
T·Otto-Hahn-Platz
U·Schweizer Platz
Main
Schaumainkai
Untermainkai
Untermainbrücke
Hofstraße
Gutleutstraße
Untermainanlage
Schweizer Str.
Holbeinstraße
Metzlerstraße
Oppenheimer Landstraße
Gartenstraße
Rubensstraße
Schneckenhofstraße
Schwanthalerstraße
Textorstraße
Schweizer Platz
Otto-Hahn-Platz
Deutsches Architekturmuseum
Deutsches Filmmuseum
Museumspark
Städel Museum
Liebieghaus Skulpturensammlung
Schillerschule
Carl-Schurz-Schule
Jüdisches Museum
Schauspiel Frankfurt
50m

⑪ 应用艺术博物馆

Museum für angewandte Kunst

建筑师：查理德·迈耶
地址：Schaumainkai 17
60594 Frankfurt am Main
年代：1985
类型：文化建筑

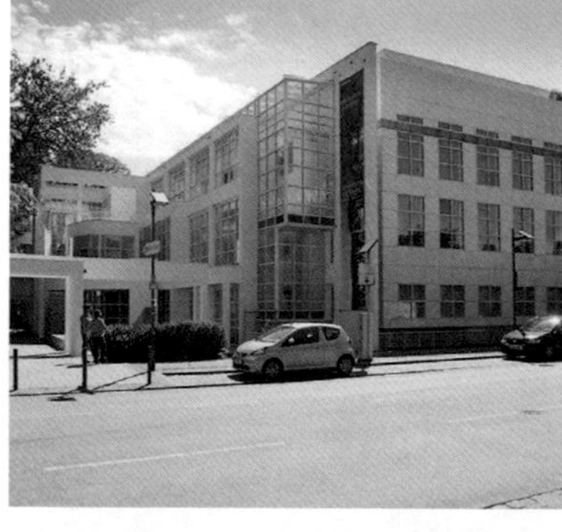

应用艺术博物馆

这个内部宽敞、光线充足的现代主义建筑空间仿佛向游客发出进来参观和交流的邀请，它同时展现了一种同时保留历史痕迹和现代空间结构的新理念，无数的特展通过展品与建筑之间的对话形成了充满惊喜的场景，同时反映了从传统到先锋之间非常丰富的展览内容。建筑充分整合了博物馆的古典主义风格别墅，同时根据别墅的比例关系设计了由三个连在一起的白色立方体作为新建部分。

德意志建筑艺术博物馆

该博物馆的设计理念为"建筑中的建筑"。这个建于1912年的半独立别墅的中心部分被去掉了，并由一个玻璃大厅环绕，由此创造出一个透明的建筑。通过严谨的造型以及使用白色作为主色调，建筑师使得游客的目光聚焦在展品上。游客在24个从石器时代到当代的巨型模型组成的常展中通过"从原始小屋到摩天大楼"可以发现建筑和居住区历史的丰富性。

施泰德博物馆扩建
(Gustav Peichl)

该扩建部分为一个与Holbein大街平行的长方体，连接了施泰德花园侧翼的西侧。这个充满纪念性的立面采用了光滑的白色大理石。长方形的完整立面被不同的开窗方式打破——包括九个长方形窗户、两个采光口以及一个位于顶部的圆形窗户所构成的系列。它在Holbein大街的入口上方再次重复出现，大量使用橡木材质的入口与大理石立面形成了鲜明对比。

施泰德博物馆扩建
(Schneider+ Schumacher)

施泰德博物馆自1815年成立以来，由于管理者采取了主动收藏的策略使展品不断增加，因此博物馆也经历了无数次扩建和更新。位于施泰德花园下方的新展览大厅为当代艺术提供了3000平方米的展览空间。195个天窗为展览大厅提供了自然光照明，同时成为花园顶部一个极为特别的图案。展览大厅的内部高度从6米到8.2米不等。自由形态的屋顶壳体由混凝土浇筑而成，由12根柱子以及周围环绕的钢筋混凝土墙体支撑。

⑫ **德意志建筑艺术博物馆**
Deutsches Architekturmuseum

建筑师：Oswald Mathias Ungers
地址：Schaumainkai 43, 60596 Frankfurt am Main
年代：1984
类型：文化建筑

⑬ **施泰德博物馆扩建**
(Gustav Peichl)
Staedel Museum Erweiterung (Gustav Peichl)

建筑师：Gustav Peichl
地址：Schaumainkai 63, 60596 Frankfurt
年代：1988-1991
类型：文化建筑

⑭ **施泰德博物馆扩建**
(Schneider+ Schumacher)
Staedel Museum Erweiterung (Schneider+Schumacher)

建筑师：Schneider Schumacher
地址：Dürerstr. 2 60596 Frankfurt am Main
年代：2012
类型：文化建筑

Note Zone

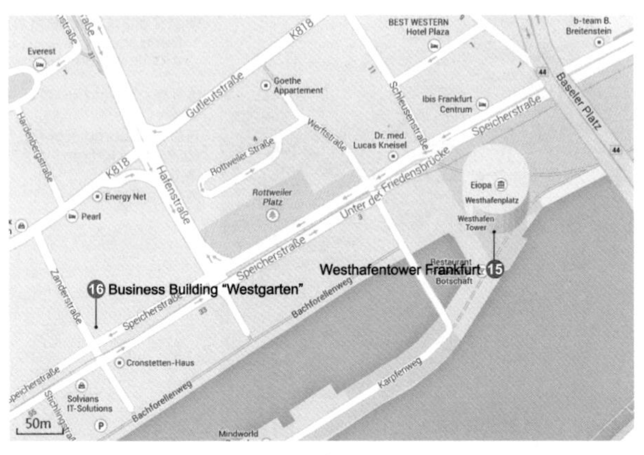

⑮ **法兰克福西港口塔楼**
Westhafen tower
Frankfurt

建筑师：Schneider
Schumacher
地址：Westhafenplatz 1,
60327 Frankfurt am Main
年代：2001-2004
类型：办公建筑

⑯ **“西花园”商住综合体**
Business
Building"Westgarten"

建筑师：Stefan Forster
地址：Zanderstraße 8
60327 Frankfurt am Main
年代：2005
类型：办公建筑

法兰克福西港口塔楼

当地人戏称该塔楼为“苹果酒塔楼”，因为该建筑的玻璃立面酷似一支苹果酒杯。3500块三角形玻璃片，通过不同的光线反射与水面之间建立了联系。建筑的内部由互相交叠的方形元素构成，因此内部空间呈直角形状。与外表面之间的剩余部分面积作为空中温室花园，提供了休闲空间和宜人的室内气候。该建筑其他的特点还包括比如全空调化（但所有的窗户都可以开启）和使用河水为建筑降温等。

"西花园" 商住综合体

这个平面为L形、高七层的公寓建筑把西港口地区奇特壮观的建筑群与北部的Gutleut城区联系起来。该地块的底层空间是一个超市以及三个小型商店。超市的顶部为一个绿色的公共区域，居住在二层的租客可以在这里拥有自己的私人花园。四个采光充足、空间宽敞的楼梯承担了联系首层到其他各楼层共70个公寓单位之间的竖向交通职能。带型的宽木窗以及深凹阳台的高品质的精致砖立面，延续了上层中产阶级公寓和商业建筑的经典传统。

Note Zone

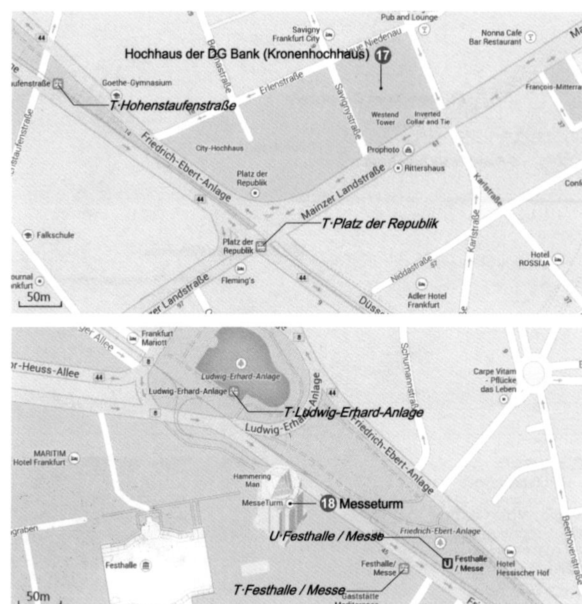

德意志合作银行大楼

高达 208 米的该建筑是德国第三高的摩天大楼。它的立面采用了细腻的浅色花岗岩石材，因此显得与众不同。位于塔顶部的标志性半圆形钢皇冠由 11 根横梁支撑，悬挑出立面 11 米，让人不禁联想到纽约的自由女神像。它同时也象征了法兰克福作为德意志帝国皇帝加冕城市的历史地位。与美国的高层建筑相似，在该建筑的底层有一个公共开放的入口大门厅。该建筑为钢筋混凝土结构，标准层层高 3.6 米，每层面积为 950 平方米。

⑰ 德意志合作银行大楼
Hochhaus der DG Bank (Kronenhochhaus)

建筑师：KPF
地址：Mainzer Landstraße 58 60325 Frankfurt am Main
年代：1992
类型：办公建筑

法兰克福商品交易会大厦

该建筑不仅仅是依靠 257 米高度而成为法兰克福的标志，同样引人注目的还包括它的裙房、高层部分以及顶部的建筑结构，让人不禁联想到 1920 年代的美国高层建筑。在亚特兰大，有一个类似的摩天大楼例子——美洲银行广场。令人遗憾的是，游客无法进入塔楼标志性的金字塔形顶部，这部分主要是用作建筑设备用房。

⑱ 法兰克福商品交易会大厦
Messeturm

建筑师：赫尔穆特 · 扬
地址：Friedrich-Ebert-Anlage 49, 60308 Frankfurt am Main
年代：1988-1990
类型：办公建筑

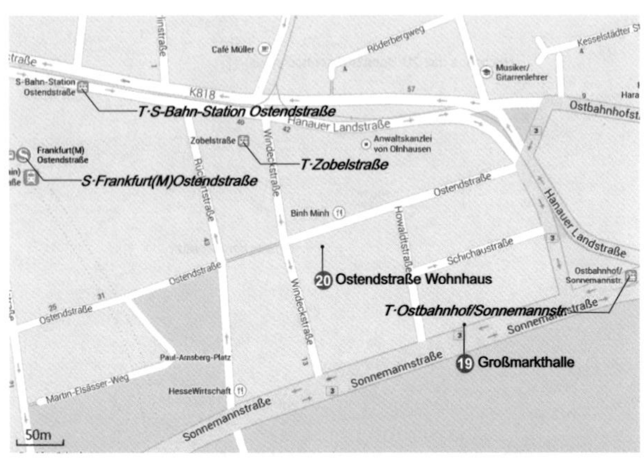

Note Zone

⑲ **大市场大厅**
Großmarkthalle

建筑师：Martin Elsässer
地址：Sonnemannstraße 70, 60314 Frankfurt am Main
年代：1928
类型：文化建筑

⑳ **Ostend 大街住宅**
Ostendstraße Wohnhaus

建筑师：Stefan Forster
地址：Ostendstraße 64 60314 Frankfurt am Main
年代：2008
类型：居住建筑

大市场大厅

这个现代主义的建筑物属于“新法兰克福”城市总体规划构想的一部分，是现代主义建筑的重要实例。这个建筑长220米，加上两侧的副楼共长250米。西侧的副楼是市场的管理办公室，东侧的副楼则作为带有独立制冰厂的冷冻室。

Ostend 大街住宅

这个六层的建筑重新诠释了块状围合型居住院落的形式。标准层平面被设计为四个端头并驾齐驱的造型。每一层有四间公寓，两个南向，另外两个为南北向。北立面借鉴了经典的现代主义风格，同时与旁边建于德国繁荣时期的建筑凸出部分构成了一定联系。内庭院的立面则呼应了周围建筑侧翼的主题和手法，安排了宽敞的凹阳台和阳台。

Note Zone

M ü hlberg 的城市别墅

在这个居住区中，每幢住宅建筑的内部包含 3 ~ 6 个住宅。住宅底层被抬高 50 厘米，以保证周围公园空间的开放性。这些住宅有大面积的玻璃面，以加强住宅与景观之间的联系，而且建筑体块的高低变化创造了宽敞的平台。项目采用了开放型的居住平面，也就是通过推拉门使起居室和厨房／用餐区形成一个开放而延续的空间，只有寝区被单独隔开。

天主教圣米歇尔教堂

该教堂以简洁的、由混凝土格栅进行分割的砖砌建造方式为特色，另一大特点是三叶草型的平面。教堂内部值得一看的包括由 Ewald Mataré 设计的铜制门配件和游行用的十字架，以及由 Georg Meistermann 设计的地下室玻璃窗，玻璃窗以《创世纪》中描写的“神的灵运行在水面上”为表现主题。

㉑ Mühlberg 的城市别墅
Stadtvillen Auf dem Mühlberg

建筑师：Stefan Forster
地址：Auf dem Mühlberg 30A 60599 Frankfurt am Main
年代：2009
类型：居住建筑

㉒ 天主教圣米歇尔教堂
Katholische Kirche Sankt Michael

建筑师：Rudolf Schwarz
地址：Gellertstraße 39 D-60389 Frankfurt am Main
年代：1961
类型：宗教建筑

美茵河畔的法兰克福

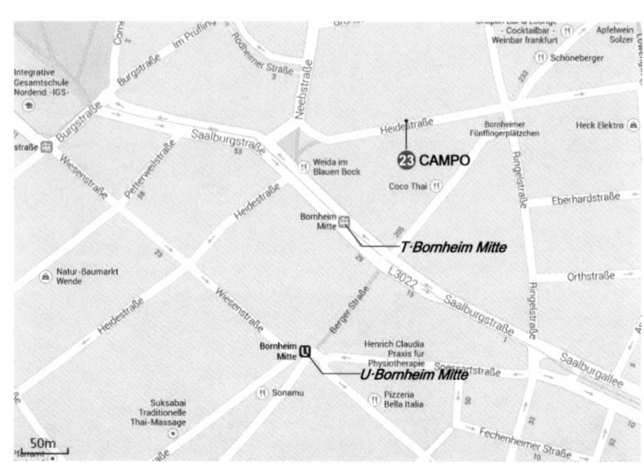

23 CAMPO
T·Bornheim Mitte
U·Bornheim Mitte
Saalburgstraße
Heidestraße
Wiesenstraße
Berger Straße
Ringelstraße
Eberhardstraße
Orthstraße
Saalburgallee
Fechenheimer Straße
50m

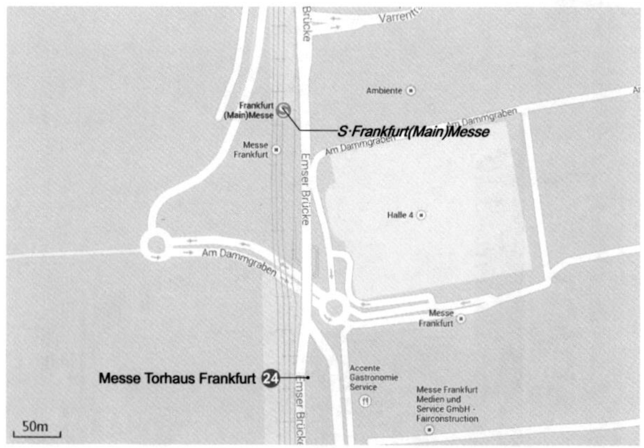

S·Frankfurt(Main)Messe
Messe Torhaus Frankfurt 24
Am Dammgraben
Emser Brücke
Halle 4
50m

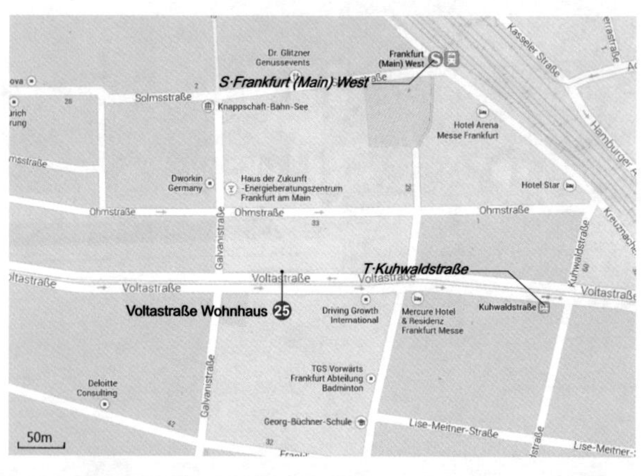

S·Frankfurt (Main) West
T·Kuhwaldstraße
Voltastraße Wohnhaus 25
Solmsstraße
Ohmstraße
Voltastraße
Galvanistraße
Kuhwaldstraße
Lise-Meitner-Straße
50m

CAMPO 居住区

项目基址曾经用作有轨电车仓库。建筑师在参考了地中海地区的城市空间组织方式以后，发展出了一个新的城市街区。通过整合两个历史保护建筑和一个建于1900年左右的公寓楼，这里诞生了一个整合了居住、购物以及餐饮功能的高品质居住区。新的建筑延续了现有街区的空间类型，通过选择合适的材料（底层砖立面，浅色抹灰立面）和尺度成功地融入了城市环境。同时这些建筑也可以被分别加以感受。阳台向绿色、安静的内院敞开，而公寓则以凹阳台朝向城市空间。

法兰克福展会服务中心

该建筑位于法兰克福展览馆场地以内，并把整个场地分为东西两部分。建筑本身由三个互相联系的部分构成：从一个平面为缺口三角形的裙房上生长出一个以红色石材为立面材料的建筑体块。这个体块的主立面及背面均设有一个高达数层的长方形开口。开口的内部为一个玻璃体块。除了作为展览中心管理部门的办公场所外，这个门型建筑还是参展商和参观者的交流场所，设有展会配套的服务设施。

Voltastraße 住宅

建筑充满力量感的U型砖表面与镂空栏杆形成鲜明对比。建筑巧妙地与附近建于20世纪初而目前正在逐步消失的厂房建筑形成对话。少量但清晰界定的退进关系及屋顶部分的凹口让建筑具有了某种内敛的特征。每梯15户和每层3个租赁单位的布局设计提供了清晰的大小和灵活性。

㉓ CAMPO 居住区
CAMPO

建筑师：Stefan Forster
地址：Heidestraße 141
60385 Frankfurt am Main
年代：2009
类型：居住建筑

㉔ 法兰克福展会服务中心
Messe Torhaus Frankfurt

建筑师：O. M. Ungers
地址：Emser Brücke 60327, Frankfurt am Main
年代：1984
类型：办公建筑

㉕ Voltastraße 住宅
Voltastraße Wohnhaus

建筑师：Stefan Forster
地址：Voltastraße 51
60486 Frankfurt am Main
年代：2005
类型：居住建筑

Note Zone

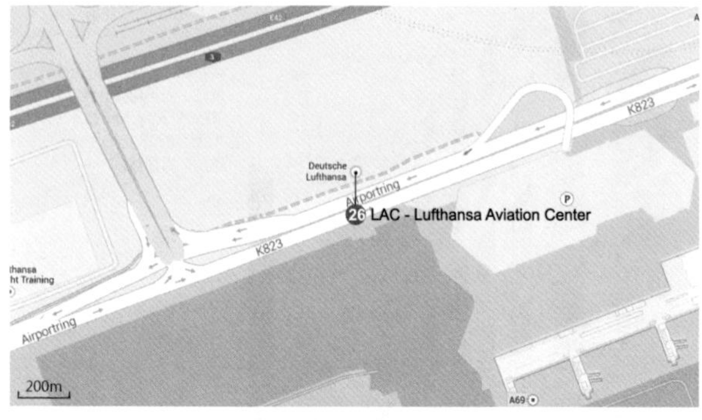

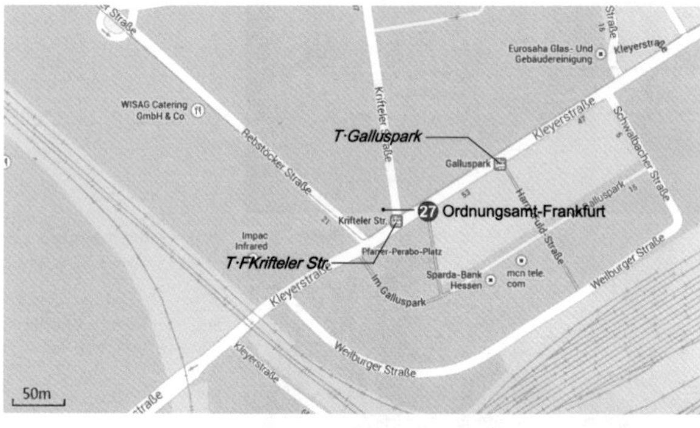

26 汉莎航空中心
LAC - Lufthansa Aviation Center

建筑师：Ingenhoven Architekten
地址：Airportring 336, Frankfurt am Main
年代：2006
类型：办公建筑

27 法兰克福城市管理署
Ordnungsamt-Frankfurt

建筑师：Meixner-Schlueter-Wendt-Architekten
地址：Kleyerstraße 86, 60326 Frankfurt am Main
年代：2009
类型：办公建筑

汉莎航空中心

这是一个具有优异的经济和生态性能的办公建筑，紧邻欧洲最大的航运中心——法兰克福机场。该建筑可以按照新的模数进行扩展，从而保证了未来的使用潜力。汉莎公司希望建筑能够充分展现企业的特征和文化，同时在总部基地建立起一个特别的地标。在这个愿景下，诞生了一个透明的建筑，它象征了航空业的开放性。9个长满来自不同大陆植物的花园装扮了该建筑中的休闲区域——白色沙滩、澳大利亚内陆、日式禅院和阿尔卑斯湖泊——这些花园的多样性也象征了航空公司的国际性特征。

法兰克福城市管理署

该项目通过不同的功能区域和相应的立面结构划分，使得建筑的形态具有了水平分层的特点。根据建筑师的说法，“该建筑的任务和意义是重新建立了作为公共部门对外开放的价值”。通过特别的螺旋—带状结构，建筑消解了一般意义上的“正面”和“背面”（街道面和内院面）的差别。

Note Zone

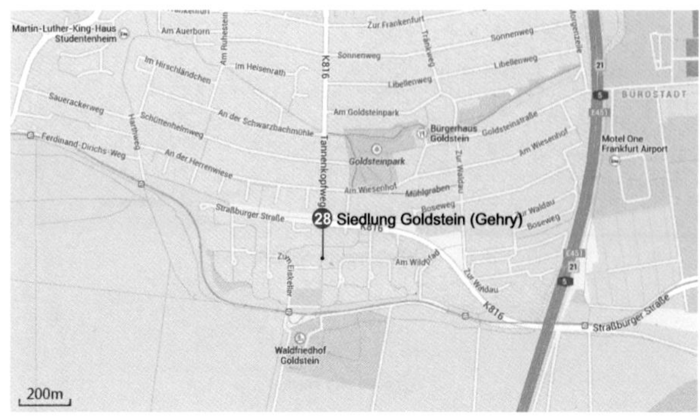

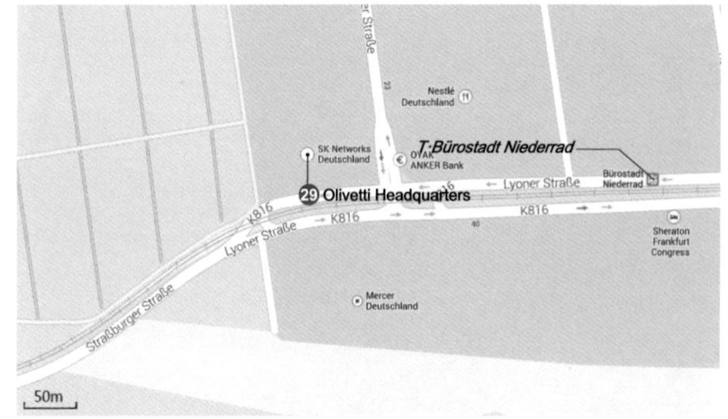

㉘ Goldstein 居住区（盖里）
Siedlung Goldstein (Gehry)

建筑师：弗兰克·盖里
地址：Strassburger Strasse 7 60529 Frankfurt am Main
年代：1996
类型：居住建筑

Goldstein 居住区（盖里）

由盖里设计的住宅位于南 Goldstein 居住区的东侧，项目一共包括 162 个住宅单元和配套停车位，一个半公共的公园、社区中心和商店。由锌材饰面的阳台和楼梯间与黄、白及红色陶土抹灰的立面形成了强烈对比。

㉙ Olivetti 总部
Olivetti Headquarters

建筑师：Egon Eiermann
地址：Lyoner Straße 34 60528 Frankfurt am Main
年代：1972
类型：办公建筑

Olivetti 总部

该建筑为带混凝土核心筒的钢框架结构，功能上包括办公、咖啡厅以及常见的附属设施。与典型的美国高层不同，该建筑由一个位于中央的直线型两层建筑以及位于其对角线上的两个塔楼所构成，这两个塔楼的形态为倒置的锥体，塔楼的上部大量向外悬挑。

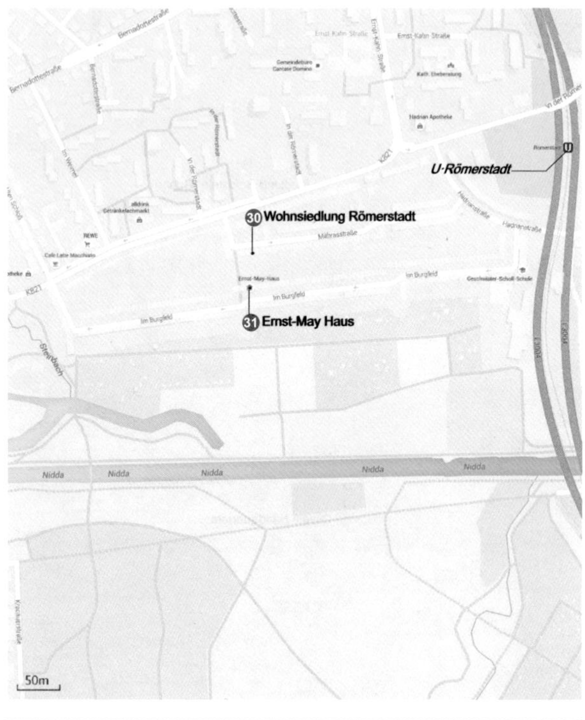

Note Zone

30 Römerstad 居住区
Wohnsiedlung
Römerstadt

建筑师：Ernst May
地址：Hadrianstraße-Im Burgfeld-Im Heidenfeld D-60439 Frankfurt am Main
年代：1928
类型：居住建筑

31 Ernst-May 之家
Ernst-May Haus

建筑师：Ernst May
地址：Im Burgfeld 136 60439 Frankfurt am Main
年代：1927-
类型：文化建筑

Römerstad 居住区

在一个原古代罗马聚居点的场地上，诞生了这个有着1220个居住单元，沿着一座小山延绵1.5公里长的卫星城。卫星城俯瞰Niddatal，城中一部分为带有窄长菜园的联排住宅；一部分为多层住宅，它们沿着等高线形成了蜿蜒的街道走向。朝向Niddatal的方向设有堡垒式的观景台。

Ernst–May 之家

该建筑位于Römerstadt居住区之中，它是1925–1939年“新法兰克福”大型居住项目的一部分。这个两层的联排住宅以及附属的花园被作为历史保护建筑得到修复——包括由Margarete Schü tte–Lihotzky设计的著名的“法兰克福厨房”、原来的门配件、一直到种植花园和观赏花园都被一一复原。现在，该建筑除了展览功能外，同时还是收藏文献和举办活动的场所。

德国历史博物馆／贝聿铭

33 · 达姆施塔特

建筑数量 -06

01 Ernst-Ludwig 之家 / Joseph Maria Olbrich
02 婚礼塔 / Joseph Maria Olbrich
03 历史机械馆（再利用与改造）/ K+H Freie Architekten und Stadtplaner Prof. Kilian, Hagmann, Hilbert, Egger
04 达姆斯塔特国家剧院改造 / Lederer Ragnarsdóttir Oei
05 圣路德维希教堂 / Georg Molle
06 Matthäus 教堂 / Otto Bartning

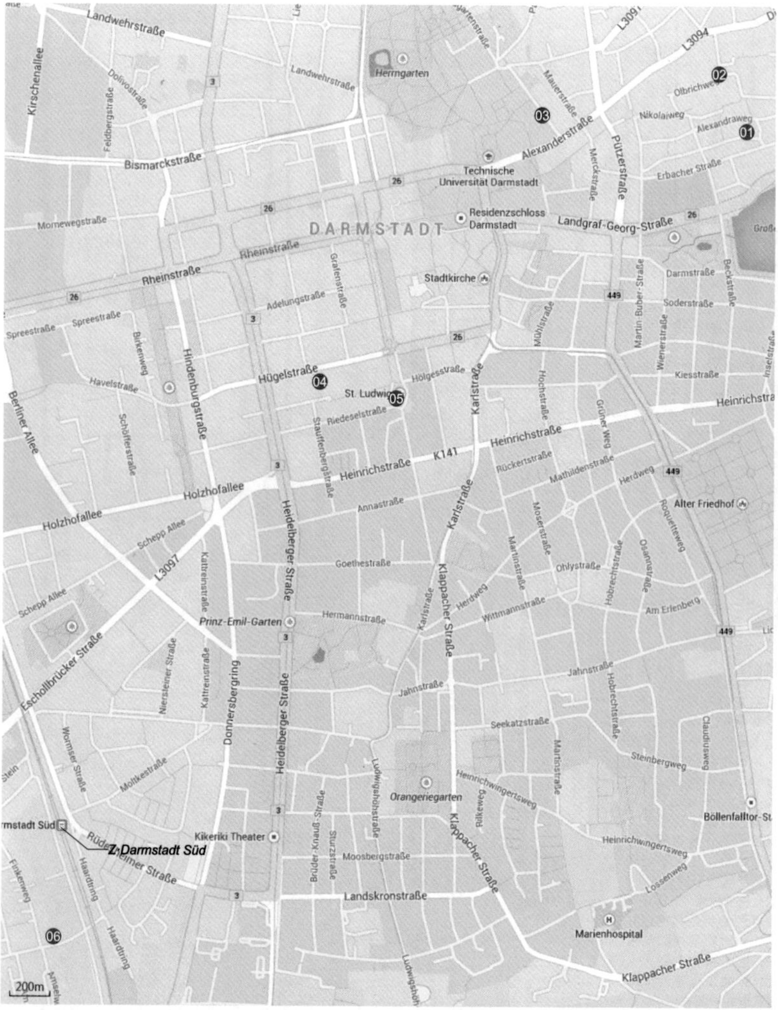

Note Zone

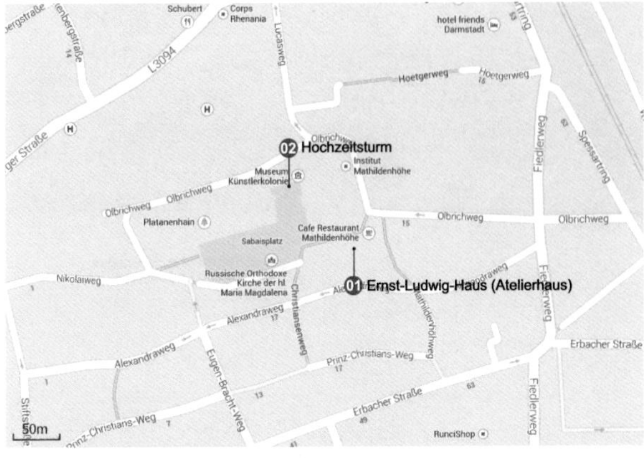

Ernst–Ludwig 之家

该建筑原为一个公共工作室，现在这里不仅是一个工作场所，更是艺术家村的聚会地点。主楼层的中心为会议室，它的两侧各有三个艺术家工作室。建筑的内部还包含两个位于地下的艺术家公寓以及商业用途的地下房间。入口位于一个以花草为镀金装饰母题的壁橱中。入口的两侧为一对六米高的雕塑“男人和女人”，也可被解读为“力量与美貌”。1980 年代后期，该建筑经过重建被作为达姆斯塔特艺术家村的博物馆。

01 Ernst-Ludwig 之家
Ernst-Ludwig-Haus (Atelierhaus)

建筑师：Joseph Maria Olbrich
地址：Alexandraweg 26 D-64287 Darmstadt
年代：1899
类型：文化建筑

婚礼塔

达姆施塔特市委任建筑师约瑟夫·马里亚·奥尔布里奇设计一个砖塔作为礼物以纪念大公爵 Ernst Ludwig 与公爵夫人 Eleonore 于 1905 年的婚礼。该建筑最令人瞩目的部分是屋顶顶端的五个拱，让人不禁联想到一只向上伸展的手，因此也被称为“五指塔”。该塔为青年派风格，它是由当时新落成的储水站、艺术家村的展览大厅、公共工作室形成的建筑群的一部分。

02 婚礼塔
Hochzeitsturm

建筑师：Joseph Maria Olbrich
地址：Olbrichweg 13, 64287 Darmstadt
年代：1908
类型：文化建筑

Note Zone

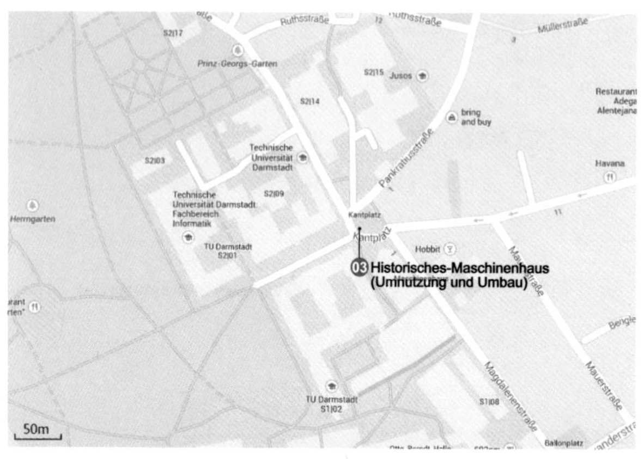
03 Historisches-Maschinenhaus (Umnutzung und Umbau)
Ruthsstraße
Müllerstraße
Prinz-Georgs-Garten
S2|17
S2|15
Jusos
S2|14
bring and buy
Restaurant Adega Alentejana
Technische Universität Darmstadt
Pankratiusstraße
S2|03
Havana
Herrngarten
Technische Universität Darmstadt Fachbereich Informatik
S2|09
Kantplatz
TU Darmstadt S2|01
Hobbit
Mauerstraße
Magdalenenstraße
TU Darmstadt S1|02
S1|08
Ballonplatz
50m

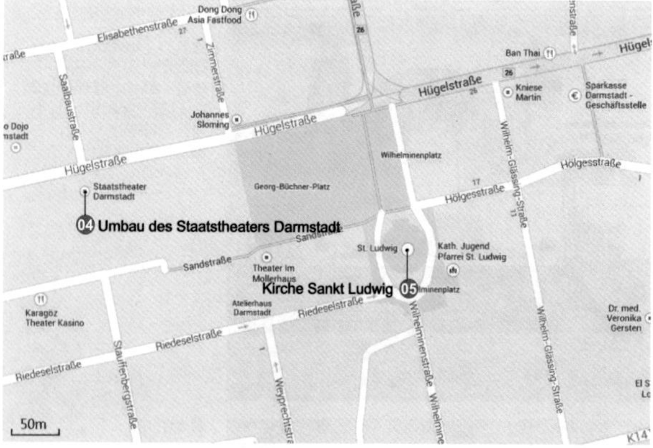
04 Umbau des Staatstheaters Darmstadt
05 Kirche Sankt Ludwig
Dong Dong Asia Fastfood
Elisabethenstraße
Zimmerstraße
Ban Thai
Hügelstraße
Kniese Martin
Sparkasse Darmstadt - Geschäftsstelle
Saalbaustraße
Johannes Sloming
Wilhelminenplatz
Hölgesstraße
Staatstheater Darmstadt
Georg-Büchner-Platz
Wilhelm-Glässing-Straße
Sandstraße
St. Ludwig
Kath. Jugend Pfarrei St. Ludwig
Theater im Mollerhaus
Karagöz Theater Kasino
Atelierhaus Darmstadt
Riedeselstraße
Dr. med. Veronika Gersten
Stauffenbergstraße
Weyprechtstraße
Wilhelminenstraße
50m

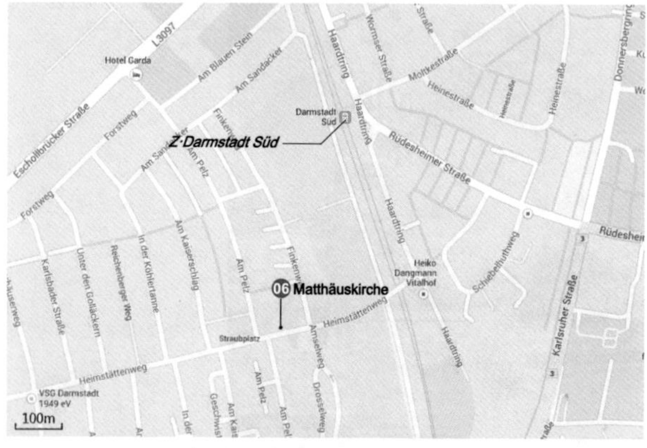
Z·Darmstadt Süd
06 Matthäuskirche
L3097
Hotel Garda
Am Blauen Stein
Am Sandacker
Haardtring
Wormser Straße
Moltkestraße
Heinestraße
Eschollbrücker Straße
Forstweg
Darmstadt Süd
Rüdesheimer Straße
Am Pelz
Karlsbader Straße
Unter den Gollackern
Reichenberger Weg
In der Kohlertanne
Am Kaiserschlag
Finkenweg
Heiko Dangmann Vitalhof
Schiebelhuthweg
Karlsruher Straße
Heimstättenweg
Straubplatz
Amselweg
Drosselweg
VSG Darmstadt 1949 eV
100m

历史机械馆（再利用与改造）

该建筑经过改造后，成为一个包括 372 座的讲厅以及三个 90 座讨论室的多功能中心。改造的工作十分具有挑战性：地下室和大厅的三分之一部分是大学校区的供电、供暖以及通信技术设施所在。剩下三分之二的部分则被建筑师根据历史建筑保护的方式采取拆除、重建、节能改造等不同的方式进行修复。

达姆施塔特国家剧院改造

该建筑是一个多功能剧院，剧院中可上演歌剧、舞剧、戏剧以及演奏会等。为了使这个建于 1970 年代的剧院有一个正式的主入口，在剧院几乎完全封闭的正面新加了一个白色的混凝土结构，确保入口的位置清晰无误。该入口的造型仿佛巴洛克式的衣柜般弯曲，本身成了戏剧的一部分——位于阳台上的开敞红色门扇创造出一种舞台帷幕的形象。在这里，观众仿佛置身于舞台的聚光灯下。

圣路德维希教堂

该教堂是宗教改革后达姆斯塔特市兴建的第一个天主教教堂。这个古典主义风格建筑的原型为罗马万神庙，总体积大约比万神庙缩小了五分之一。该教堂的设计符合黄金分割，高 35 米，直径 43 米。直径 33 米的拱顶由 28 根仿大理石的科林斯式柱子支撑。跟万神庙一样，天光通过拱顶顶部饰有“三位一体”彩绘花窗的 8m 宽的洞口照射入室内。“二战”中建筑受到严重损毁，在重建中原来的木板穹顶结构新的钢结构替代。

Matthäus 教堂

该教堂的墙面由瓦砾碎石构成，外部抹灰为白色，内侧无抹灰。窗户与砖墙的色调非常和谐。在整个教堂的室内，值得一看的是由艺术家 Will Sohl 在无抹灰的碎石表面使用马赛克效果创作的壁画。

⑬ 历史机械馆（再利用与改造）
Historisches-Maschinenhaus(Umnutzung und Umbau)

建筑师：K+H Freie Architekten und Stadtplaner Prof. Kilian, Hagmann, Hilbert, Egger
地址：Magdalenenstraße 12, 64289 Darmstadt
年代：2012
类型：文化建筑

⑭ 达姆斯塔特国家剧院改造
Umbau des Staatstheaters Darmstadt

建筑师：Lederer Ragnarsdóttir Oei
地址：Georg-Büchner-Platz 1 D-64283 Darmstadt
年代：2006
类型：观演建筑

⑮ 圣路德维希教堂
Kirche Sankt Ludwig

建筑师：Georg Molle
地址：Wilhelminenplatz D-64283 Darmstadt
年代：1827
类型：宗教建筑

⑯ Matthäus 教堂
Matthäuskirche

建筑师：Otto Bartning
地址：Heimstättenweg 77 D-64295 Darmstadt
年代：1950
类型：宗教建筑

34 · 施派尔

建筑数量 -01

01 施派尔大教堂

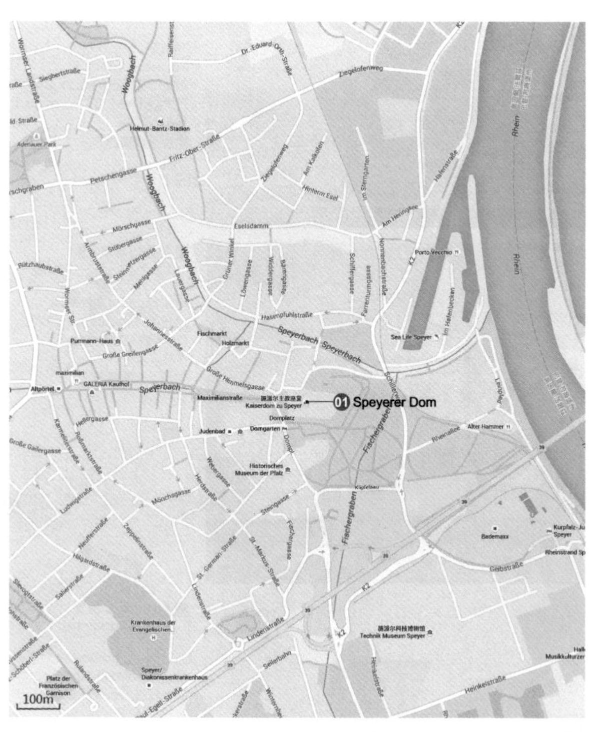

⓪① 施派尔大教堂（世界文化遗产）
Speyerer Dom

地址：Domplatz, 67346 Speyer
类型：宗教建筑

施派尔大教堂

该教堂由红色砂岩建造，是施派尔市的标志，在法国的克吕尼隐修院损毁之后，成为目前世界上存留最大的罗马式教堂建筑。该教堂继承和发展了加洛林和奥托王朝的建筑风格。错落有致的建筑主体按比例承担起所有重量，四个塔楼对称布局，是其他许多重要教堂建筑的典范。教堂的侧殿使用十字形的拱顶，而在中殿部分使用圆形穹顶，给人以一种全新的空间感受。该教堂在近 300 年间，曾是多位罗马帝国皇帝的埋骨之所。至今仍保存完好的地下墓室拥有欧洲最大的罗马式柱廊。

科隆大教堂

35 · 特里尔

建筑数量 -08

01 尼格拉城门
02 特里尔圣母教堂
03 特里尔大教堂
04 皇帝浴场
05 芭芭拉浴场
06 罗马桥
07 圆形剧场
08 SS 特别集中营纪念馆 / Wandel Hoefer Lorch

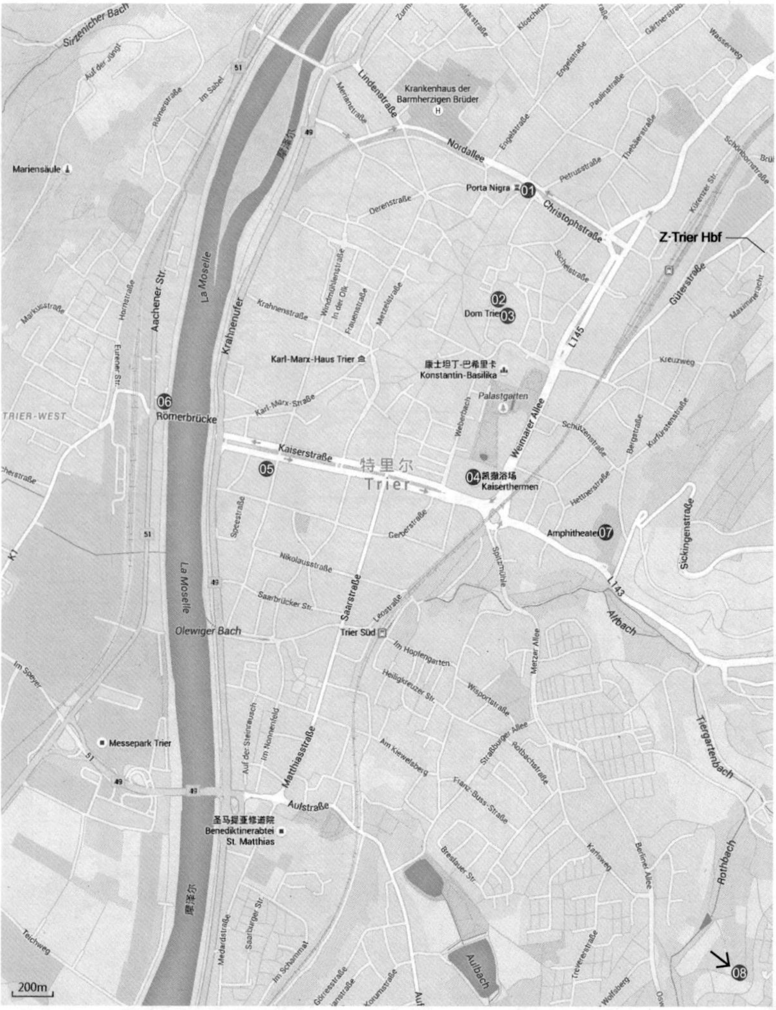

Note Zone

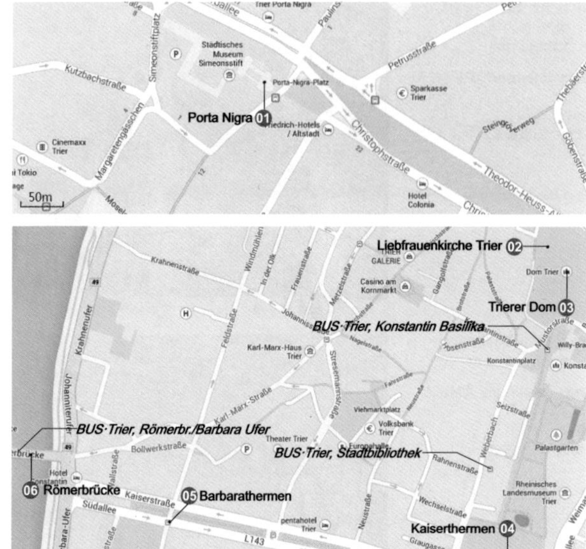

01 尼格拉城门（世界文化遗产）
Porta Nigra

地址：Porta-Nigra-Platz, 54290 Trier
年代：180
类型：文化建筑

02 特里尔圣母教堂（世界文化遗产）
Liebfrauenkirche Trier

地址：Liebfrauenstraße 2, 54290 Trier
年代：1230
类型：宗教建筑

尼格拉城门

"Porta Nigra"是拉丁语，意思是"黑城门"。该名称起源于中世纪，由于城门由灰色的砂岩砌成，经风化变得深色，故而得名。该城门初建于约公元180年，当时的古罗马人喜欢用大块的立方形砖石建造建筑，城门中最大的一块重达6吨。从附近开采的砂岩块由青铜锯切割，不用水泥堆积而成，水平的石块与石块之间用铁钩固定。该城门是阿尔卑斯山以北保存最完好的古罗马时期城门，被视为特里尔的城市象征。

特里尔圣母教堂

该教堂属于德国最早的一批哥特式教堂之一。该教堂的一大特点是非典型的十字形平面，十字形拱顶与四个位于半圆形殿中的入口相对应的，再加上八个圆角的圣坛壁龛，形似十二片花瓣的玫瑰。这是圣母玛利亚的象征，同时也让人想到以色列的十二支派及十二使徒。12根承重柱子绘有使徒以及《使徒信经》的十二章节，在教堂中，只有从一块黑色石头标志的位置才能同时完整地看到这些彩绘。

03 特里尔大教堂（世界文化遗产）
Trierer Dom

地址：Sternstraße 4, 54290 Trier
年代：340
类型：宗教建筑

04 皇帝浴场（世界文化遗产）
Kaiserthermen

地址：Weimarer Allee 2, 54290 Trier
年代：300
类型：市政建筑

05 芭芭拉浴场（世界文化遗产）
Barbarathermen

地址：Barbarathermen, 54290 Trier
年代：150-
类型：市政建筑

06 罗马桥（世界文化遗产）
Römerbrücke

地址：Aachener Straße 5, 54294 Trier
年代：144
类型：交通建筑

特里尔大教堂

该教堂是德国最古老的大教堂。由于历史悠久，大教堂结合了来自不同时代的元素。不过它并不是一个在历史上多次被重建的教堂，更确切来说，它是一个不断被加建的大教堂。该教堂的平面约为112.5米×41米。教堂的西立面上保留了五个对称的典型罗马风式建筑部分。教堂的内部包括三个带哥特式拱顶的罗马风式中殿，而存放圣袍小礼拜堂则为巴洛克风格。

皇帝浴场

该浴场是特里尔三个罗马浴场中最晚落成的，曾经是罗马帝国最大的浴场之一。它在中世纪被作为采石场而遭到破坏。该建筑的入口处是过去的热水浴场，现在变成了拥有650座位的剧场。在过去，冷水要先在6个锅炉房里加热（今天仍有4个锅炉房保存了下来），40°C的温水被灌入半圆形的浴池，保持水温。

芭芭拉浴场

该浴场建立于公元2世纪，它的名字源于一座如今已经不存在的修道院。根据推测，浴场在刚落成时的规模为172米×240米，是同时期除罗马的图拉真浴场以外最大的浴场。沿着一条环形路径参观浴场的地下层，这里可以看到经过重建的地板采暖系统以及用于到达壁炉进行维护工作的通道。

罗马桥

这座桥是阿尔卑斯山以北最古老的罗马桥梁。它的规模与稳定性，即使在现代的交通负荷下也毫无问题。桥墩的中间核心部分为混凝土浇筑，外部由长达3米的长方形玄武岩包裹。为了抵抗冰块的冲击，桥墩在朝着水流的方向呈锐角的形状。桥墩之间的石拱是中世纪时期建造的。

Note Zone

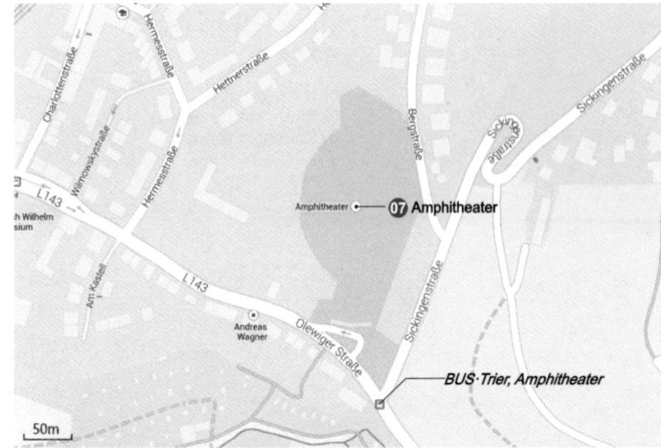

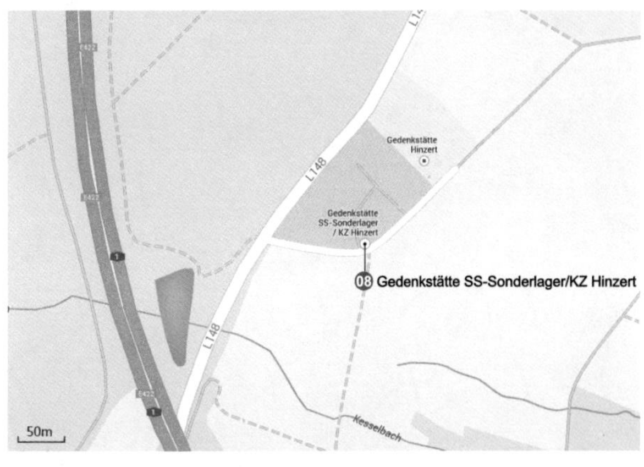

圆形剧场

圆形剧场作为雄浑庄严的竞技斗兽场可以容纳大约两万名观众，是特里尔现存最古老的罗马建筑。竞技场的地下还保留有原来的地下室，竞技者在这里乘升降机踏上舞台。该建筑是罗马时期城墙的一部分，它朝向北方，南北各有一个出口。该剧场还有另外一个不同寻常的功能：它同时也是特里尔的东城门。在中世纪，该剧场和其他特里尔的建筑一样，被改作为当地的石材来源。如今这里是诸多音乐会的表演舞台，尤为值得一提的是，古罗马音乐节就在这里举办。

SS 特别集中营纪念馆

Hinzert 村周围的景观典型地体现了以平缓的山丘和农田为主的德国田园风光。纪念馆长达 43 米的结构蜿蜒散落在一个平缓的坡地上。这是一个多个空间结构的集合，屋顶和立面由超过 3000 块不同形状的三角形耐候钢板组成。每一块钢板之间的角度都经过计算以保证每个元素都具有足够的结构高度，同时整体又构成了一个网格状折板结构。建筑内部是一个包括文档储存、研究图书馆、讨论室、展览空间和文献中心等部分。

07 圆形剧场（世界文化遗产）
Amphitheater

地址：Bergstraße 45, 54295 Trier
年代：100
类型：观演建筑

08 SS 特别集中营纪念馆
Gedenkstätte SS-Sonderlager/KZ Hinzert

建筑师：Wandel Hoefer Lorch
地址：An der Gedenkstätte 54421 Hinzert
年代：2005
类型：文化建筑

36・科布伦茨

建筑数量 -03

01 科布伦茨老城
02 Ehrenbreitstein 堡垒
03 Stolzenfels 宫殿

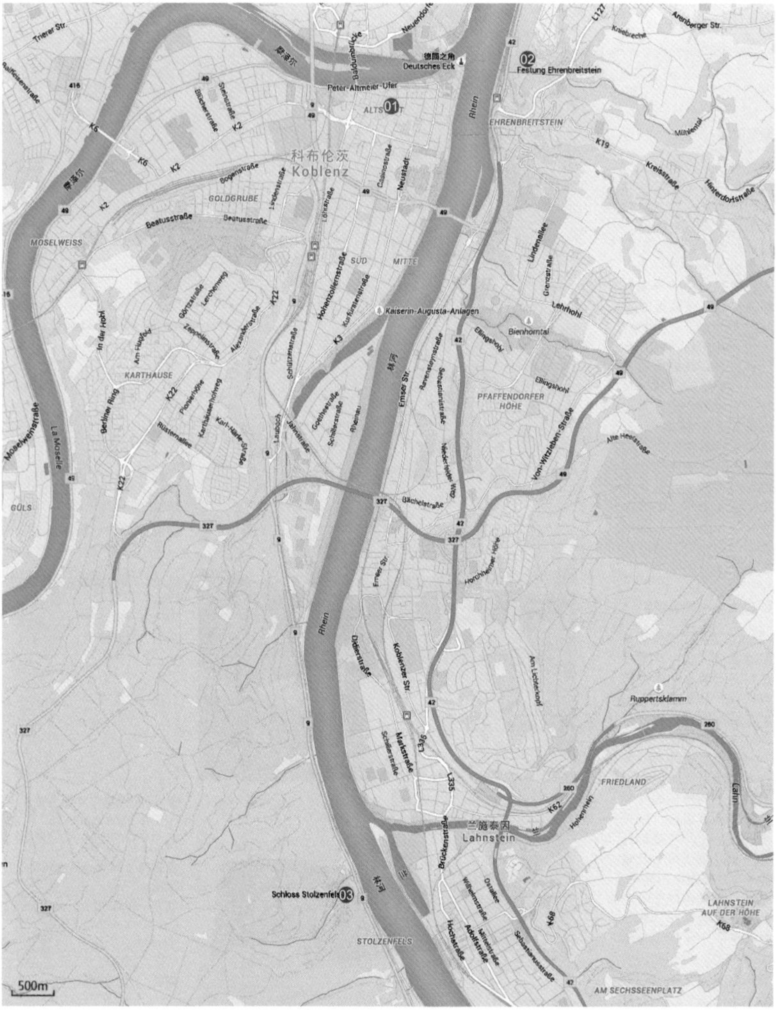

Note Zone

科布伦茨老城

科布伦茨老城包括了从公元前九世纪罗马时期的居民点到1890年居住区的各个部分。此后，城墙被拆毁，城市得以继续向外扩张。老城在“二战”中几乎被完全摧毁，战后得以重建。

Ehrenbreitstein 堡垒

该堡垒始建于16世纪，原为特里尔选侯国拥有，后来被普鲁士王国占据。该堡垒具有巴洛克风格的前身曾经是特里尔选帝侯的宫殿，1801年被法国军队摧毁。目前保存下来的堡垒是在普鲁士的工程师 Carl Schnitzler 领导下重新建造的。它是科布伦茨城市周围军事堡垒系统的一部分。目前该堡垒是科布伦茨州博物馆、科布伦茨青年旅馆、德国军队纪念碑及其他多个活动设施的所在地。

Stolzenfels 宫殿

城堡建造之初的目的是为了保护莱茵河畔的税站。经历多次战争破坏后，该城堡在17世纪末成为一片废墟。19世纪初，科布伦茨市把这片废墟作为礼物送给普鲁士的腓特烈·威廉四世。该王子重建该城堡作为自己的避暑行宫。随后由著名的新古典主义建筑师辛克尔以当时流行的新哥特风格对该城堡进行改建，以创造出一个充满浪漫气氛的代表中世纪骑士精神的场所。建筑师甚至在城堡中设计了一个用于马上比武的会场。

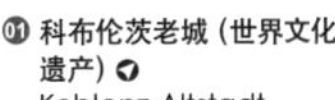

01 科布伦茨老城（世界文化遗产）
Koblenz-Altstadt

地址：Koblenz
类型：古城保护

02 Ehrenbreitstein 堡垒（世界文化遗产）
Festung Ehrenbreitstein

地址：Festung Ehrenbreitstein, 56077 Koblen
年代：1815-
类型：文化建筑

03 Stolzenfels 宫殿（世界文化遗产）
Schloss Stolzenfels

地址：Am Schlossweg 56075 Koblenz
年代：1242-
类型：文化建筑

37・考布

建筑数量 -02

01 Pfalzgrafenstein 城堡
02 Gutenfels 城堡

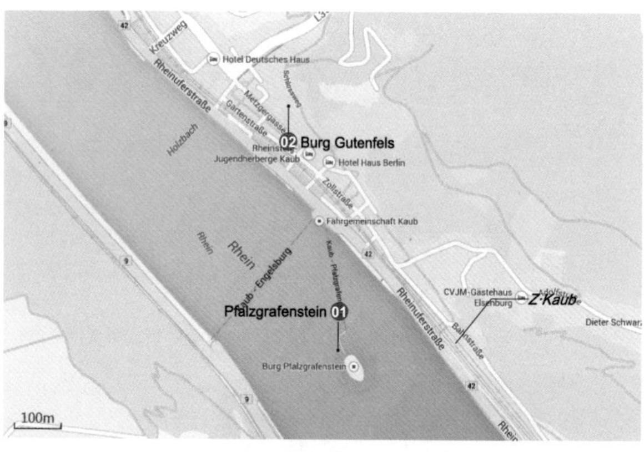

01 Pfalzgrafenstein 城堡(世界文化遗产)
Pfalzgrafenstein

地址：Zollburg Pfalzgrafenstein, 56349 Kaub
年代：1326-
类型：文化建筑

02 Gutenfels 城堡（世界文化遗产）
Burg Gutenfels

地址：Schlossweg, 56349 Kaub
年代：1220-
类型：文化建筑

Pfalzgrafenstein 城堡

城堡主楼为一个建于1326年的五边形塔楼，它周围的一圈六边形防御城墙则修建于1338–1340年。城堡的其他部分包括角塔、射击堡垒以及标志性的巴洛克风格的塔顶分别建于1607年及1755年。该城堡从未被攻破或者受到破坏。目前该城堡被改造为一个博物馆，修复后的城堡以14世纪的面貌呈现在游客面前。

Gutenfels 城堡

该城堡坐落在山脊上，是斯陶芬王朝时期城堡建筑的一个罕见的保存良好的例子。城堡由一座保存良好的前塔堡以及一个约22米×8米大小的三层住宅建筑构成。前塔堡中设有一个高达35米的方形主防守塔。核心城堡大小约为21.6米×21.1米。前堡（包含为管理服务或者守城人员的必需给部分）、内墙与外墙之间的回廊部分以及环形城墙，承担着守护核心城堡的任务。

38 · 巴哈阿赫

建筑数量 -02

01 维尔纳小教堂
02 Stahleck 城堡

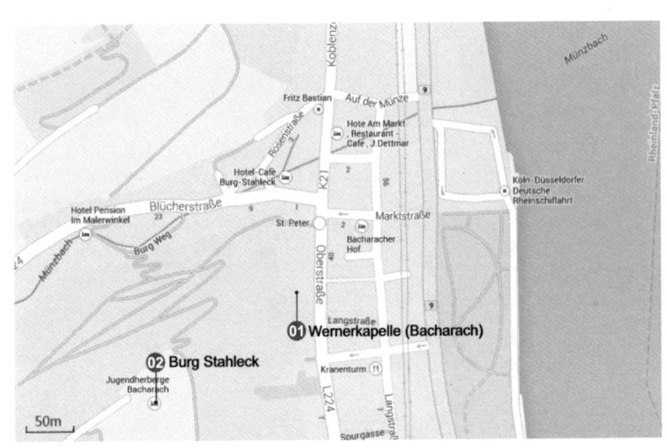

维尔纳小教堂（巴哈阿赫）

该教堂始建于13世纪，17世纪由于战争受到严重损毁而成为废墟。这个基于三叶草平面的小教堂，由于清晰的结构以及形态美感被认为是莱茵哥特风格的完美范例之一。边长约8.6米的方形中心区域向北、南、东延展出规则的半圆形后殿。侧墙几乎完全被带镂空结构的尖拱窗打断。

Stahleck 城堡

该城堡位于Steeg峡谷口左侧河岸的一片峭壁上，在这里可以一览Lorelei峡谷的美景。它的名字意为“峭壁上无法攻陷的城堡”，来源于中高地德语中的“Stahel”（铁）以及“Ecke”（峡谷）。城堡中包括一条注满水的不完整护城河（注：护城河并没有环绕城堡，而仅设在没有天然屏障的地段），这在德国十分罕见。该城堡是在科隆大主教的命令下修建的，17世纪末被摧毁，20世纪重建，目前为青年旅社。

01 维尔纳小教堂（巴哈阿赫）（世界文化遗产）
Wernerkapelle (Bacharach)

地址：Bacharach
年代：1286-
类型：宗教建筑

02 Stahleck 城堡（世界文化遗产）
Burg Stahleck

地址：Blücherstraße 6, 55422 Bacharach
年代：1120-
类型：文化建筑

39 · 吕德斯海姆

建筑数量 -02

01 Ehrenfels 城堡

02 吕德斯海姆老城

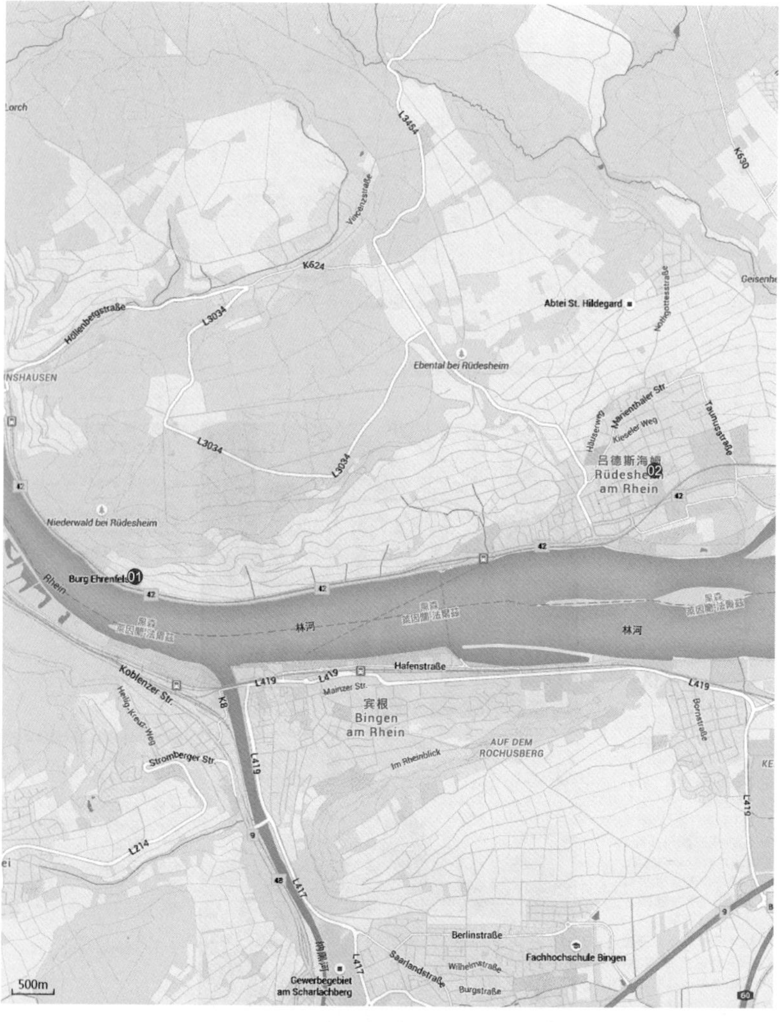

Note Zone

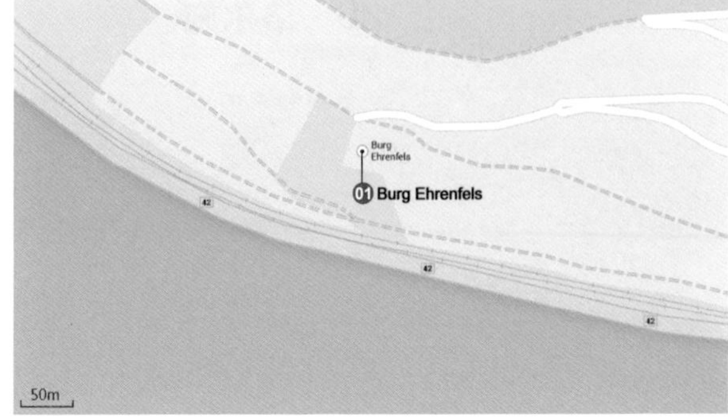

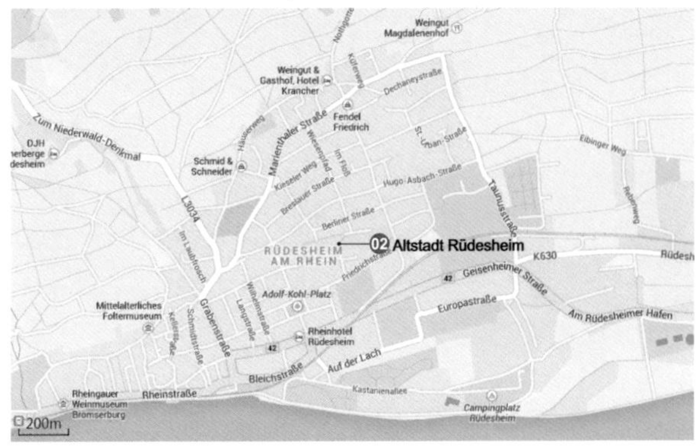

Ehrenfels 城堡

该城堡是莱茵河峡谷上的一个城堡废墟。它位于河谷陡峭的东岸延绵的葡萄园中。城堡由美因茨大主教下令建设，以抵抗选帝侯亨利五世的持续进攻。城堡由守城人看守，同时这里还设立了一个关卡以控制莱茵河上来往的船只。该城堡在三十年战争中严重损毁，最后在 1689 年被法国军队彻底摧毁。

吕德斯海姆老城

该城建于 12 世纪，地处通往莱茵河中游山谷地区的门户位置。城市坐落在河岸森林密布的缓缓的山坡上，满城都是重重叠叠的红色屋顶和绿树掩映的街道，浸漫着花香，闪烁着阳光。小城的一切都是小巧而精致的，小型的博物馆、火车站和日耳曼尼娅女神像——只有葡萄园是大片大片的。该城有“酒城”之称，是莱茵河地区的葡萄酒区，年产 2700 万瓶葡萄酒。小城中宽 3 米、长 144 米的画眉巷中永远人潮涌动。

01 Ehrenfels 城堡（世界文化遗产）
Burg Ehrenfels

地址：Burg Ehrenfels, 65385 Rüdesheim am Rhein
年代：1210-
类型：文化建筑

02 吕德斯海姆老城（世界文化遗产）
Altstadt Rüdesheim

地址：Rüdesheim
类型：古城保护

40・洛尔施

建筑数量 -01

01 洛尔施修道院

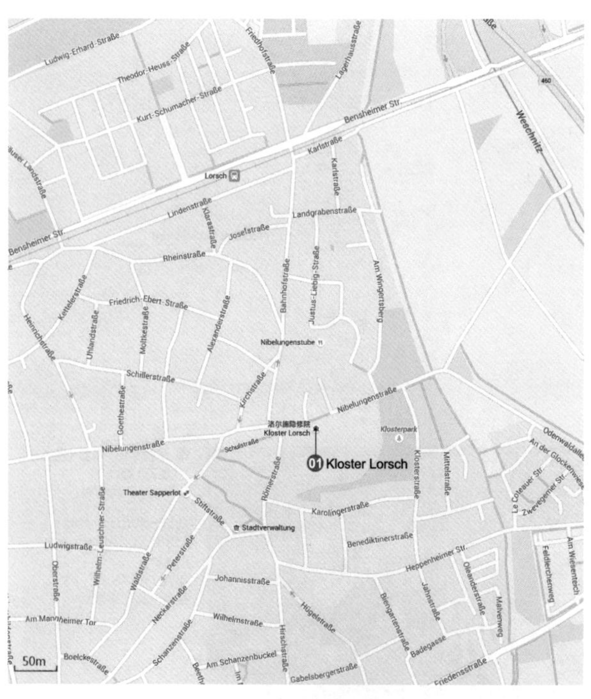

01 洛尔施修道院（世界文化遗产）
Kloster Lorsch

地址：64653 Lorsch
年代：764
类型：宗教建筑

洛尔施修道院

该修道院建于查理大帝之父丕平统治时期（公元 764 年），是神圣罗马帝国的权力、精神和文化中心，其影响力一直延续到中世纪鼎盛时期。著名的国王大厅是德国早期罗马建筑中最重要的文物之一，它的拱门、壁柱和半圆柱被誉为“加洛林文艺复兴时期的明珠”。关于修建这座建筑的初衷，时至今日已经不得而知，也许它原先是图书馆、法院大厅、宴会厅或接待大楼，或者上述功能兼具。但可以肯定的是，这座宏伟壮观的国王大厅古往今来一直保持原貌，不曾改变，令人得以一窥修道院昔日的辉煌。

41 · 弗尔克林根

建筑数量 -01

01 弗尔克林根钢铁厂

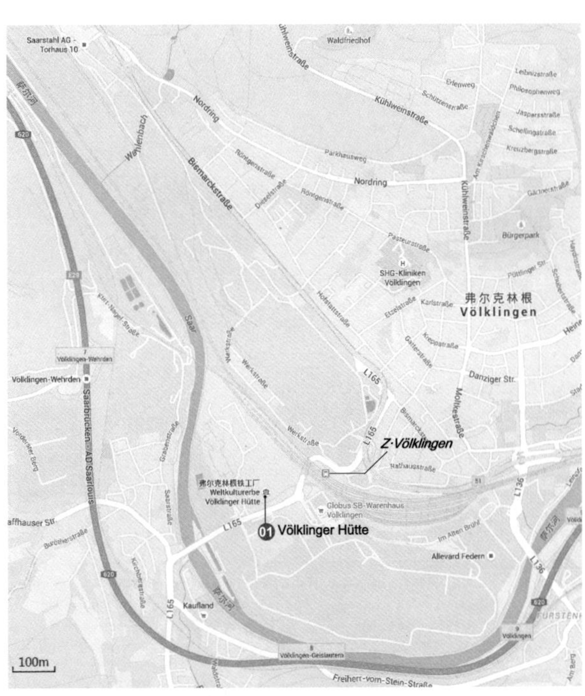

弗尔克林根钢铁厂

该钢铁厂是一家拥有逾百年历史的炼钢厂。1994年入选联合国教科文组织的世界文化遗产，成为世界上第一个工业文化文物，它代表了钢铁工业的黄金时期。在这里，游客可以了解到从生铁原料到冶炼完成的各种状态。直到今天它还是欧洲最重要的工业文化代表，是欧洲工业文化路线的重要节点。

01 弗尔克林根钢铁厂（世界文化遗产）
Völklinger Hütte

地址：Rathausstraße 75-79, 66333 Völklingen
年代：1873-
类型：文化建筑

西南区域

Südwestlicher Teil

42 · 曼海姆

建筑数量 -03

01 R7 商住建筑 /Stefan Forster
02 黑森林地块的低能耗街区 /Stefan Forster
03 Neuhermsheim 社区中心 /Netzwerk Architekten

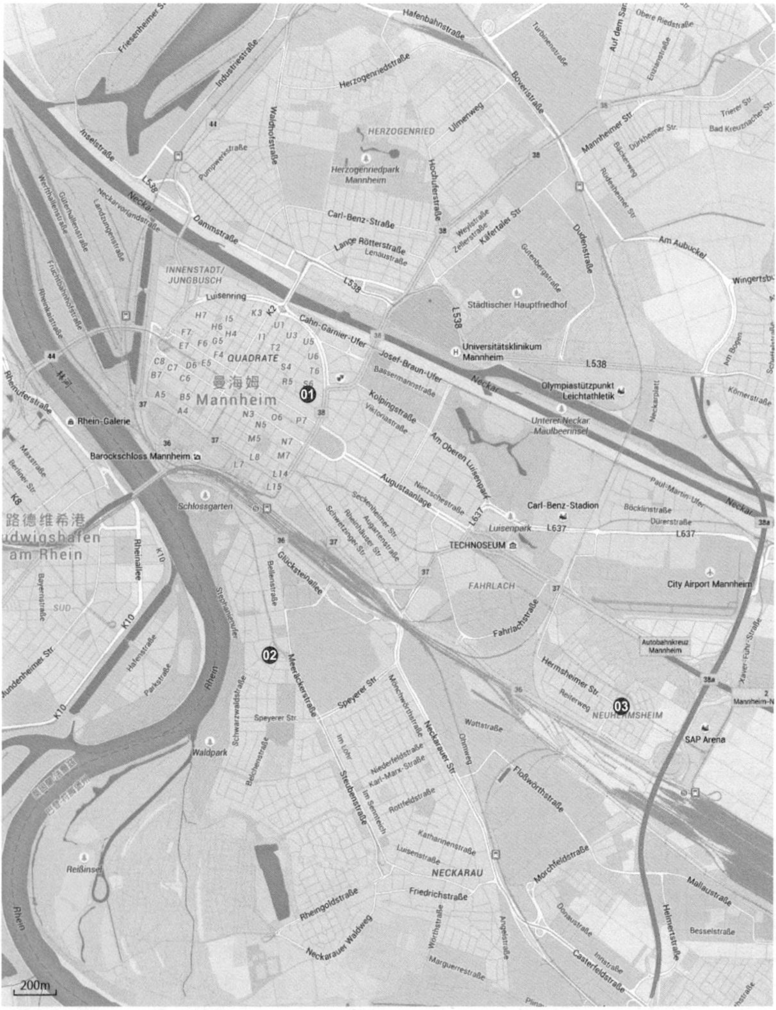

Note Zone

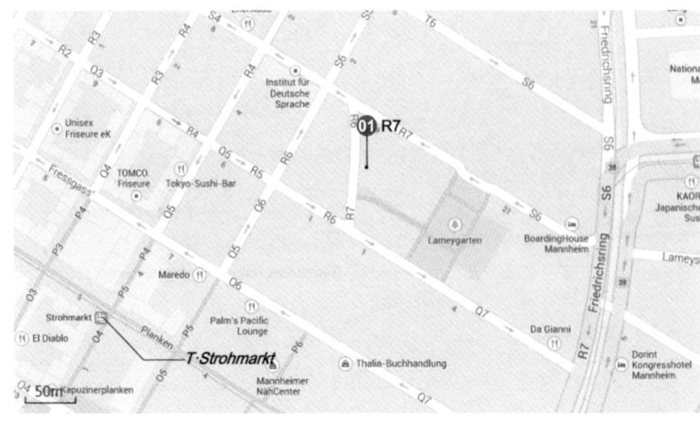

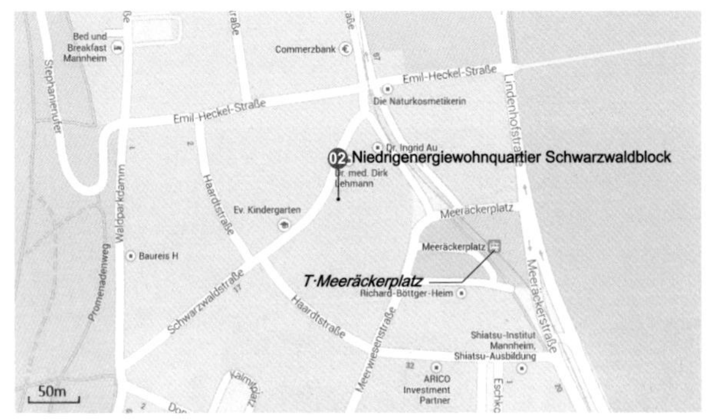

R7 商住建筑

这个新建的商住建筑在不同时代的建筑中起到一个过渡和连接的作用。该建筑由两个互相错开的体块构成，一方面与弯曲道路相呼应，另一方面与围合型街区和 1950 年代的高层之间建立起联系。建筑的砖立面借鉴了曼海姆大型公寓建筑的建造传统。面向内院的立面和上面的大阳台向公园方向开敞。

黑森林地块的低能耗街区

位于底层的砖立面裙房把住宅楼联系在一起，与上层以横向窗带和连续窗台为特点的亮色抹灰立面形成鲜明的对比。面向街道一侧的小凹阳台以及面向内院的大凹阳台使得立面更具深度，同时为每个住宅提供了私人的开放空间。底层的住宅拥有朝向内院的私人花园。这个以低能耗方式建造的住宅楼屋顶还设有一个太阳能中水加热系统。

01 R7 商住建筑
R7

建筑师：Stefan Forster
地址：R7 5. 68161 Mannheim
年代：2011
类型：居住建筑

02 黑森林地块的低能耗街区
Niedrigenergiewohnquartier Schwarzwaldblock

建筑师：Stefan Forster
地址：Schwarzwaldstraße 5-13. 68163 Mannheim
年代：2007
类型：居住建筑

⓭ Neuhermsheim 社区中心 Gemeindezentrum Neuhermsheim

建筑师：Netzwerk Architekten
地址：Johannes-Hoffart-Straße 1 D-68163 Mannheim
年代：2007
类型：文化建筑

这个基督教社区中心犹如从土壤中生长出来。前厅、大厅、聚会室和青年中心围合了一个共同的绿色庭院。朝向内部中心的立面被塑造成一片可以局部拉开的透明帷幕，而建筑的外侧则被设计成由成品预制混凝土构成的极具雕塑感的支承结构。建筑的结构定义了建筑内部与外部开放空间之间的界面，但并没有完全封闭它——从而充分体现出社区的开放性特点。

柏林 Otto Bock 医学研究中心 /Gnädinger Architekten

43・海德堡

建筑数量 -02

01 海德堡城堡
02 海德堡老桥

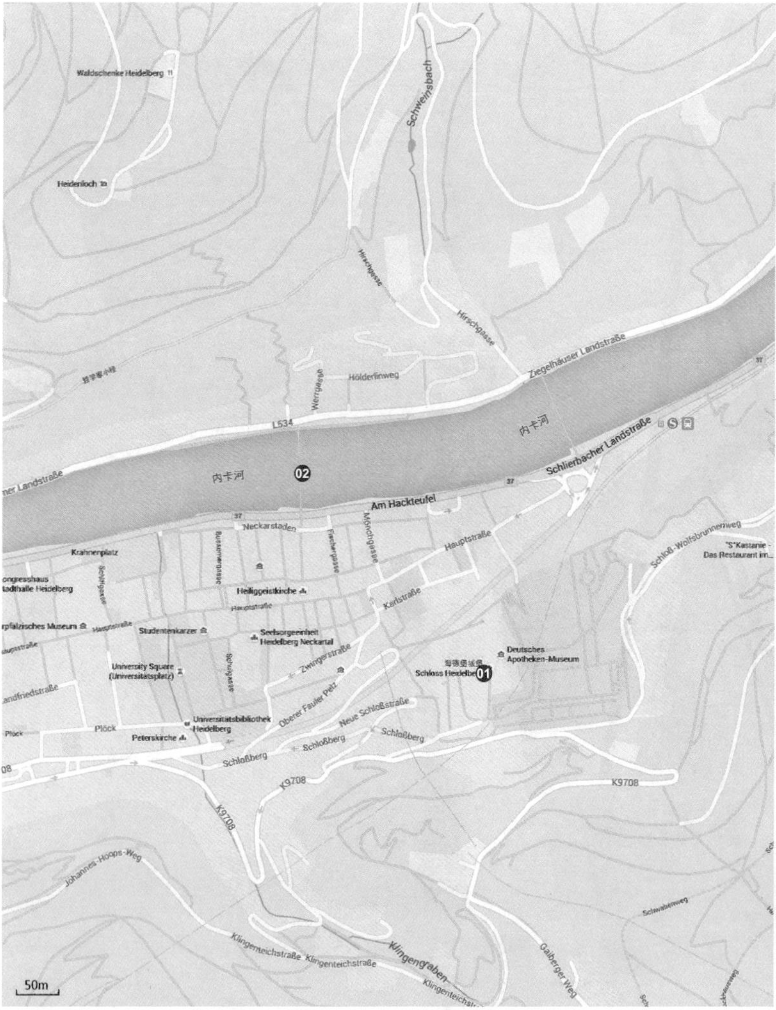

Note Zone

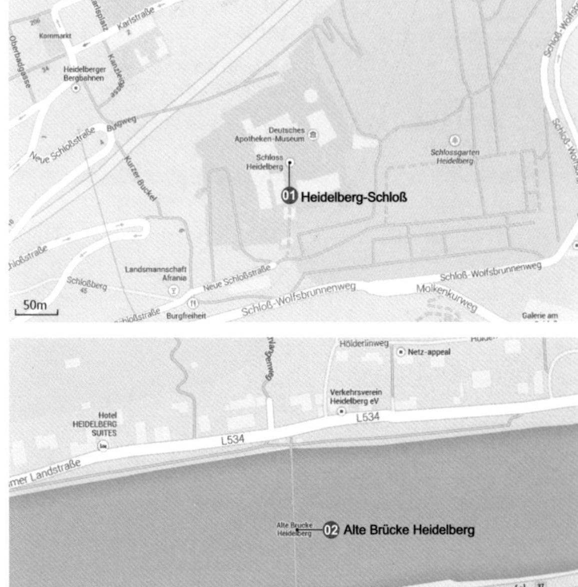

⓪① 海德堡城堡
Heidelberg Schloß

地址：Schlosshof 1, 69117 Heidelberg
年代：1225
类型：文化建筑

⓪② 海德堡老桥
Alte Brücke Heidelberg

地址：D-69120 Heidelberg
年代：1788
类型：交通建筑

海德堡城堡

这座红褐色的古城堡是海德堡城的标志。它建于 13 世纪，历时 400 年才完工，曾经是欧洲最大的城堡之一。城堡内部结构复杂，包括防御工事、居室和宫殿和城堡花园等，历史上曾经作为军事要塞，同时也是选帝侯宫邸。在历史上经过若干次扩建，城堡形成了哥特式、巴洛克式及文艺复兴三种风格混合的产物，它被认为是阿尔卑斯山以北最重要的文艺复兴建筑之一。古堡的正门雕有披着盔甲的武士队，中央庭园有喷泉以及四根花岗岩柱，四周则为音乐厅、玻璃厅等建筑物。

海德堡老桥

这座老桥正式名称为 Karl–Theodor 桥，是内卡河上的一座桥梁，长 200 米，宽 7 米，连接了海德堡老城与内卡河对岸的 Neuenheim 区。老桥南侧的桥门建于中世纪，两侧为 28 米高的双塔。

44 · 马尔巴赫

建筑数量 -02

01 马尔巴赫文学博物馆 / 戴维 · 齐普菲尔德
02 Dupli Casa 住宅 / J. Mayer H.

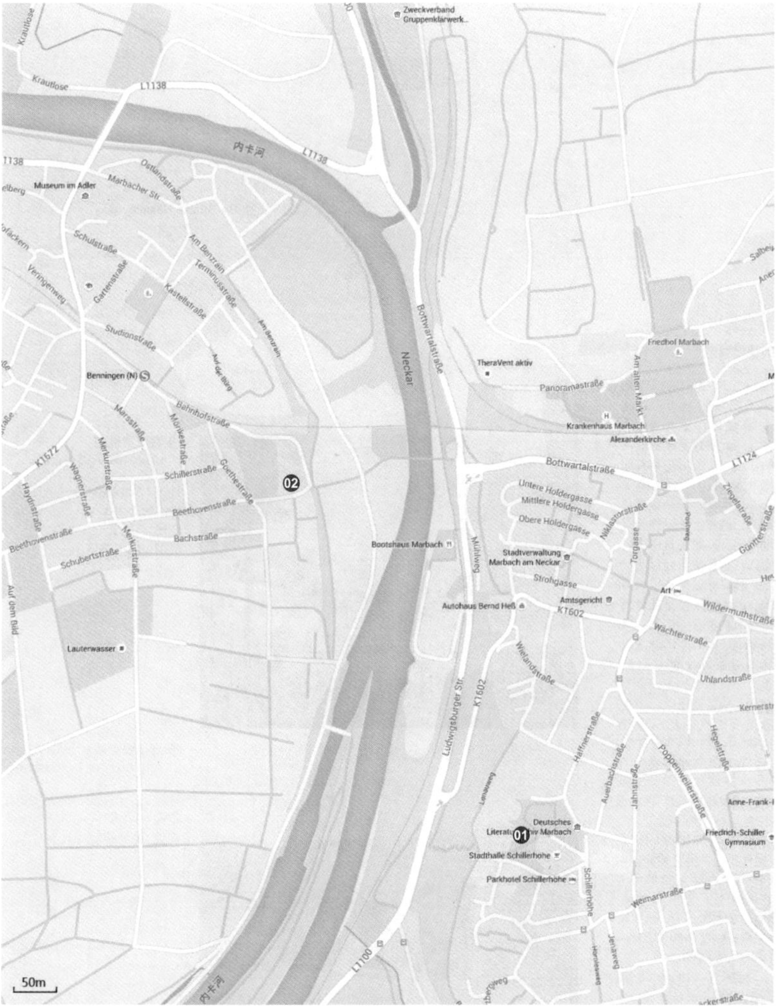

Note Zone

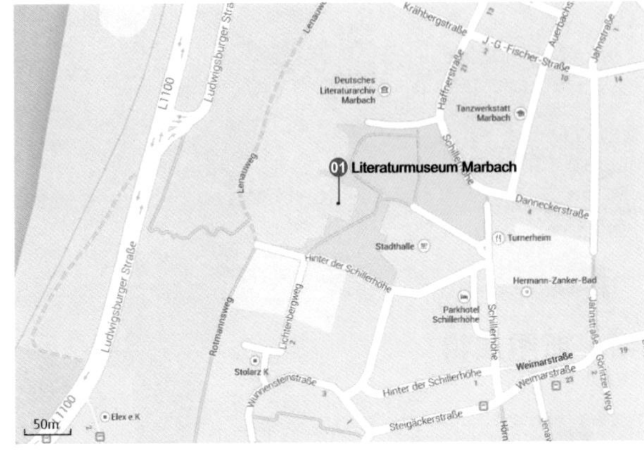

马尔巴赫文学博物馆

建筑所在的马尔巴赫市，是一个位于内卡尔河畔的静谧小城，长久以来都被称作文学之地。文字博物馆非常自然地融入充满历史感的环境中，使人感觉它好像一直就位在这里一样。一个圣殿般的展厅坐落在向远处延绵的内卡尔河景观中，大部分的体量掩藏在坡地之下。该建筑的室内处理与艺术展览馆完全不同：艺术馆中经常运用光线充足的白色展览空间作为绘画作品或者雕塑的背景；这里则使用深色热带木材饰面的展览空间，使得游客的注意力完全集中在展柜中的细腻展品上。

Dupli Casa 住宅

该建筑的几何形态源于场地上原有建筑在经历多次加建和改建后形成的轮廓线。新的建筑对这个轮廓线采用了复制、旋转以及竖向抬升的形态操作手法。通过抬升使两个分离的层之间形成了一个半公共区域。别墅的表皮在室内外之间形成了一种精致的联系，同时提供了眺望位于河谷另一侧的马尔巴赫老城和文学博物馆的绝佳视野。

01 马尔巴赫文学博物馆
Literaturmuseum Marbach

建筑师：戴维·齐普菲尔德
地址：Schillerhöhe 8-10 71672 Marbach am Neckar
年代：2006
类型：文化建筑

02 Dupli Casa 住宅
Dupli Casa

建筑师：J. Mayer H.
地址：Goethestraße 13, 71726 Marbach am Neckar
年代：2008
类型：居住建筑

45・斯图加特

建筑数量 -34

01 王子府 / Heinrich Schickardt
02 老王宫 / Aberlin Tretsch,Blasius Berwart
03 斯图加特修道院教堂
04 斯图加特国王大厦 / Christian Friedrich Von Leins
05 斯图加特新王宫 / Leopoldo Matteo Retti
06 斯图加特国家剧院 / Max Littmann
07 巴登符腾堡州议会 / Erwin Heinle, Horst Linde,Kurt Viertel
08 斯图加特威廉宫殿 / Giovanni Salucci
09 斯图加特艺术博物馆 / Hascher Jehle
10 经济之家 / Prof Skjold Neckelmann，August Hartel
11 斯图加特新国家美术馆 / 詹姆斯・斯特林
12 音乐学院 / 詹姆斯・斯特林
13 斯图加特主火车站 / Paul Bonatz
14 Uhlandshöhe 的自由华德福学校扩建 / Aldinger&Aldinger
15 斯图加特圣约翰教堂 / Christian Friedrich Von Leins
16 斯图加特市立图书馆 / Eun-Young Yi
17 魏森霍夫住宅区贝伦斯公寓 / 彼得・贝伦斯
18 魏森霍夫住宅区 Mart Stam 联排住宅 / Mart Stam
19 魏森霍夫住宅区柯布西耶半独立式住宅 / 勒・柯布西耶 ,Pierre Jeanneret
20 魏森霍夫住宅区汉斯・夏隆独立式住宅 / 汉斯・夏隆
21 魏森霍夫住宅区密斯多层住宅 / 密斯・凡・德・罗
22 魏森霍夫住宅区 J.J.P. Oud 联排住宅 / J.J.P. Oud
23 魏森霍夫住宅区 Victor Bourgeois 独立式住宅 / Victor Bourgeois
24 魏森霍夫住宅区 Adolf Schneck 独立式住宅 / Adolf Schneck
25 魏森霍夫住宅区柯布西耶独立式住宅 / 勒・柯布西耶
26 Killesberg 塔 / Luz Und Partner
27 Rosenstein 宫殿 / Giovanni Salucci
28 梅赛德斯 – 奔驰竞技场 / Paul Bonatz 等
29 梅赛德斯 - 奔驰博物馆 / Unstudio
30 R128 住宅 / Sobek
31 Helene P. 儿童与青之家扩建修复 / Kauffmann Theilig und Partner
32 虚拟工程中心 / Unstudio 等
33 保时捷博物馆 / Delugan Meissl
34 斯图加特孤独城堡 / Philippe de la Guêpière

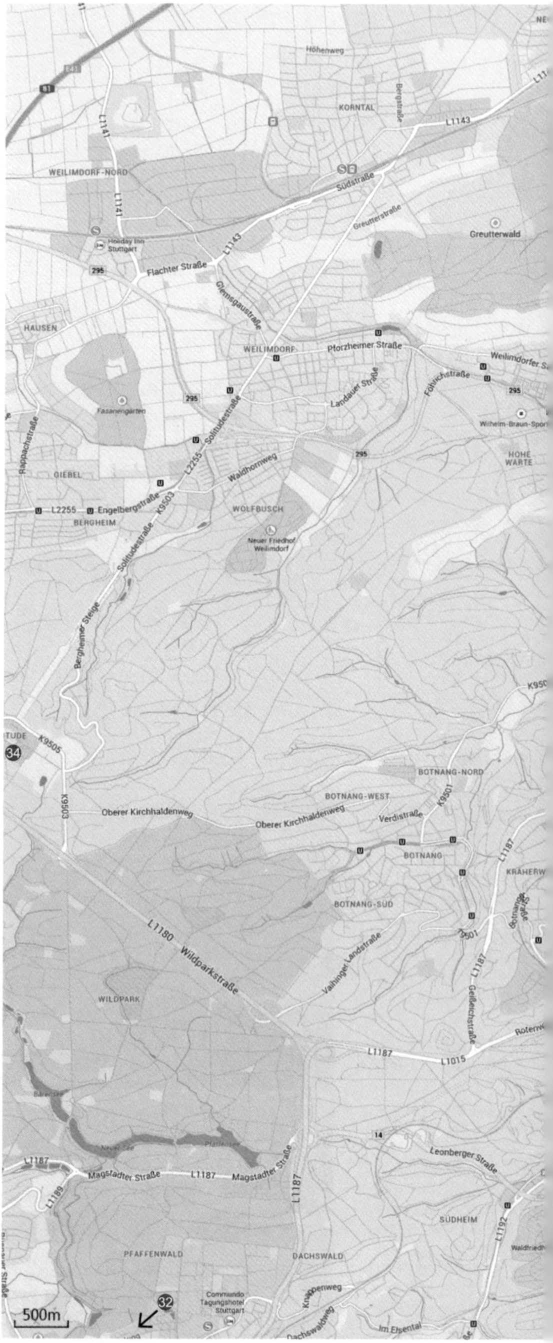

P208-210
P200-202
ZUFFENHAUSEN
Zabergäustraße
Rotweg
ROT
Haldenrainstraße
Schozacher Straße
Tapachstraße
HOFEN
Mühlhauser Straße
Max-Eyth-See
Benzenäckerstraße
Seeblickweg
NEUGE
STEINHALDE
ZUFFENHAUSEN-AM STADTPARK
ZUFFENHAUSEN-MÖNCHSBERG
Neckartalstraße
Hofener Straße
MÜNSTER
MUCKEN
SIEGELBERG
BURGHOLZHOF
Roter Stich
Auerbachstraße
Löwentorstraße
Gästehaus Stuttgart
HALLSCHLAG
IMWERK8
LEMBERG - FÖHRICH
FEUERBACH-OST
Robert-Bosch-Krankenhaus
BIRKENÄCKER
Hallschlag
B&B Hotel Stuttgart-City
BAHNHOF FEUERBACH
Feuerbacher Tunnel
FEUERBACH
FEUERBACH-MITTE
Siemensstraße
Oswald-Hesse-Straße
ALTENBURG
SCHMIDENER VORSTADT
PRAGSTRAßE
Pragstraße
KURPARK
Brenzstraße
BAD CANNSTATT
CANNSTATT-MITTE
KILLESBERG
Staatliches Museum für Naturkunde
Ehmannstraße
Rosensteinpark
Wilhelma
SEELBERG
Deckerstraße
AN DER BURG
Weissenhofsiedlung
Am Kochenhof
Heilbronner Straße
Feuerbacher-Tal-Straße
AUF DER PRAG
VEIELBRUNNEN
MÖNCHHALDE
NORD
AM PRAGFRIEDHOF
Rosensteinstraße
Cannstatter Straße
BERG
Uferstraße
AM BISMARCKTURM
Birkenwaldstraße
HEILBRONNER STRAßE
Villa Berg
STÖCKACH
WASEN
LENZHALDE
Lenzhalde
EUROPAVIERTEL
ARCOTEL Camino Stuttgart
Mittlerer Schloßgarten
Neckarstraße
Schwarenbergstraße
Stadthotel am Wasen
Mercedes-Benz Museum
Heidweg
RELENBERG
Astoria am Urachplatz
OSTHEIM
Talstraße
Uferstraße
斯图加特大学
Universität Stuttgart
KERNERVIERTEL
HÖLDERLINPLATZ
Hegelstraße
Oberer Schlossgarten
斯图加特州立绘画馆
Staatsgalerie Stuttgart
STUTTGART OST
GAISBURG
Ulmer Straße
Wagenburgstraße
GABLENBERG
ROSENBERG
Klinikum Stuttgart Olgahospital
老王宫
Württembergische Landesbibliothek
Schwabstraße
Zeppelinstraße
VOGELSANG
FEUERSEE
RATHAUS
GÄNSHEIDE
Planckstraße
Paulinenstraße
ROTEBÜHL
DOBEL
HEUSTEIGVIERTEL
Waldebene Ost
Karlshöhe
KARLSHÖHE
LEHEN
Weißenburg
SÜD
BOPSER
FRAUENKOPF
Frauenkopfstraße
Rosengartenstraße
HESLACH
Marienhospital Stuttgart
Böheimstraße
WEINSTEIGE
Jahnstraße
Speidelweg
Neue Weinsteige
ROHRACKER
Heslacher Tunnel
HAIGST
Jahnstraße
Heinestraße
SONNENBERG
Kirchheimer Straße
Trossinger Straße
Königsträße
Reutlinger Straße
Mittlere Filderstraße
SILLENBUCH
Hedelfinger Straße
HEUMAD

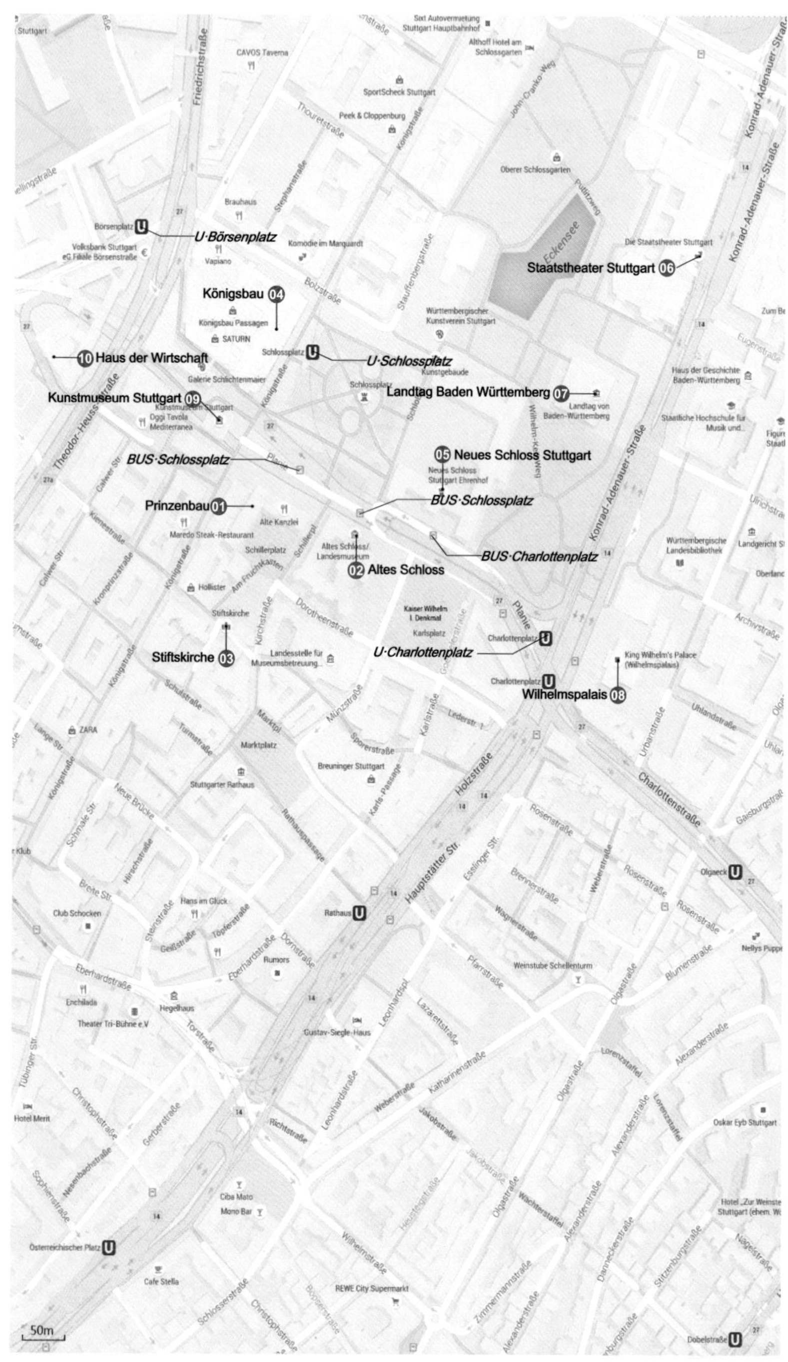
U·Börsenplatz
Königsbau 04
10 Haus der Wirtschaft
U·Schlossplatz
Kunstmuseum Stuttgart 09
Landtag Baden Württemberg 07
Staatstheater Stuttgart 06
BUS·Schlossplatz
05 Neues Schloss Stuttgart
Prinzenbau 01
BUS·Schlossplatz
BUS·Charlottenplatz
02 Altes Schloss
U·Charlottenplatz
Stiftskirche 03
Wilhelmspalais 08
Friedrichstraße
Theodor-Heuss-Straße
Konrad-Adenauer-Straße
Eckensee
Oberer Schlossgarten
Schlossplatz
Planie
Karlsplatz
Marktplatz
Holzstraße
Hauptstätter Str.
Charlottenstraße
Olgastraße
Wilhelmstraße
Börsenplatz
Rathaus
Olgaeck
Österreichischer Platz
Dobelstraße
50m

01 王子府
Prinzenbau

建筑师：Heinrich Schickardt
地址：Schillerplatz 4 70173 Stuttgart
年代：1605-
类型：文化建筑

王子府

该建筑建造时间逾100年。1605年开始建造地下室，直到1715年该建筑才终于建成，意大利风格的立面落成。该建筑曾作为外国使节的住所、珍宝室、绘画学院等。

02 老王宫
Altes Schloss

建筑师：Aberlin Tretsch,Blasius Berwart
地址：Schillerplatz 6 70173 Stuttgart
年代：950-
类型：文化建筑

老王宫

16世纪时，Christoph und Ludwig公爵下令把该建筑改建为一个文艺复兴式的宫殿，周围的水道在18世纪被填埋。宫殿中的拱廊庭院体现了意大利文艺复兴早期的建筑母题。

03 斯图加特修道院教堂
Stiftskirche

地址：Werastraße 12, 70182 Stuttgart
年代：1000-
类型：文化建筑

斯图加特修道院教堂

该教堂是斯图加特现存最古老的教堂，是在一个10世纪罗马风早期风格的村庄教堂基础上建立的。19世纪该教堂被改造为哥特式，“二战”中受到严重损毁，1960年代进行了简单重建。在1999–2003年的全面修复中，建筑师在清晰保存不同时期建造痕迹的基础上，增加了一个现代的屋顶结构，改善了室内的声学效果。

04 斯图加特国王大厦
Königsbau

建筑师：Christian Friedrich von Leins
地址：Königstraße 28, 70173 Stuttgart
年代：1855-
类型：商业建筑

斯图加特国王大厦

该建筑界定了广场的西北侧尽端，是斯图加特王宫广场边上最显赫的建筑之一。135米长的立面上由34根柱子构成宏伟的柱廊。2006年该建筑的背面落成，拥有45000平方米的零售和商业空间。

05 斯图加特新王宫
Neues Schloss Stuttgart

建筑师：Leopoldo Matteo Retti
地址：Schlossplatz 4 70173 Stuttgart
年代：1746-
类型：市政建筑

斯图加特新王宫

Carl Eugen von Württemberg公爵希望把斯图加特建造为第二个凡尔赛。这个三翼式建筑是它所处时代的典型代表：在简洁的立面上唯一的装饰是栏杆上的雕塑。

06 斯图加特国家剧院
Staatstheater Stuttgart

建筑师：Max Littmann
地址：Oberer Schlossgarten 6 70173 Stuttgart
年代：1909-
类型：观演建筑

斯图加特国家剧院

该剧院是欧洲最大的多功能剧院，包括歌剧、芭蕾舞剧和戏剧等不同部分。20 世纪初，该剧院是王国的宫廷剧院，当时的剧院由“大房子”和“小房子”两部分构成，可用于演出歌剧和戏剧。“二战”中，只有“大房子”部分的古典主义柱子幸存了下来。而新建的“小房子”部分于 1962 年落成。

07 巴登符腾堡州议会
Landtag Baden Württemberg

建筑师：Erwin Heinle, Horst Linde, Kurt Viertel
地址：Konrad-Adenauer-Str 3. 70173 Stuttgart
年代：1957
类型：办公建筑

巴登符腾堡州议会

这个有着暗色玻璃立面的三层建筑与斯图加特的历史建筑形成了有趣的对比。这个不同寻常的建筑在 60 年代被视为高度现代主义的功能建筑，而引起了很大轰动——从政治符号的意义上来说也是如此：在黄昏时，议员办公室一览无余，而这被认为是年轻民主的象征。

08 斯图加特威廉宫殿
Wilhelmspalais

建筑师：Giovanni Salucci
地址：Konrad-adenauer-Straße 2 70173 Stuttgart
年代：1834-
类型：文化建筑

斯图加特威廉宫殿

这个古典主义风格的宫殿曾经是最后一任符腾堡国王威廉二世的住所。建筑前的广场上立有他的纪念铜像。“二战”中，该建筑受到严重破坏。1960 年代由 Wilhelm Tiedje 对该宫殿以现代风格进行重建。

09 斯图加特艺术博物馆
Kunstmuseum Stuttgart

建筑师：Hascher Jehle
地址：Kleiner Schlossplatz 13
年代：2005
类型：文化建筑

斯图加特艺术博物馆

该博物馆 5000 平方米的展览空间中最大的一部分实际上位于小王宫广场之下。两个地下层中展示了博物馆的大部分自有藏品，地面上的方体则主要用于特展。通透的玻璃画廊吸引游客进来欣赏城市和周围山坡的壮丽景色。

10 经济之家
Haus der Wirtschaft

建筑师：Prof Skjold Neckelmann, August Hartel
地址：Willi-Bleicher-Straße 19 70174 Stuttgart
年代：1889-
类型：商业建筑

经济之家

经济之家是斯图加特在 19 世纪最大型且最重要的建筑，是 19 世纪末符腾堡王国的商业和贸易中心的展厅：这里展示了国内外的先进工业产品，推动了本地经济发展。

Note Zone

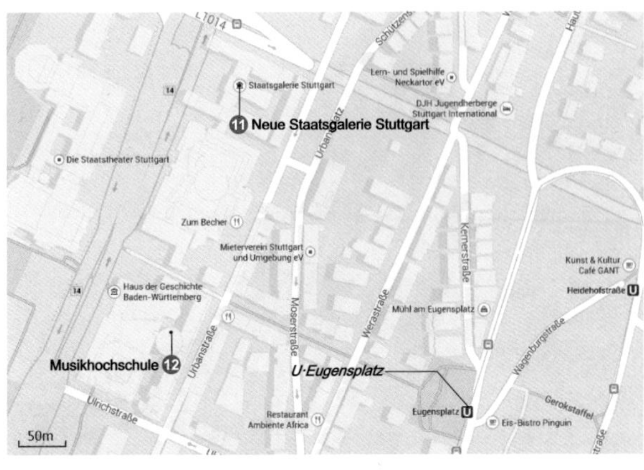

⑪ 斯图加特新国家美术馆
Neue Staatsgalerie Stuttgart

建筑师：詹姆斯 · 斯特林
地址：Konrad-Adenauer-Straße 30, 70173 Stuttgart
年代：1984
类型：文化建筑

斯图加特新国家美术馆

该美术馆坐落在市中心边缘的一个坡地上，毗邻建于1838年的老馆。斯特林采用简单的立体主义外形，低矮的整体，使新建筑在视觉上超越旧建筑。建筑的各个细部颇有斯特林在20世纪五六十年代追随高技派的痕迹。各种相异的成分相互碰撞，不同的符号混杂并存，体现了后现代派所追求的矛盾性和混杂性。建筑采用花岗岩和大理石为建筑材料，局部采用拱券、天井等古典主义的细节。馆内主要收藏现当代作品，尤其是印象派和立体派的重要作品。

⑫ 音乐学院
Musikhochschule

建筑师：詹姆斯 · 斯特林
地址：Urbansplatz 2 70182 Stuttgart
年代：1993-1994
类型：科教建筑

音乐学院

该建筑中最为引人注目的塔楼不仅仅是一个眺望塔，它最大的特点体现了音乐方面的特征。相比于其他直线型的建筑部分，这个巨型的圆柱体通过上部的圆形和长方形的窗以及由黄色灯光照明的窗扇而吸引了大量目光。塔内的500座大型演奏厅是音乐学院的中心。该塔楼内同时也容纳了音乐学院的图书馆部分。

斯图加特新国家美术馆／詹姆斯·斯特林

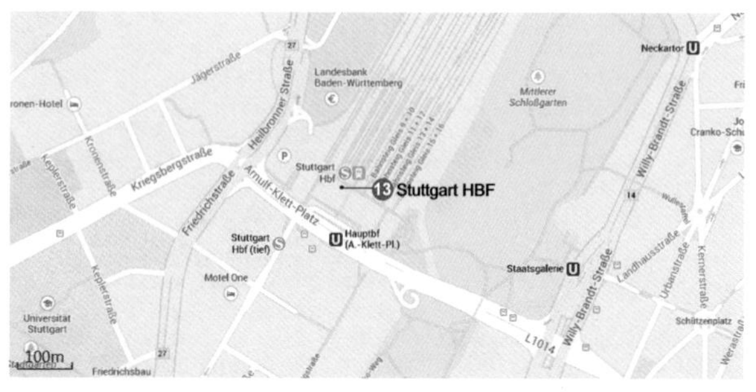

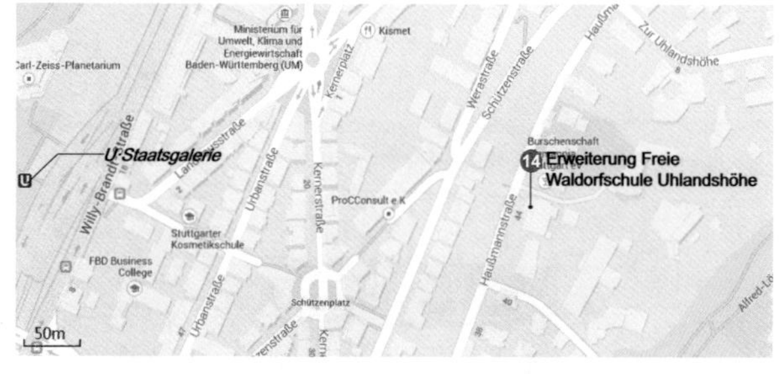

Note Zone

⑬ 斯图加特主火车站
Stuttgart HBF

建筑师 :Paul Bonatz
地址 :Arnulf-Klett-Platz 2 70173 Stuttgart
年代 :1927
类型 : 交通建筑

⑭ Uhlandshöhe 的自由华德福学校扩建
Erweiterung Freie Waldorfschule Uhlandshöhe

建筑师 : Aldinger & Aldinger
地址 : Haussmannstrasse 44 70188 Stuttgart
年代 : 2006
类型 : 科教建筑

斯图加特主火车站

该火车站位于斯图加特中心附近，临近构成“绿色 U 形”的国王大街和王宫花园。建筑体量由一系列长方体以对称或者不对称的方式嵌套而成。充满标志性的地方是这些长方体形成了不同大小、尺度和造型的组合。该建筑既展现了保守的元素，例如它所具有的纪念性以及建筑装饰；同时它也展现了具有进步性一面，这体现在建筑形体的构成原则、以平屋顶为主的屋顶形式以及一些别的建筑元素。该建筑是斯图加特学派的重要实例。

Uhlandshöhe 的自由华德福学校扩建

世界上第一所华德福学校落成于 1919 年，是当地 Astoria 卷烟厂为员工子弟建立的一所学校。建筑师为了让原有校舍满足一所全日制学校的要求创造了一个新的结构，同时加建了一个托儿所。它没有简单模仿著名的“华德福风格”而是将其进一步发展。由于其独特的悬挑形态，建筑的承重系统非常复杂。

Note Zone

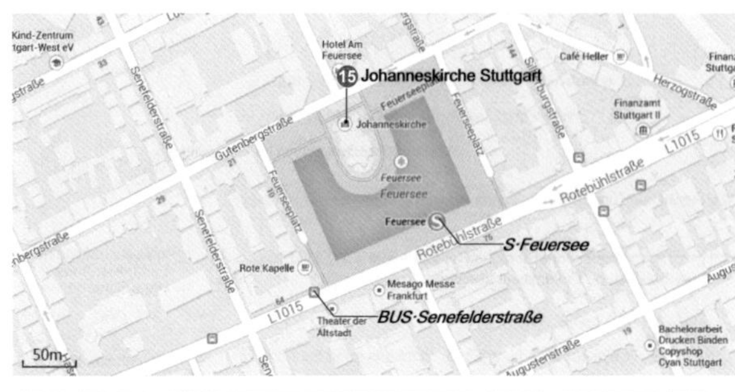

斯图加特圣约翰教堂

这个建于19世纪的新哥特风格的教堂，依靠所处的独特位置而显得与众不同：它的唱诗坛位于火湖中的一个半岛上，而单塔的立面则标志了曾经的Johannes大街的起点。曾经高66米的塔楼以及教堂主体在“二战”的空袭中受到严重破坏。后来由于经济原因，教堂内部及塔顶的拱顶没有被重建。在很多人看来，这个“没有顶的教堂”是对战争的记录。

斯图加特市立图书馆

该图书馆位于Mailänder广场上，未来这里将会形成以图书馆所在位置为核心的新城市中心，因此建筑师希望给建筑一个恢宏的外表以强调它的重要性。该图书馆是一个边长45米的正方体，浅灰色清水混凝土框嵌有9×9阵列排布的磨砂玻璃砖块。该图书馆拥有双层表皮，外侧为玻璃砖层，内侧则为由竖框/横梁幕墙构成的外壳。阅览区是一个五层通高方形区域，由书架形成的外壳包裹。

⑮ 斯图加特圣约翰教堂
Johanneskirche Stuttgart

建筑师：Christian Friedrich von Leins
地址：Gutenbergstraße 11 70176 Stuttgart
年代：1865-
类型：宗教建筑

⑯ 斯图加特市立图书馆
Stadtbibliothek Stuttgart

建筑师：Eun-Young Yi
地址：Mailänder Platz 1, 70173 Stuttgart
年代：2011
类型：科教建筑

Note Zone

Weissenhofsiedlung Mehrfamilienhaus Peter Behrens 17
Weissenhofsiedlung Reihenhaus Mart Stam 18
Weissenhofsiedlung Haus Le Corbusier 19
20 Weissenhofsiedlung Einfamilienhaus Hans Scharoun
Weissenhofsiedlung Mehrfamilienhaus Ludwig Mies van der Rohe 21
Weissenhofsiedlung Reihenhäuser J.J.P. Oud 22
Weissenhofsiedlung Einfamilienhaus Victor Bourgeois 23
Weissenhofsiedlung Einfamilienhaus Adolf Schneck 24
25 Weissenhofsiedlung Einfamilienhaus Le Corbusier
U Killesberg
50m

魏森霍夫住宅区是现代主义建筑最重要的代表作之一。它的诞生源于 1927 年斯图加特市与德意志制造联盟举办的建筑展。 在这个展览中，在密斯 · 凡 · 德 · 罗的总体协调和领导下，17 位建筑师致力于为现代主义大城市的居民设计新的居住模式。在仅有的 21 周时间内，诞生了 21 个住宅建筑（共 63 个居住单元）。 样板单元的室内设计由 Ferdinand Krame 负责完成。斯图加特的画家 Willi Baumeister 为建筑展承担了图案设计及广告设计工作。
参加建筑展的建筑师如柯布西耶、格罗皮乌斯、密斯、夏隆等人，当时还只是在国际先锋建筑师圈子内部有一定的声誉——后来都成了现代主义建筑的最重要代表。由于这些知名建筑师设计的作品在魏森霍夫住宅区内部互相毗邻，也就使该住宅区在世界上享有很高的知名度。

此外，这个住宅区后来充满变化的经历也反映了 20 世纪的社会和文化动荡。它在第三帝国时期遭到排斥，二战中局部甚至被摧毁，之后又被人忽视，直到 1958 年才被列入历史保护建筑名录。 随着魏森霍夫住宅展 75 周年纪念的到来，该住宅区迎来了一次关键性的转折：2002 年，斯图加特市成功购得了柯布西耶设计的半独立住宅，并在此设立了魏森霍夫博物馆，用于展出与当时的魏森霍夫建筑展有关的历史文献及建筑模型等。

⑰ 魏森霍夫住宅区贝伦斯公寓
Weissenhofsiedlung Mehrfamilienhaus Peter Behrens

建筑师：彼得 · 贝伦斯
地址：Am Weißenhof 30 70191 Stuttgart
年代：1927
类型：文化建筑

魏森霍夫住宅区贝伦斯公寓

这个建筑通过形体的嵌套呈现了一种新的现代主义居住建筑形式。当时肺结核在大城市的狭窄、缺乏日照的住宅中广泛蔓延，建筑师希望通过提供足够的空气和阳光使得这些平台住宅可以远离肺结核，因此该建筑采用了退台形式，同时卧室和起居室朝南。住宅的室内设计分别由 8 位建筑师和室内设计师完成。

魏森霍夫住宅区 Mart Stam 联排住宅

建筑师希望创造符合每个家庭主妇和每个家庭基本需求的住宅，使用者只要拉开推拉门，起居室的空间就可以向外扩展。位于二层的浴室，临走廊的一侧可以被打开，借助扩展出的空间，使用者甚至可以在里面做体操运动。为了获得更开阔视野，住宅的最顶层使用了带细槽的金属框架窗户。

魏森霍夫住宅区柯布西耶半独立式住宅

在该建筑中柯布西耶充分体现他在“新建筑五点”中总结的特征。该住宅的原型为火车的卧铺车厢，意味着车厢稍加变动即可快捷地变成“卧室”。住宅的二层有一条只有 68 厘米宽的走廊，起居室的墙面被一条水平窗带打断。在屋顶平台上，这个水平条带的形式以混凝土无窗框的形式再次出现。该建筑为钢筋混凝土框架结构。

魏森霍夫住宅区汉斯 · 夏隆独立式住宅

该建筑的外表由弧形和棱角这组对立的形态元素共同构成。北立面由多个不同的长方体构成，南面则形成一个大量开窗、起拱的弧形部分。 外挑的屋顶板和敞廊体现了赖特的影响：不同功能空间之间的流畅过渡以及互相交融的室内外空间。该建筑中，夏隆使用了与船舶相关的造型元素：主入口照明灯具形似船舶的位置指示灯，平台墙上的窗为半舷窗形，通往二层的楼梯则使用了造船使用的铁片。

魏森霍夫住宅区密斯多层住宅

公寓中只有楼梯、浴室、卫生间以及厨房的位置是固定的，其他的起居及卧室空间可以根据不同的需要而改变布局。为了展现这种空间使用的灵活性，密斯邀请了多位建筑师及室内建筑师，让他们根据各自的设想来布置这些住宅。该公寓一共包括四个楼梯间，各 6 个住宅单元，面积为 42 ～ 80 平方米。

⑱ **魏森霍夫住宅区 Mart Stam 联排住宅**
Weissenhofsiedlung Reihenhaus Mart Stam

建筑师：Mart Stam
地址：Am Weißenhof 24 70191 Stuttgart
年代：1927
类型：文化建筑

⑲ **魏森霍夫住宅区柯布西耶半独立式住宅**
Weissenhofsiedlung Zweifamilienhaus Le Corbusier

建筑师：勒 · 柯布西耶，Pierre Jeanneret
地址：Rathenaustraße 1, 70191 Stuttgart
年代：1927
类型：文化建筑

⑳ **魏森霍夫住宅区汉斯 · 夏隆独立式住宅**
Weissenhofsiedlung Einfamilienhaus Hans Scharoun

建筑师：汉斯 · 夏隆
地址：Hoelzelweg 1. 70191 Stuttgart 年代：1927
类型：文化建筑

㉑ **魏森霍夫住宅区密斯多层住宅**
Weissenhofsiedlung Mehrfamilienhaus Ludwig Mies van der Rohe

建筑师：密斯 · 凡 · 德 · 罗
地址：Am Weißenhof 14 70191 Stuttgart
年代：1927
类型：文化建筑

㉒ **魏森霍夫住宅区 J.J.P. Oud 联排住宅**
Weissenhofsiedlung Reihenhäuser J.J.P. Oud

建筑师：J.J.P. Oud
地址：Pankokweg 1. 70191 Stuttgart
年代：1927
类型：文化建筑

㉓ **魏森霍夫住宅区 Victor Bourgeois 独立式住宅**
Weissenhofsiedlung Einfamilienhaus Victor Bourgeois

建筑师：Victor Bourgeois
地址：Friedrich-Ebert-Strasse 118. 70191 Stuttgart
年代：1927
类型：文化建筑

㉔ **魏森霍夫住宅区 Adolf Schneck 独立式住宅**
Weissenhofsiedlung Einfamilienhaus Adolf Schneck Bruckmannweg 1.

建筑师：Adolf Schneck
地址：Bruckmannweg 1. 70191 Stuttgart
年代：1927
类型：文化建筑

㉕ **魏森霍夫住宅区柯布西耶独立式住宅**
Weissenhofsiedlung Einfamilienhaus Le Corbusier

建筑师：勒·柯布西耶 +Pierre Jeanneret
地址：Bruckmannweg 2. 70191 Stuttgart
年代：1927
类型：文化建筑

魏森霍夫住宅区 J.J.P. Oud 联排住宅

由于两面临街，这个联排住宅设计的出发点首先在于处理住宅与日照之间的关系。建筑师 Oud 希望根据承担的功能不同而在表达上有所区别。该住宅被专家们认为是最能体现魏森霍夫住宅展宗旨的建筑，即为中低收入的工人提供城市住宅。它符合节省面积以及室内空间最优化的要求，厨房被作为中心空间，因此获得了与卧室和就餐空间同等重要的位置。

魏森霍夫住宅区 Victor Bourgeois 独立式住宅

该住宅是在一块国有土地上为一个私人业主设计的，因此该建筑不需要符合密斯对于整个住宅区提出的艺术性规则，也不需要遵守地方的指导性规划。不过该建筑还是被认为是整个住宅区的一部分。

魏森霍夫住宅区 Adolf Schneck 独立式住宅

该建筑为一幢两层独户住宅，居住面积约为 120 平方米，采用砌体结构，内外表面抹灰。为了减少家庭主妇日常维护的工作量，设计此采用了平屋顶的形式，取消了阁楼空间。

魏森霍夫住宅区柯布西耶独立式住宅

该住宅中是从之前雪铁龙住宅的建筑类型发展而来的，朝南设有两层通高的起居区域，而厨房和就餐区域则位于背面相对低矮的空间中。由于在设计时弄错了基地的高度条件，因此住宅的混凝土裙房部分比实际需要高了 1.5 米。虽然人们可以通过一条坡道到达入口区域，但这里实际成了一个阳台空间。现在，住户通过供暖地下室进入该住宅。

Note Zone

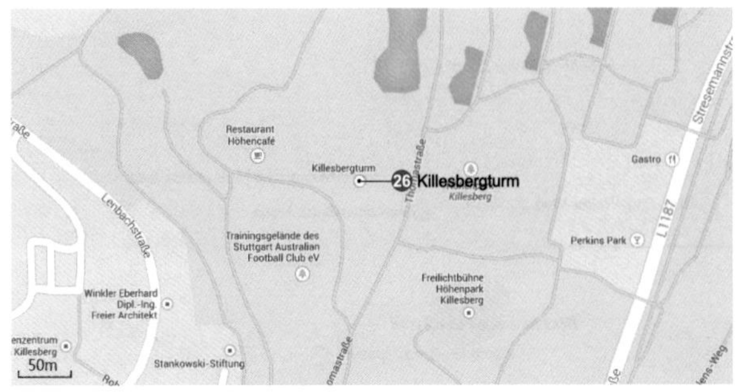

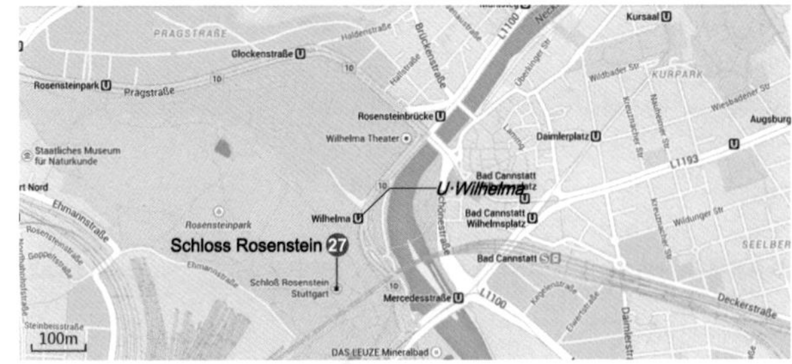

Killesberg 塔

这个超过40米高的眺望台位于Killesberg公园的最高点，提供了一个眺望斯图加特城及其周边的绝佳视野。两个轻盈的螺旋形楼梯，联系了四个不同高度的平台。这两个楼梯分别承担向上及向下引导人流的角色。48根直径18毫米的钢索构成了网状结构，缠绕着桅杆和平台。在34米的高度上，索网与一个由桅杆支撑的受压环连接，在底部则与一个环形基础连接，由于桅杆向上支撑着环和索网。

㉖ Killesberg 塔
Killesbergturm

建筑师：Luz Und Partner
地址：Beim Höhenfreibad 10. 70192 Stuttgart
年代：2001
类型：文化建筑

Rosenstein 宫殿

这个古典主义风格的宫殿坐落在Rosenstein公园的小山丘的东侧边缘。该建筑的平面为横向矩形，它没有朝向正南北方向，而是故意向东旋转约45度，使主立面朝向城市，背立面则朝向内卡尔河。宫殿的外墙由当地出产的砂岩加工而成的方石砌筑而成，内墙与夹层则由砖砌而成。该建筑目前为斯图加特自然历史博物馆所在。

㉗ Rosenstein 宫殿
Schloss Rosenstein

建筑师：Giovanni Salucci
地址：Neckarvorstadt, 70376 Stuttgart
年代：1824-
类型：文化建筑

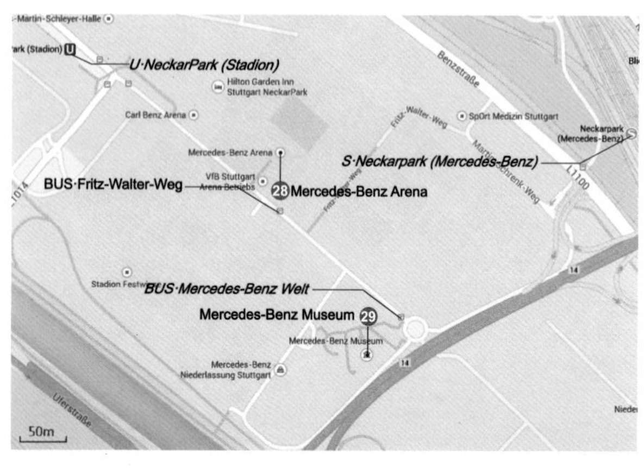

Note Zone

㉘ **梅赛德斯–奔驰竞技场**
Mercedes-Benz Arena

建筑师：Paul Bonatz,Siegel, Wonneberg & Partner, Schlaich,Bergermann, Planungsgemeinschaft Gottlieb-Daimler-Stadion, asp
地址：Mercedesstraße 87, 70372 Stuttgart
年代：1933-
类型：体育建筑

㉙ **梅赛德斯–奔驰博物馆**
Mercedes-Benz Museum

建筑师：Unstudio
地址：Mercedesstraße 100, 70372 Stuttgart
年代：2006
类型：文化建筑

梅赛德斯–奔驰竞技场

该建筑位于面积约 55 公顷的内卡尔公园中，毗邻 Schleyer 多功能馆和保时捷竞技场。为举办 2006 年世界杯，该竞技场进行了扩建，完成后平时国内比赛可容纳 57000 名观众（包含座席及立席）或国际比赛的 54500 名观众（全座席），提供了欧洲最现代、功能最齐全的足球场地。该建筑最引人注目的特征是膜结构屋顶的钢索结构，膜结构覆盖了整个观众席。

梅赛德斯–奔驰博物馆

该博物馆的结构以三叶草形为基础。半圆形的平面沿着中庭旋转，形成两层通高或者单层的空间。博物馆的概念基于两条不同的展览流线：一条流线由位于外侧、由自然光照明的、被大型全景窗环绕的展厅组成；而另一条主要以历史展览为主，空间充满戏剧感的流线内部采用人工光源。这两条流线如同 DNA 双螺旋结构，在若干点相交，参观者可以随时改变路线。

Note Zone

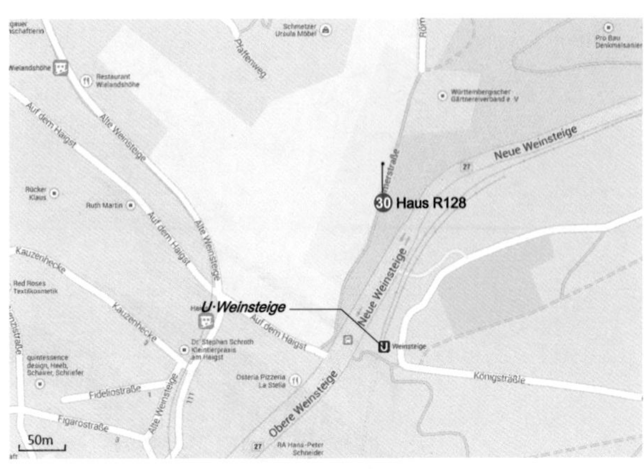

㉚ R128 **住宅**
Haus R128

建筑师：Sobek
地址：Römerstraße 128, 70180 Stuttgart
年代：2000
类型：居住建筑

R128 住宅

这个四层建筑坐落在斯图加特盆地边缘的陡峭地形上。该建筑是一个零碳排放／零能耗的住宅。该建筑整体被玻璃包裹，内部没有采用隔墙。建造中使用了模数化方式，通过插销和螺栓连接的方式，使建筑易于安装和拆除，而且可以被完全回收。人们通过一座桥从顶层进入该建筑。该建筑的结构为一个架在钢筋混凝土底板上的钢框架结构，楼板由厚木板制成。

梅赛德斯－奔驰博物馆／Unstudio

rcedes-Benz Museum

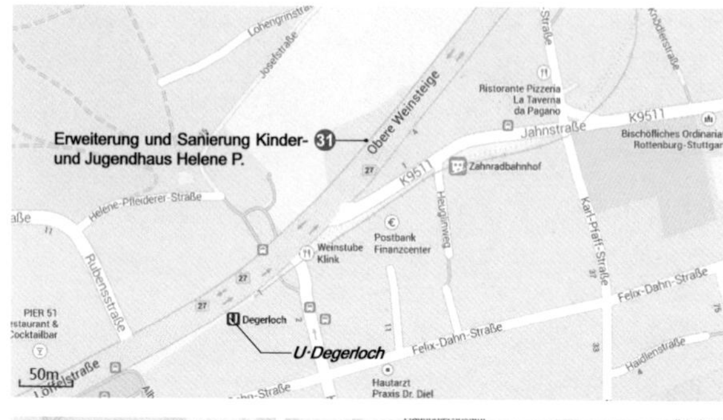

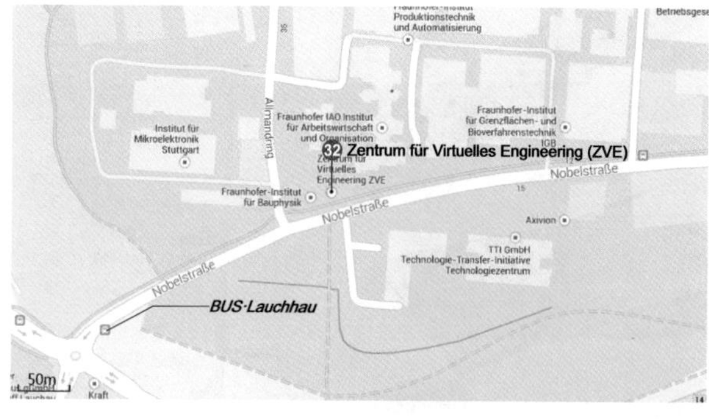

31 Helene P. 儿童与青年之家扩建修复
Erweiterung und Sanierung Kinder- und Jugendhaus Helene P.

建筑师：Kauffmann Theilig Und Partner
地址：Obere Weinsteige 9 70597, Stuttgart
年代：2006
类型：科教建筑

32 虚拟工程中心
Zentrum für Virtuelles Engineering (ZVE)

建筑师：UNStudio+Ermel Horinek Weber ASPLAN
地址：Nobelstraße 12 70569 Stuttgart
年代：2009-2011
类型：科教建筑

Helene P. 儿童与青年之家扩建修复

老的青年之家建于1870年，曾经是一个药剂师的别墅，从这里可以鸟瞰内城。老建筑在全面修复的同时也进行了扩建。扩建的部分以尽量不影响老建筑为原则，采用景观的、不张扬的整合方式。该建筑内部包含众多功能：开放式青年活动，流动式青年活动以及开放式儿童活动等。所有区域的排布遵循有机和相互独立的原则，同时从外部又清晰可辨。这些区域均可以共享位于地下层的多功能交流大厅、咖啡厅以及厨房。

虚拟工程中心

该设计尝试扩展当代对工作环境的定义，形成了一种促进交流、实验以及创造的新办公建筑类型。所有的功能规划都被落实到建筑的空间组织中。设计中采用的图解方法把实验室和研究功能与公共展区、游客参观路线整合到一个开放而促进交流的建筑概念中。由曲线和直线构成的平面形态，和谐地融入了立面的锯齿形，同时也保持了表面的持续变形效果。

Note Zone

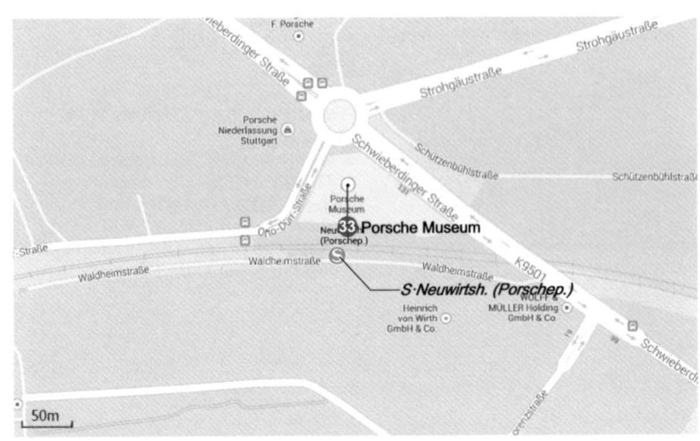

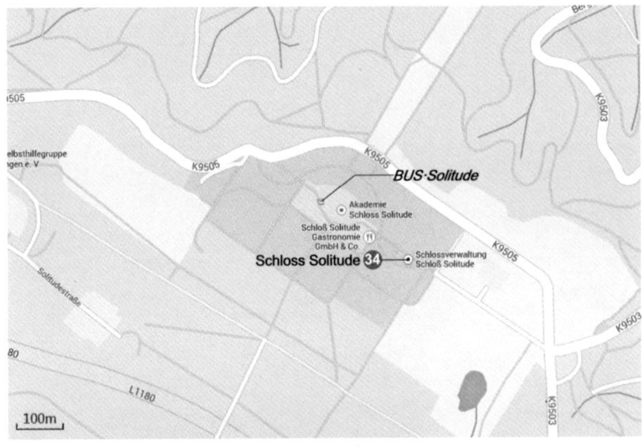

保时捷博物馆

该博物馆是保时捷总部的一个名片，对内和对外均代表了公司形象。该博物馆的展览区域只有三个混凝土芯支撑，采用庞大的钢结构，其跨度达60米，看上去仿佛悬浮在空中。展览大厅展示了公司至1948年的历史，从那里游客可以直接前往主展览区。主展览区中则是按年代顺序排列的1948年后的展品。该博物馆还包括了商店、游客餐厅、咖啡吧和一个特别的屋顶平台餐厅。该建筑同样可以用来举行汽车展览，客户大会和新闻发布会等大型的活动。

斯图加特孤独城堡

该宫殿建于18世纪，是Carl Eugen von Württemberg公爵的狩猎及接待宫殿。建筑的外部为洛可可风格：但是室内没有采用洛可可式不规则的喧闹的形式语言，房间与墙体采用了沉静的古典主义比例，表现出古典主义风格的初期特征。室内值得一看的包括Nicolas Guibal的天花板绘画及地下层的湿壁画。

㉝ 保时捷博物馆 Porsche Museum

建筑师：Delugan Meissl
地址：Porscheplatz 1 70435 Stuttgart
年代：2008
类型：文化建筑

㉞ 斯图加特孤独城堡 Schloss Solitude

建筑师：Philippe de la Guêpière
地址：Solitude 1, 70197 Stuttgart
年代：1764-
类型：文化建筑

46・乌尔姆

建筑数量 -08

01 Weishaupt 艺术馆 / Wolfram Wöhr
02 乌尔姆市政厅
03 Sparkassen 服务中心 / Stephan Braunfels
04 乌尔姆市立图书馆 / Gottfried Böhm
05 乌尔姆大教堂 / Konrad Heinzelmann
06 乌尔姆城市大厅 / 查理德・迈耶
07 Weinhof 犹太教堂 / Kister-scheithauer-gross-architects
08 乌尔姆造型学院 / Max Bill

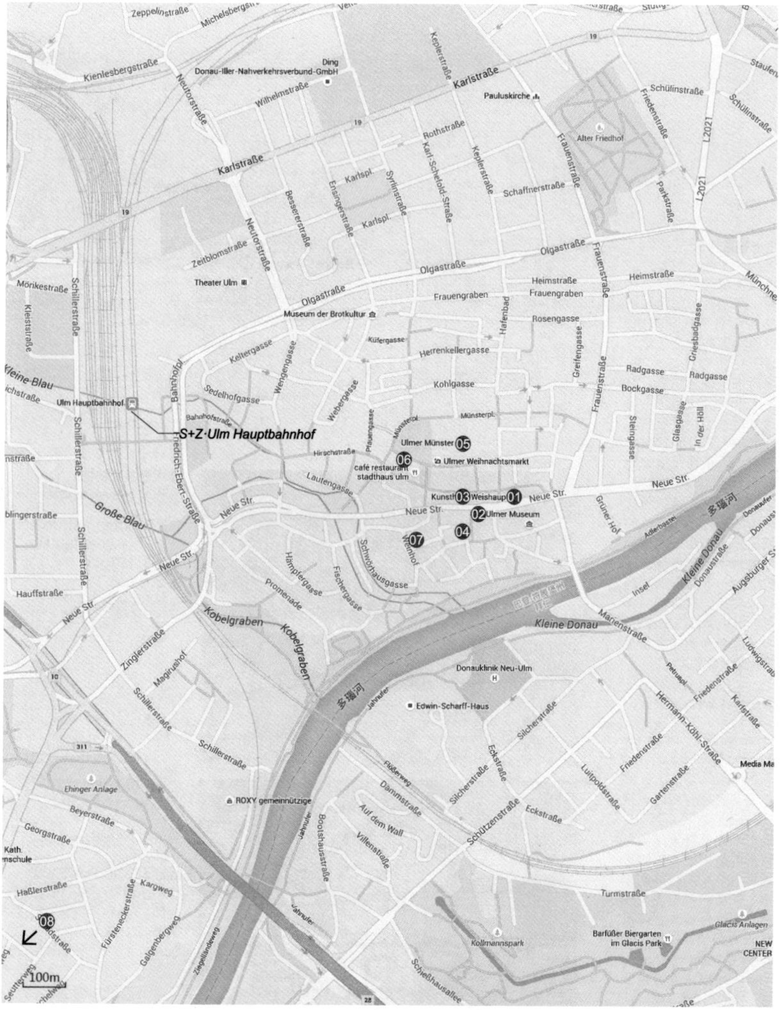

01 Weishaupt 艺术馆
Kunsthalle Weishaupt

建筑师：Wolfram Wöhr
地址：Hans-und-Sophie-Scholl-Platz 89073 Ulm
年代：2007
类型：文化建筑

02 乌尔姆市政厅
Rathaus Ulm

地址：Marktplatz 1, 89073 Ulm
年代：1357-
类型：办公建筑

03 Sparkassen 服务中心
Dienstleitungsgebäude Sparkasse

建筑师：Stephan Braunfels
地址：Hans-und-Sophie-Scholl-Platz 2 89073 Ulm
年代：2006
类型：商业建筑

04 乌尔姆市立图书馆
Stadtbibliothek Ulm

建筑师：Gottfried Böhm
地址：Vestgasse 1 89073 Ulm
年代：2004
类型：科教建筑

Weishaupt 艺术馆

尽管位于乌尔姆市中心的显要位置，建筑仍然体现了它最核心的任务：艺术馆应该“为艺术而建”，让建筑的内部空间更好地展现展品的魅力。在面向朔尔兄妹广场的一侧，建筑设置了一个高 16 米的橱窗式立面，可以像传播大型电视节目一样展示内部的艺术作品。简洁而具有力量感的长方体仿若能在半空中浮动。

乌尔姆市政厅

该建筑被誉为乌尔姆城市中最杰出建筑作品之一。目前的建筑外观呈现早期文艺复兴风格。市政厅中现存最古老的部分是位于东南侧的主楼“新商店”。1944 年，市政厅中的大部分室内空间均被烧毁，只有底层及南翼的二层完整保存到今天。

Sparkassen 服务中心

该建筑位于乌尔姆历史悠久的市政厅的斜对面，由两个细长的体块构成，它们分别在高度和划分上呼应了周围建筑的尺度。建筑师在面向朔尔兄妹广场一侧设置了一个宽敞的入口大厅。建筑的底层是以市场营销汇报和银行业务服务为主的多功能空间和零售商店。

乌尔姆市立图书馆

该建筑的形式体现了杰斐逊式的理念，把学术图书馆视为神圣的殿堂、民主和学习中心。建筑向上逐步外挑，然后倾斜 58 度成为经典的金字塔形态。位于中心的红色螺旋楼梯承担了竖向交通联系的功能。

05 乌尔姆大教堂
Ulmer Münster

建筑师：Konrad Heinzelmann
地址：Weinhof 89073 Ulm
年代：1337
类型：宗教建筑

06 乌尔姆城市大厅
Stadthaus Ulm

建筑师：理查德・迈耶
地址：Münsterplatz 50, 89073 Ulm
年代：1986-1993
类型：文化建筑

07 Weinhof 犹太教堂
Weinhof Synagoge

建筑师：kister-scheithauer-gross-architects
地址：Marktplatz 9 89073 Ulm
年代：2012
类型：宗教建筑

08 乌尔姆造型学校
Hochschule für Gestaltung

建筑师：Max Bill
地址：Am Hochsträß 8, 89081 Ulm
年代：1952
类型：科教建筑

乌尔姆大教堂

该教堂可以容纳3万名教众，是德国规模仅次于科隆大教堂的第二大哥特式教堂。它始建于1377年，最终完工于1890年。教堂西侧的主塔高161.53米，共有768级台阶，是世界上最高的教堂塔楼。

乌尔姆城市大厅

建筑位于乌尔姆市中心，用作会议大厅以及艺术展览中心，旁边是著名的乌尔姆大教堂。该建筑与教堂广场均由迈耶设计，形成了一个由若干互相联系楼层构成的大型开放空间，总面积3600平方米。开放式楼梯间在连接四个楼层的同时，提供了开阔的内部以及外部景框。

Weinhof 犹太教堂

这个新的犹太教堂没有结构性边界，从而融入现有的广场空间中。建筑师将大屠杀之夜的纪念碑置于墙上的凹槽中。主厅以雪松木作为室内装饰材料，采用顶部照明方式形成一个庇护所。会堂位于建筑的底层，可以容纳140人。二层是一个作为庆典和聚会用的多功能厅，特别设有妇女专用的礼拜区域。该建筑内完全隔绝了外部广场上的喧闹，从而使得会堂的顶部成为一个神圣的空间。

乌尔姆造型学校

乌尔姆造型学校由英格・艾舍・绍尔、奥托・艾舍和马克斯・比尔于1953年创立，是战后德国最重要的设计学院。1968年解散。建筑依坡地而建，由五个部分组成，没有确定主立面，局部也没有等级秩序。它的立面以一个3米×6米的空间网格为基础，产生了高度功能性和灵活性。投在内墙上的变幻光影极大地提升了建筑空间的活力。

德累斯顿工业大学图书馆 /Ortner & Ortner

47・康斯坦茨

建筑数量 -01

01 赖谢瑙的圣玛利亚和马尔库斯大教堂

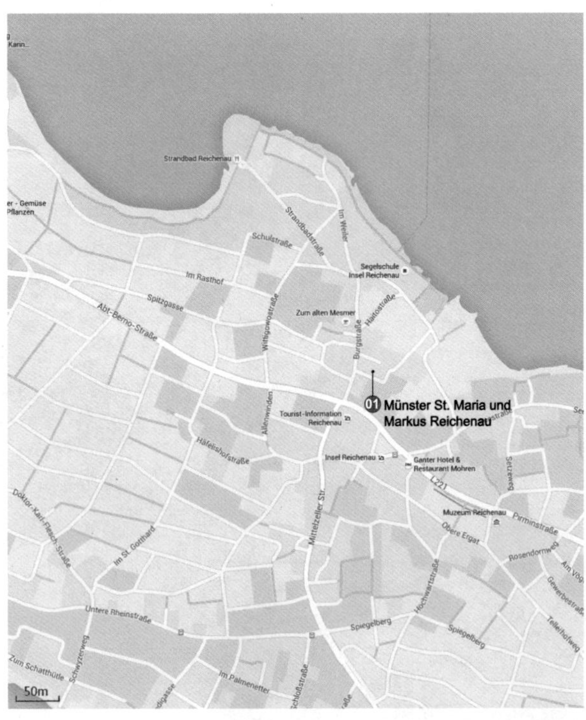

01 赖谢瑙的圣玛利亚和马尔库斯大教堂
Münster St. Maria und Markus Reichenau

地址：Münsterplatz 4, 78479 Reichenau
年代：1803
类型：宗教建筑

赖谢瑙的圣玛利亚和马尔库斯大教堂

赖谢瑙岛上三座罗马风格的教堂见证了本笃会修道院对这一地区的深刻影响。自 724 年创立以来，这里很快发展成为南德最重要的修道院群落。修道院本身在 1803 年遭到废止，但如今人们仍能从建筑群中，体会到修道院精神在赖兴瑙的流传。三廊式的圣玛利亚和马尔库斯大教堂是曾经的修道院专用教堂，也是三个教堂中最大的一个，如今被用作天主教教区礼拜堂。教堂内部值得一看的内容包括哥特及巴洛克风格的雕像、墓碑、壁画及油画。

新乌尔姆的圣约翰教堂／Dominikus Böhm

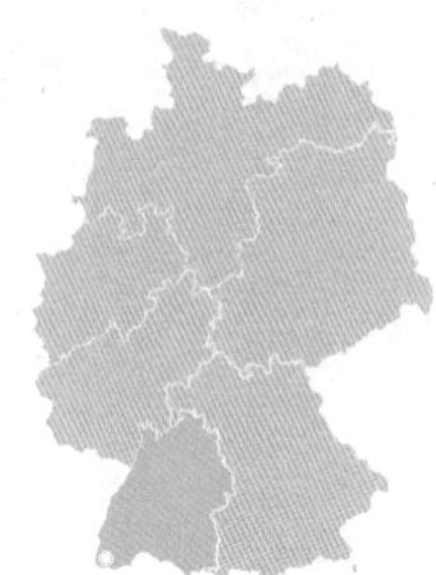

48・莱茵河畔魏尔

建筑数量 -08

01 维特拉穹顶 / buckminster fuller+Thomas Howard
02 维特拉设计博物馆 / 弗兰克・盖里
03 维特拉会议中心 / 安藤忠雄
04 维特拉生产车间（西扎）/ 阿尔瓦罗・西扎
05 维特拉消防站 / 扎哈・哈迪德
06 维特拉公共汽车站 / Jasper Morisson
07 维特拉之家 / Herzog & de Meuron
08 维特拉生产车间（SANNA）/ SANNA

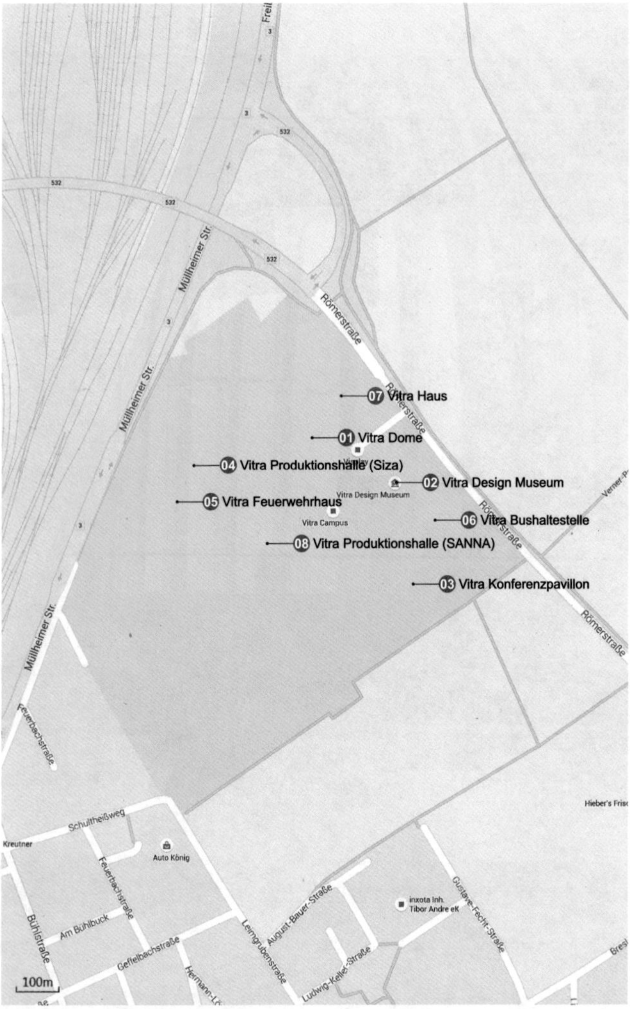
532
Müllheimer Str.
Römerstraße
07 Vitra Haus
01 Vitra Dome
04 Vitra Produktionshalle (Siza)
02 Vitra Design Museum
Vitra Design Museum
05 Vitra Feuerwehrhaus
Vitra Campus
06 Vitra Bushaltestelle
08 Vitra Produktionshalle (SANNA)
03 Vitra Konferenzpavillon
Feuerbachstraße
Schultheißweg
Kreutner
Auto König
Am Bühlbuck
Bühlstraße
Geffelbachstraße
Leimgrubenstraße
August-Bauer-Straße
inxota Inh.
Tibor Andre eK
Gustave-Fecht-Straße
Ludwig-Keller-Straße
100m

01 **维特拉穹顶**
Vitra Dome

建筑师：buckminster fuller+Thomas Howard
地址：Charles-Eames-Straße 79576 Weil am Rhein
年代：1978
类型：文化建筑

维特拉穹顶

构成框架的铝管通过一个插入系统互相连接，这使得建造和拆除都非常容易。维特拉穹顶于1975年在Charter工业公司落成，起初被用作底特律的汽车展厅。2000年Rolf Fehlbaum在拍卖会上买下这个建筑，运到魏尔后将其重新搭建起来。目前该建筑被作为一个活动和展览的场所。

02 **维特拉设计博物馆**
Vitra Design Museum

建筑师：弗兰克·盖里
地址：Charles-Eames-Straße 2, 79576 Weil am Rhein
年代：1989
类型：文化建筑

维特拉设计博物馆

这座解构主义的雕塑感极强，建筑与盖里惯常设计之间的区别仅仅在材料方面，这次只采用了白色石膏与钛锌合金。博物馆的建筑共两层，面积约为743.2平方米，是世界上最大的家具收藏馆，风格也最多样，从19世纪一直到现代的家具都包括在其中。建筑由塔楼、斜坡道与立方体构成，融合了多种功能。

03 **维特拉会议中心**
Vitra Konferenzpavillon

建筑师：安藤忠雄
地址：Charles-Eames-Straße 79576 Weil am Rhein
年代：1993
类型：文化建筑

维特拉会议中心

该建筑是安藤忠雄在日本之外设计的第一个建筑。冷静而内敛的结构中安排了一系列会议室。建筑的空间衔接方式充满高度秩序感，很大一部分体量是掩埋在地下。在通向这个建筑的步径中，让人不禁联想到日本禅院花园中的冥想路径。由于樱花树在日本深具传统意义，安藤尽可能保留了场地原有的樱花树。

04 **维特拉生产车间（西扎）**
Vitra Produktionshalle(Siza)

建筑师：阿尔瓦罗·西扎
地址：Charles-Eames-Straße 79576 Weil am Rhein
年代：1993
类型：工业建筑

维特拉生产车间（西扎）

这个庞大而简洁的砖建筑让人想到19世纪那种无名厂房。该建筑最引人注目的特点是弯曲的桥型屋顶，其与附近其他建筑连接在一起。这个构件的位置相当高，因此不会遮挡消防站方向的视野。在下雨的时候该构件会自动放下，以保护驶向格雷姆肖设计的生产车间的货运车辆。

⑮ 维特拉消防站
Vitra Feuerwehrhaus

建筑师：扎哈·哈迪德
地址：Charles-Eames-Straße 79576 Weil am Rhein
年代：1994
类型：市政物流及工业建筑

⑯ 维特拉公共汽车站
Vitra Bushaltestelle

建筑师：Jasper Morisson
地址：Charles-Eames-Straße 79576 Weil am Rhein
年代：2006
类型：交通建筑

⑰ 维特拉之家
Vitra Haus

建筑师：Herzog & de Meuron
地址：Ray-Eames-Str. 1 D-79576 Weil am Rhein
年代：2010
类型：文化建筑

⑱ 维特拉生产车间(SANNA)
Vitra Produktionshalle (SANAA)

建筑师：SANNA
地址：Charles-Eames-Straße 79576 Weil am Rhein
年代：2013
类型：工业建筑

维特拉消防站

该建筑目前为设计博物馆的活动和展览场地。这个充满雕塑感的建筑由混凝土现场浇注，像一次爆炸被突然凝固起来，与周围方正的生产车间形成了强烈的对比。这个到处充斥着锐角、没有一丝色彩的建筑为游客提供了极不寻常的空间体验。

维特拉公共汽车站

这个汽车站由光面钢材建造而成，候车的人们可以坐在由查尔斯·伊姆斯和蕾·伊姆斯设计的铁线椅上。

维特拉之家

建筑师在设计中借鉴了住宅的原型：该建筑由12个安排家具展示的坡屋顶“住宅”构成，这些“住宅”被加长，相互堆叠，构成了一个几乎显得混乱的“住宅堆”。“住宅”的山墙面均为大面积玻璃墙面。该建筑的尺寸为57米×54米×21.3米，体量远超该园中的其他建筑，在这里人们不仅可以一览维特拉的家具藏品，同时也能饱览远近的美景。

维特拉生产车间（SANNA）

该建筑是维特拉建筑园中最新的作品，是Sanaa设计的第一个工业建筑。该生产车间是为“维特拉商店”而设，主要用于储藏及安装。由于该建筑体量巨大，同时毗邻居住区，因此建筑师把平面设计为一个略微变形的圆形（直径160米）。这个形式不仅具有功能上的灵活性，同时还创造了一个更令人愉悦的视觉印象。该建筑高11米，屋顶由以网格状排列的钢柱群支撑。

49 · 弗赖堡

建筑数量 -02

01 弗赖堡大教堂
02 弗赖堡老货栈

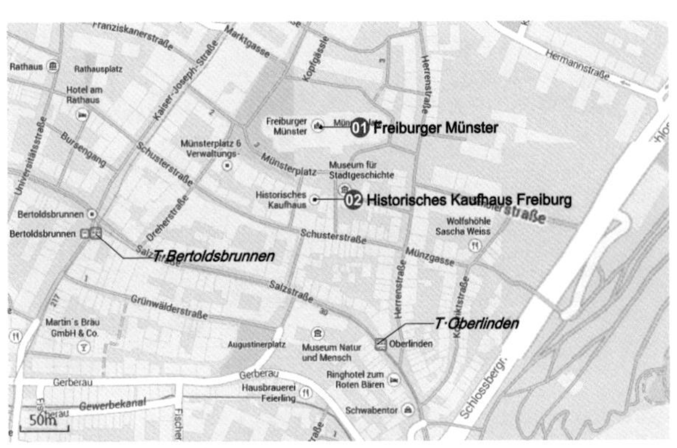

弗赖堡大教堂

被世界各地的艺术史学家称为哥特式建筑艺术的杰作和意义非凡的文化纪念碑。该教堂在“二战”中幸免于难，甚至玻璃窗也完整保留了下来。116 米高的砂岩塔楼做工精湛，设计迷人，从很远的地方就可以看见，有着“基督教界最美的塔楼”的称号。教堂内部收藏有大量：包括祭坛、彩绘玻璃和雕塑等在内的中世纪艺术品，展现了教堂保护神圣母玛利亚、这座城市的守护圣人 Georg、Lambert 和 Alexander 等众多的形象。

弗赖堡老货栈

弗赖堡最早的公共货栈建于 14 世纪，用途是货物转运和海关清关。具有今天形式的货栈建筑建于 16 世纪，当时对最早的货栈建筑的背面进行了改造，使其面向大教堂广场。历史上，该建筑经历多次改建。在一层设有一个大厅，通过哥特后期风格的窗户向广场开敞，该部分的两侧各有一个纤细的多边形凸角空间。建筑外部最引人注目的是朝向广场的骑楼式廊道。建筑的立面以哈布斯堡王朝的雕塑和徽章作为装饰。目前该建筑主要作为会议活动场所。

01 弗赖堡大教堂
Freiburger Münster

地址：Münsterplatz, 79098 Freiburg
年代：1200-1513
类型：宗教建筑

02 弗赖堡老货栈
Historisches Kaufhaus Freiburg

地址：Münsterplatz 24, 79098 Freiburg
年代：1378-
类型：市政建筑

东南区域 Südöstlicher Teil

- 50 维尔茨堡 / Würzburg
- 51 班贝格 / Bamberg
- 52 拜罗伊特 / Bayreuth
- 53 纽伦堡 / Nürnberg
- 54 雷根斯堡 / Regensburg
- 55 慕尼黑 / München

50・维尔茨堡

建筑数量 -01

01 维尔茨堡宫 / Balthasar Neumann

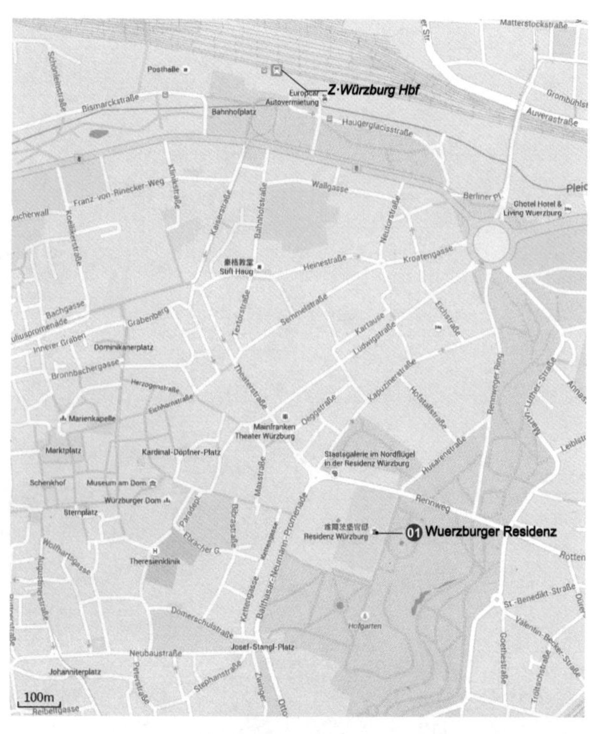

01 维尔茨堡宫（世界文化遗产）

Wuerzburger Residenz

建筑师：Balthasar Neumann
地址：Residenzplatz 2, 97070 Würzburg
年代：1719
类型：文化建筑

维尔茨堡宫

该建筑是南德地区巴洛克晚期最杰出的代表之一。该宫殿以凡尔赛宫为蓝本，建筑的主体和两翼围成一个庭院，共同面对这开阔的广场。宫殿背面是一个大花园，由喷泉、瀑布、台阶、植物、林荫小道等组成各种景致。每年夏天会在此举办莫扎特音乐节。该宫殿由来自德国、法国以及意大利的建筑师和艺术家共同完成。宫殿内设皇帝厅、楼梯厅、庭园厅、白厅等。室内装饰堪称是洛可可室内艺术的极致。另外它也属于德国同类风格中最“意大利化”的作品之一。

51 · 班贝格

建筑数量 -01

01 班贝格老城

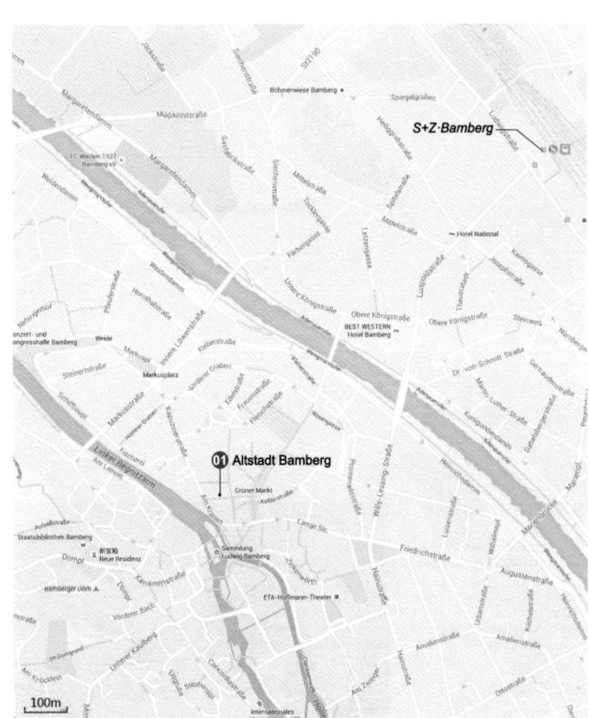

班贝格老城

与罗马一样，历史悠久的帝王和主教城市班贝格也是建在七座丘陵之上。帝国大教堂高高地矗立在老城中，老城本身就是一座被列为文物保护对象的整体艺术作品，风格介乎于中世纪和市民巴洛克之间。保存完整的老城总共包括三个古老的城市中心，分别为山城、岛城和园丁城。老城引人入胜的亮点还有雷格尼茨河环绕的市政厅、玫瑰花园（从花园中可以看到老城并且远眺到圣米歇尔修道院）、旧运河沿岸的制革工房屋、磨坊区以及渔民住宅区“小威尼斯”。

01 班贝格老城（世界文化遗产）
Altstadt Bamberg

地址：Maxplatz 3, 96047 Bamberg
年代：900
类型：古城保护

52 · 拜罗伊特

建筑数量 -01

01 侯爵歌剧院 / Joseph Saint-Pierre

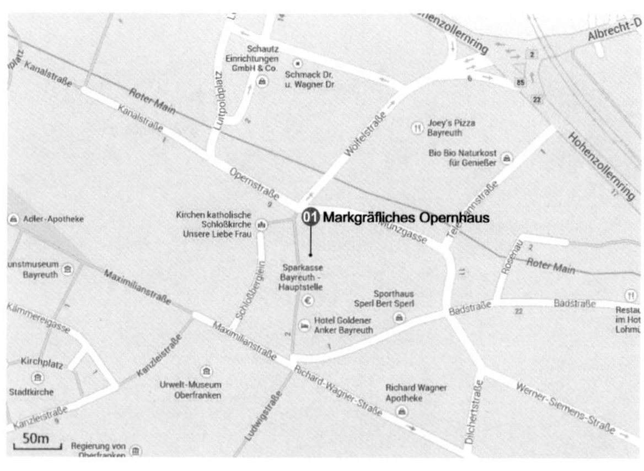

① 侯爵歌剧院（世界文化遗产）
Markgräfliches Opernhaus

建筑师：Joseph Saint-Pierre
地址：Opernstraße 14. 95444 Bayreuth
年代：1744-
类型：观演建筑

侯爵歌剧院

该建筑是一座晚期巴洛克风格的歌剧院，它是欧洲同一时期少数幸存的剧院之一。这座歌剧院曾深受理查德·瓦格纳的赞赏，并将其选为自己作品的表演场地，直到他后来建造了拜罗伊特节日剧院为止。在它落成的时代，只有维也纳、德累斯顿、巴黎或者威尼斯的建筑可以在规模和精致程度上与之相媲美。该歌剧院由木材建造，拥有三层环绕式包厢。

53 · 纽伦堡

建筑数量 -02

01 纽伦堡圣克拉拉教堂 / Brückner & Brückner
02 纽伦堡新博物馆 / Volker Staab Architekten

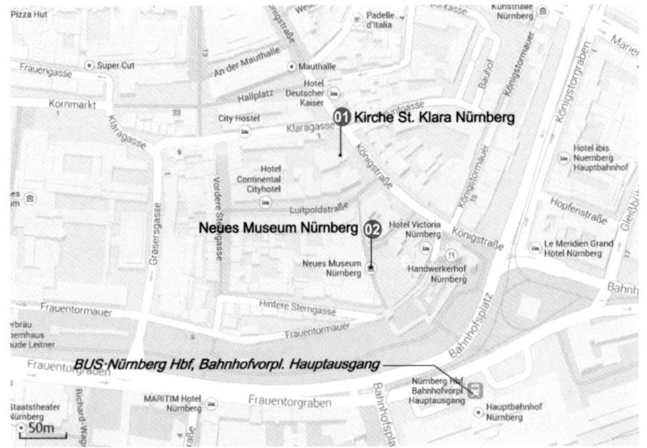

纽伦堡圣克拉拉教堂

纽伦堡的罗马风 – 哥特风格的圣克拉拉教堂于 1274 年落成。历史上它曾被作为多种不同用途：修道院教堂、新教教堂至改为世俗建筑。在战争中，该建筑受到了严重破坏，只有外墙和东唱诗坛得以原状保留。新的城市教堂包括三个区域：教堂、礼拜堂以及一个祷告室。此外礼拜堂还是教堂的入口门厅、前厅以及祷告室的等候空间。该建筑所有表面的颜色——抹灰、屋架、构件以及家具，都属于明亮的灰色系。铺地、讲坛和侧祭坛均采用了 Krensheim 的花岗岩。

纽伦堡新博物馆

该博物馆位于纽伦堡老城边缘，处于一小块脱离周围环境的单元的背面庭院中。设计的入手点在于处理适应历史老城结构和展现个性之间的矛盾，“以公共的方式展现”街区内部，并向城市展示博物馆的内容。博物馆的不同部分以一种建筑剖面和空间结构互相拼贴的方式进行组织，并通过这个剖切结构使这些拼贴展现在参观者眼前。

01 纽伦堡圣克拉拉教堂
Kirche St. Klara Nürnberg

建筑师：Brückner & Brückner
地址：Königstraße 64 90402 Nürnberg
年代：2007
类型：宗教建筑

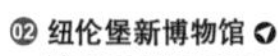

02 纽伦堡新博物馆
Neues Museum Nürnberg

建筑师：Volker Staab Architekten
地址：Luitpoldstraße 5, 90402 Nürnberg
年代：1999
类型：文化建筑

54 · 雷根斯堡

建筑数量 -02

01 雷根斯堡石桥
02 雷根斯堡大教堂

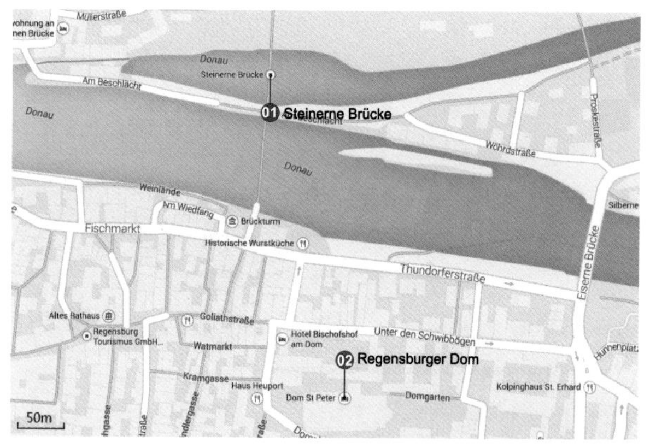

01 雷根斯堡石桥（世界文化遗产）
Steinerne Brücke

地址：93047 Regensburg
年代：1138-
类型：交通建筑

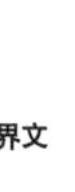

02 雷根斯堡大教堂（世界文化遗产）
Regensburger Dom

地址：Domplatz 3. 93047 Regensburg
年代：1273-
类型：宗教建筑

雷根斯堡石桥

该桥的设计灵感很可能是来自多瑙河下游罗马帝国的图拉真桥。在过去的 800 多年，这是雷根斯堡多瑙河上唯一的桥梁。桥的中间有一尊名为 Bruckmandl 的雕像，刻画了一个年轻的男人望着老城，象征雷根斯堡自由市从主教统治下获得独立。根据传说，雕像描绘的是大桥的主要建设者。

雷根斯堡大教堂

该教堂是德国南部哥特式建筑的主要代表。曾经两次被大火烧毁，于 1273 年重建。教堂的中殿高 32 米，塔楼高 105 米。教堂区域的历史地形条件、拱廊的建造历史、内部结构和装饰等展示了一个少有的双回廊式复杂结构。保存至今的罗马风建筑部分是位于教堂北侧的 Esels 塔，该塔从古到今一直都用作把建筑材料运送到较高楼层的途径。该教堂内拥有德语语系区中保存最完好、最丰富的中世纪彩绘玻璃。

慕尼黑五个庭院 /Herzog & de Meuron

55・慕尼黑

建筑数量 -53

01 西门子论坛 / 查理德・迈耶
02 现代绘画陈列馆 / Stephan Braunfels
03 新绘画陈列馆 / Alexander Freiherr Von Branca
04 老绘画陈列馆重建 / Leo Von Klenze, Hans Döllgast
05 布兰德霍斯特博物馆 / Sauerbruch Hutton
06 埃及博物馆 / Peter Böhm
07 古代雕塑展览馆 / Leo Von Klenze
08 柱廊城门 / Leo Von Klenze
09 Lenbach 之家博物馆扩建 / Foster-Partners
10 Nymphe 办公中心 / Walter+Bea Betz
11 艺术之家 / Paul Ludwig Troost,A.Speer
12 统帅堂 / Friedrich Von Gärtner
13 球体 / Olafur Eliasson
14 马克斯・普朗克学会总管理大楼 / Graf-Popp-Streib Architekten
15 五个庭院 / Herzog & de Meuron
16 慕尼黑再保险公司南 1 号大楼 / Baumschlager-Eberle
17 Maximilians 论坛 / Peter Haimerl
18 Herrn 大街居住及商业建筑 / Herzog & de Meuron
19 Stachus 购物中心改造 / Allmann Sattler Wappner
20 圣米迦勒教堂 / Friedrich Sustris und Wendel Dietrich
21 阿桑教堂 / Cosmas Damian Asam und Egid Quirin Asam
22 犹太会堂及犹太博物馆 / Wandel Hoefer Lorch
23 中央汽车站 / Auer & Weber
24 Theresienwiese 服务中心 / Volker Staab
25 公园广场住宅塔楼 / Otto Steidle
26 KPMG 螺旋楼梯 / Olafur Eliasson
27 单身宿舍 / Theodor Fischer
28 ADAC 管理总部 / Sauerbruch Hutton
29 慕尼黑视觉艺术学院 / 蓝天组
30 联合抵押银行大楼 / Walter+Bea Betz
31 圣 Capistran 教堂 / Sep Ruf
32 废弃物管理部门的东处理大厅 / Allmann + Sattler + Wappner
33 焦点大楼 Murphy & Jahn
34 Genter 大街住宅 / Otto Steidle & Parther
35 葛兹艺术收藏馆 / Herzog & de Meuron
36 Unterföhring 花园式办公村落 / MVRDV
37 瑞士再保险大楼 / Bothe Richter Teherani
38 宝马大楼及宝马博物馆 / Karl Schwanzer
39 BMW 世界 / 蓝天组
40 奥林匹克滑冰馆 / Ackermann und Partner
41 奥林匹克体育场 / Behnisch & Parther
42 奥林匹克村多媒体管线 / Hans Hollein
43 Uptown 高层塔楼 / Ingenhoven,Overdiek Architects
44 西墓地地铁站 / Auer & Weber
45 耶稣圣心教堂 / Allmann+Sattler+Wappner
46 宁芬堡宫 / Joseph Effner 等
47 慕尼黑多米尼克中心 / MeckArchitekten
48 BMW 气体动力学实验中心 / Ackermann und Partner
49 安联体育场 / Herzog & de Meuron
50 Riem 地区殡仪馆 / Meck Architekten
51 Riem 地区教堂中心 / Fdorian Nagler
52 Garching 学生宿舍 / Fink+Jocher
53 慕尼黑机场二号航站楼 / Koch und Partner

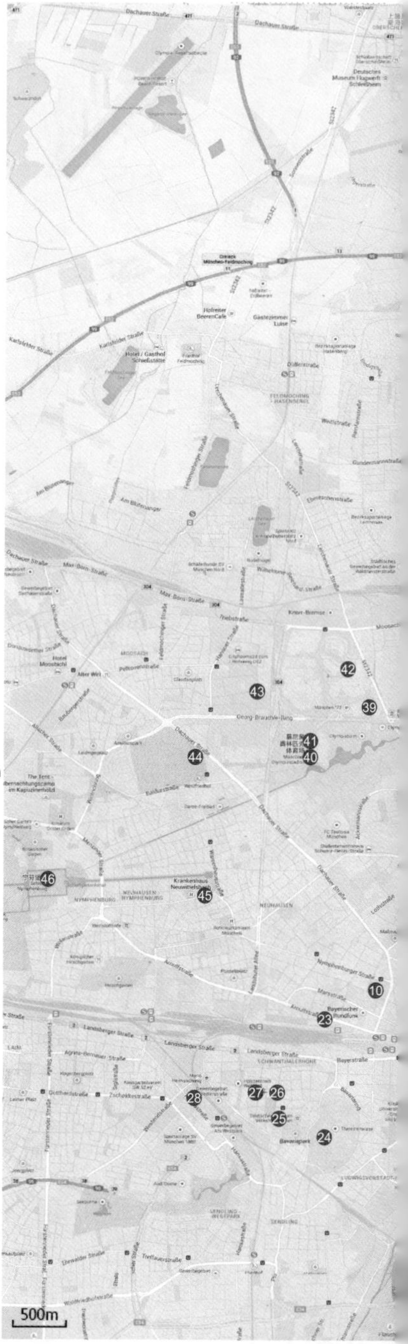

500m

52
53
49
36
37
33
34
35
16
29
30
31
32
11
17
18
15
06
51
50
8-239
42-243
Freisinger Straße
Schleißheimer Straße
Ibis München Garching
Jarana Home Pension Am Rosengarten
Hotel Arena Stadt München
Heidemannstraße
Frankfurter Ring
Föhringer Ring
Park Inn München-Ost
Sheraton München Arabellapark
Töginger Straße
Ibis Styles München Ost
Truderinger Straße
Kreillerstraße
Anzinger Straße
Bad-Schachener-Straße
Wasserburger Landstraße
Einsteinstraße
Riemer Straße
Novotel München Messe
Hotel-Gasthof
Pension Duran
Neuherbergstraße
Metzgerstraße
Ostpark
Giesing

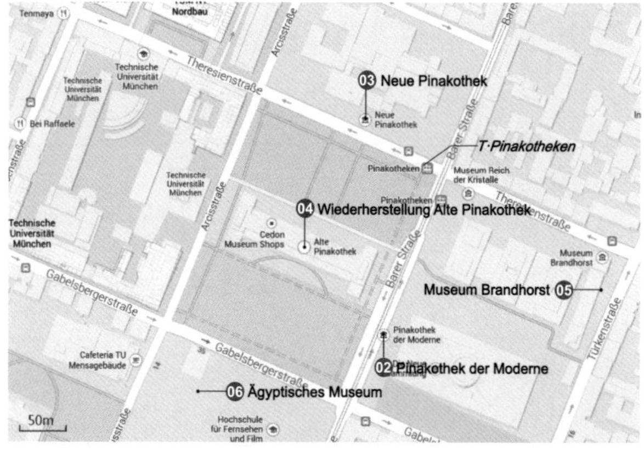

01 西门子论坛
Siemens Forum

建筑师：理查德 · 迈耶
地址：Oskar-von-Miller-Ring 20, 80333 München
年代：1999
类型：办公建筑

02 现代绘画陈列馆
Pinakothek der Moderne

建筑师：Stephan Braunfels
地址：Barer Straße 40, 80333 München
年代：2002
类型：文化建筑

西门子论坛

该建筑位于慕尼黑的内城环路上，是西门子公司的公司博物馆，常设展览、讲座与研讨会以及档案馆的所在地。该建筑的场地规划建立在两套相互叠合并且通过“扭转”以适应场地条件的正交网格上。它们借鉴了场地现有的尺度、设施以及结构关系，被用于决定新建筑的模数系统和布局方式。标准的办公空间模数是建立在7.2米×7.2米的承重网格上的狭长的长方形体块。建筑被白色铝板完全包裹。

现代绘画陈列馆

该博物馆是世界上最大的收藏20世纪和21世纪视觉艺术的博物馆之一。在同一个屋顶下有四个独立的机构展出常设及临时展览。该建筑的外部形象由一个自承重的白色清水混凝土长方体体块以及在入口区域的玻璃墙前的一组柱群构成，建筑的内部空间以一个位于中央位置的透光圆厅为中心。在巨大的玻璃穹顶下是开放的入口大厅以及通往不同展览层的圆锥形楼梯。

新绘画陈列馆

毁于“二战”中新绘画陈列馆的原建筑由路德维希一世委托建造，为了陈列他的当代绘画收藏需要重建这座博物馆，以此形成他所处时代的艺术与对面的老绘画陈列馆中经典大师作品之间相互对话的关系。“二战”后，老绘画陈列馆被修复重建，而新绘画陈列馆的遗址则被清理。该建筑的外立面有时会因为其对历史形式和风格元素的明显参考而受到批评。但由于它的室内有着丰富的空间序列，展厅光照充足，能够满足不同展览的要求，因此被公认为是德国战后的最优秀博物馆之一。

⓪③ **新绘画陈列馆**
Neue Pinakothek

建筑师：Alexander Freiherr von Branca
地址：Barer Straße 29. 80799 München
年代：1975-1981
类型：文化建筑

⓪④ **老绘画陈列馆重建**
Wiederherstellung Alte Pinakothek

建筑师：Leo von Klenze, Hans Döllgast
地址：Barer Straße 27. 80333 München
年代：1826-1836 / 1950-1957
类型：文化建筑

⓪⑤ **布兰德霍斯特博物馆**
Museum Brandhorst

建筑师：Sauerbruch Hutton
地址：Theresienstraße 35. 80333 München
年代：2009
类型：文化建筑

⓪⑥ **埃及博物馆**
Ägyptisches Museum

建筑师：Peter Böhm
地址：Gabelsbergerstr. 35 80333 München
年代：2007-2013
类型：文化建筑

老绘画陈列馆重建

建筑师利奥·冯·克伦泽通过由顶部天窗作为光线来源的宽敞大厅以及北侧的小陈列室的设计推进了博物馆建筑类型的发展。该博物馆在“二战”中受到了严重的破坏。1957 年，建筑师汉斯·多尔加斯特负责重建设计工作。重建中，缺损的立面部分并没有被重建，而是由没有抹灰的砖墙替代，使“创伤”清晰可见。这个建筑是重建建筑中一个卓越范例。

布兰德霍斯特博物馆

该博物馆是一幢两层高的狭长建筑，平面由一个长方形与一个北侧变宽的梯形共同构成。这两个部分的外轮廓线由一条延续的玻璃带相互联系。在主要入口处，这条玻璃带扩展形成了一个较大的玻璃面。在这里，一个与建筑等高的转角窗截断了向西北方向延伸的结构，使容纳博物馆的票务、书店以及餐厅空间的开敞前厅三面获得自然采光，让内部能够同时享受着不同的景观。建筑的立面由打孔金属板覆盖，外侧另有一层由带彩釉陶棍构成的表皮，看起来极像一幅抽象画，吸引着行人的目光。

埃及博物馆

埃及博物馆坐落在慕尼黑电视电影大学与老绘画陈列馆的大草坪之间，该建筑就像一个地下的考古现场。该建筑的空间序列充满纪念感，参观者要首先经过一个由阶梯状坡道构成的缓缓倾斜的平台，接着穿越一个雄伟的入口大门和光线充足的大厅，才正式进入博物馆。参观者进入得越深，房间就越小越狭窄——就像在埃及神庙的空间中一样。该建筑的主要材料为清水混凝土、钢、石材以及玻璃。

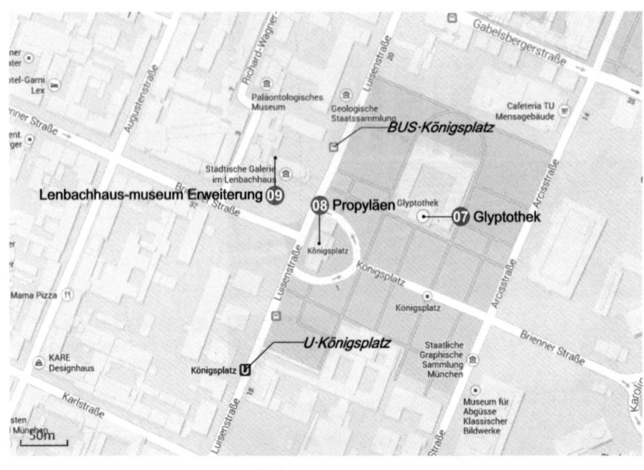

07 古代雕塑展览馆
Glyptothek

建筑师：Leo von Klenze
地址：Königsplatz 3 80333 München
年代：1816-1834
类型：文化建筑

08 柱廊城门
Propyläen

建筑师：Leo von Klenze
地址：Königsplatz München
年代：1816–1860
类型：文化建筑

09 Lenbach 之家博物馆扩建
Lenbachhaus-museum Erweiterung

建筑师：Foster-Partner
地址：Luisenstraße 33. 80333 München
年代：2013
类型：文化建筑

古代雕塑展览馆

在路德维希一世的委托下，建筑师利奥 · 冯 · 克伦泽设计完成了这个位于国王广场北侧的建筑，用于存放其收集的希腊罗马雕塑。展馆的大厅部分位于艾奥尼风格的新古典主义神庙式立面背后。在遭受“二战”破坏以前，大厅以丰富多彩的壁画及豪华的装饰而著称。1972 修复以后，人们只能看到经过浅白色抹灰加工形成的墙体结构。

柱廊城门

作为慕尼黑最后一个纯粹的新古典主义建筑，该建筑的原型来自雅典卫城的柱廊城门。它由大型方石无缝砌筑而成。城门的左右两侧各有三根立于突起平台之上的多立克柱子，它们共同支撑着饰有人物浮雕的三角形山墙。

Lenbach 之家博物馆扩建

这个由金色的管状维护结构所覆盖的新展览馆翼楼为三层，从拥有 120 年历史的 Lenbach 之家的南侧立面向外延伸。Lenbach 之家曾经是 19 世纪画家 Franz von Lenbach 的住宅和工作室。1920 年被改建为一个博物馆，之后一直不断被加建。扩建部分的各个立面由一列列铜铝合金管所包裹，设计的概念是呼应原有建筑的黄褐色墙面。新老建筑在两者的交接处共同形成了一个新的带入口的广场空间。位于扩建部分上部的两层画廊被用于展出包括康定斯基及弗兰茨 · 马尔克等人的“蓝色骑士系列”的表现主义绘画。

Note Zone

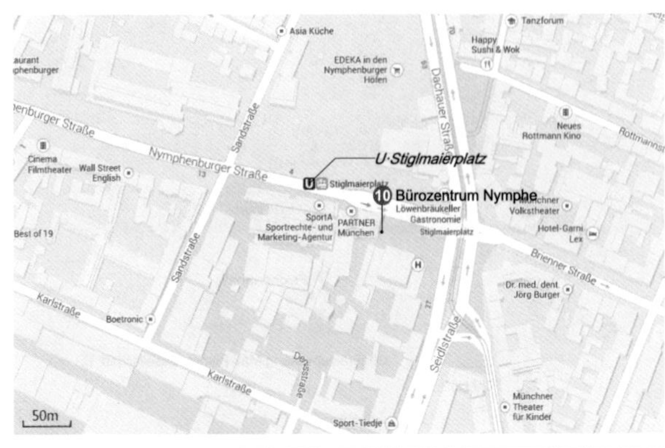

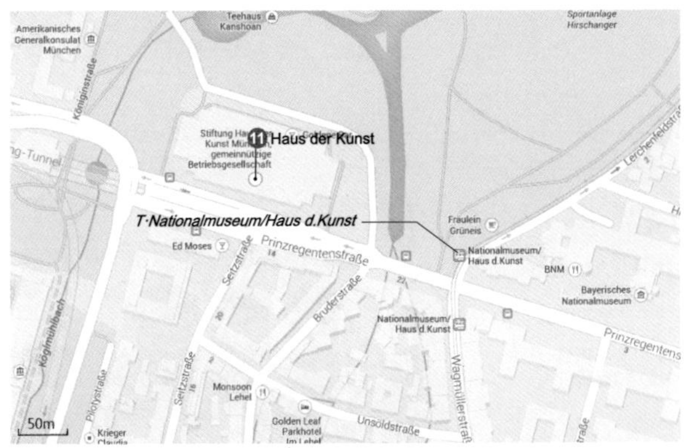

Nymphe 办公中心

该办公中心由五个建筑部分构成，其中有一些是互相连接的。位于Nymphenburger大街上的第一个建筑是一幢十层的高层建筑，人们通过一条开放的通道进入一个安静且带绿化的内院。其余建筑呈组群状围绕在庭院中心的一个亭子边上。Betz事务所的设计几乎不受潮流影响，他们的设计不断地强调建筑在感觉上让使用者获得的空间气氛品质感受的价值。

艺术之家

该展览馆是第三帝国的第一个纪念性建筑，由希特勒亲自奠基，落成时被称为德国艺术之家。双对称的两层博物馆建筑呈简化的新古典主义风格，长175米，中部宽75米，东西方向通过退台方式逐渐变窄。两个长向的前侧均设有由巨大、无凹槽且与建筑等高的柱子所支撑的21轴门廊。中部两层通高的大厅以及上层的展览厅通过顶部天窗照明。该建筑为钢筋混凝土框架结构，使用多瑙石灰石材饰面。

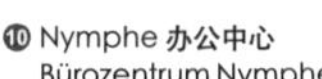

⑩ Nymphe 办公中心
Bürozentrum Nymphe

建筑师：Walter+Bea Betz
地址：Nymphenburger Str. 3, 80335 München
年代：2002
类型：办公建筑

⑪ 艺术之家
Haus der Kunst

建筑师：Paul Ludwig Troost, A.Speer
地址：Prinzregentenstraße 1, 80538 München
年代：1933-1937
类型：文化建筑

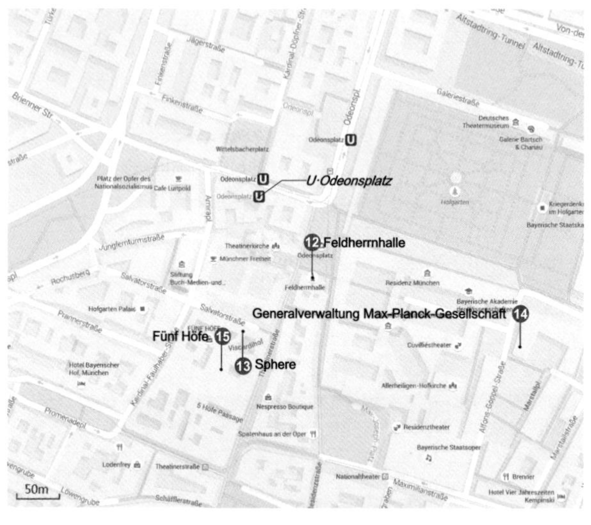

⑫ 统帅堂
Feldherrnhalle

建筑师：Friedrich von Gärtner
地址：Odeonsplatz München
年代：1841-1844
类型：文化建筑

⑬ 球体
Sphere

建筑师：Olafur Eliasson
地址：Theatinerstr.15, 80333 München
年代：2003
类型：文化建筑

⑭ 马克斯·普朗克学会总管理大楼
Generalverwaltung Max-Planck-Gesellschaft

建筑师：Graf-Popp-Streib Architekten
地址：Hofgartenstraße 8 80539 München
年代：1995-1997
类型：办公建筑

统帅堂

该建筑是以佛罗伦萨的佣兵凉廊为原型建造的。在巴伐利亚国王路德维希一世委托下，他希望以此为巴伐利亚军队以及他们英勇善战的统帅们树立一个纪念碑。这个由Kelheimer石灰石建造的建筑标志了Ludwigstrasse大街南侧的开端，以此解决原来多条城市轴线造成的混乱。由融化的炮弹铸成的Graf Tilly与Fürst Wrede的青铜立像，象征着巴伐利亚军事历史的荣辱。

球体

该雕塑是一个从庭院的中心悬挂下来的巨大螺旋球体。它由14厘米宽的铿亮的不锈钢带密集组成的网络构成，呈现螺旋状重叠的形态。该球体的两极是空的，直接站在它的下面时可以看到头顶上的天空。随着天气以及早晚时间的变化，不锈钢带的光滑表面由于反射作用也会产生微妙的色彩变化。

马克斯·普朗克学会总管理大楼

该建筑由王宫花园、州总理办公厅、皇家骑术学校组成，是这个显赫街区中最重要的城市设计元素。新研发的双层表皮如薄膜般包裹着建筑。建筑的主要概念来自所处的场所：两个U-型的建筑体块在遵循了历史上的建筑线的同时，又塑造了新的城市空间。室内空间反映了这两个体块之间的关系：体块错开产生的三角形空间形成了通高的采光中庭。

⑮ **五个庭院**
Fünf Höfe

建筑师：Herzog & de Meuron
地址：Theatinerstr. 14. 80333 München
年代：2005
类型：商业建筑

五个庭院

这块基地曾经是银行聚集区。1998年，联合抵押银行决定把它的办公室搬到别处，并且把现存的建筑转化为一个集购物、餐饮、画廊、办公、居住以及公共艺术于一身的现代化综合体。该建筑通过独特的通道与内院所构成的空间网络，为人们漫步提供了绝佳的体验。如字面所说，"五个庭院"由五个互相联系又独具特色的庭院构成。例如在一个庭院中，巨大的超过10m长的常春藤从天花板悬挂下来。另一个庭院则是一个"封闭式花园"。

慕尼黑“英国花园”中国塔／Johann Baptist Lechner

Note Zone

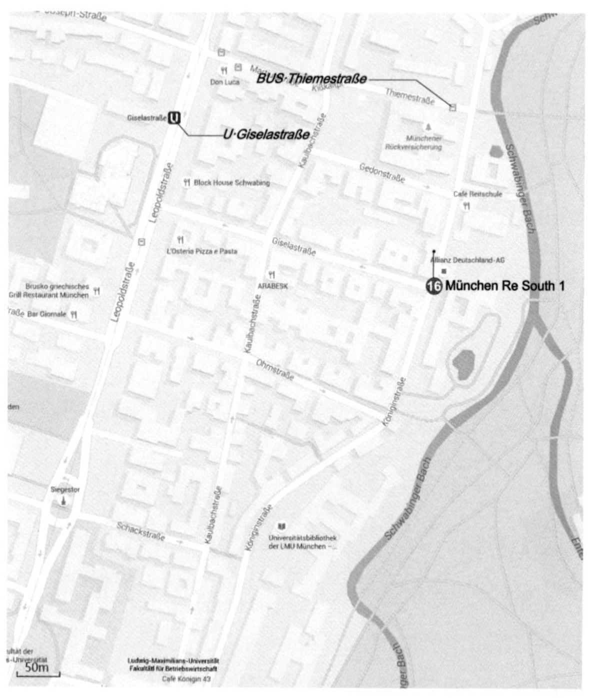

⑯ **慕尼黑再保险公司南1号大楼**
München Re South 1

建筑师：Baumschlager-eberle
地址：Gedonstr 10, 80802 München
年代：1998-2002
类型：办公建筑

慕尼黑再保险公司南1号大楼

这个位于市中心曾经拥有城堡般的立面和狐穴般空间的建筑，被改造成为一个融入周围老街区的现代办公建筑。紧邻慕尼黑再保险公司总部、距离英国花园仅一步之遥的街区。在精致的双层立面后面，隐藏着现代化的办公室以及新的轻盈而宽敞的空间，促进了视线的延伸，并与周围环境联系起来。

Note Zone

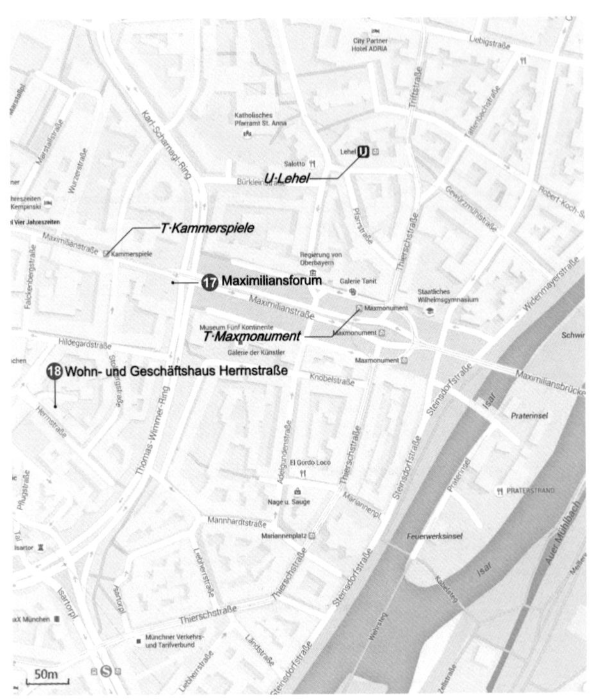

Maximilians 论坛

该项目是一条未建造的通道规划中得以实施的部分。通过活化公共空间创造了一个艺术场所。三扇可移动玻璃门／墙创造了不同的空间可能性：一个大而封闭的房间，两个对着的侧边空间以及一个开放可达的空间。这使得空间能够满足不同使用者的需求：艺术展览、永久装置以及聚会。

Herrn 大街居住及商业建筑

该建筑体现了一种开放与封闭之间的强烈互动。与室内空间等高的玻璃面中，每两扇就有一扇是推拉门。煤灰色的镀锌窗框为内部空间提供了最大的灵活性，同时它与波浪形的遮阳装置一起让建筑的外表随着天气的变化而变化。屋顶层上设有一个带宽敞橡木窗台的木阁楼空间。地下停车场则可通过一个汽车电梯到达。

⑰ Maximilians 论坛
Maximiliansforum

建筑师：Peter Haimerl
地址：Maximilianstraße 80539 München
年代：2002
类型：文化建筑

⑱ Herrn 大街居住及商业建筑
Wohn- und Geschäftshaus Herrnstraße

建筑师：Herzog & de Meuron
地址：Herrenstraße 44. 80539, München
年代：2000
类型：办公建筑

Note Zone

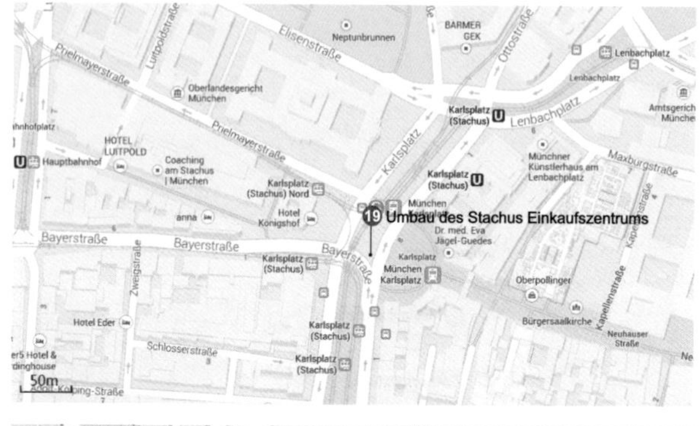

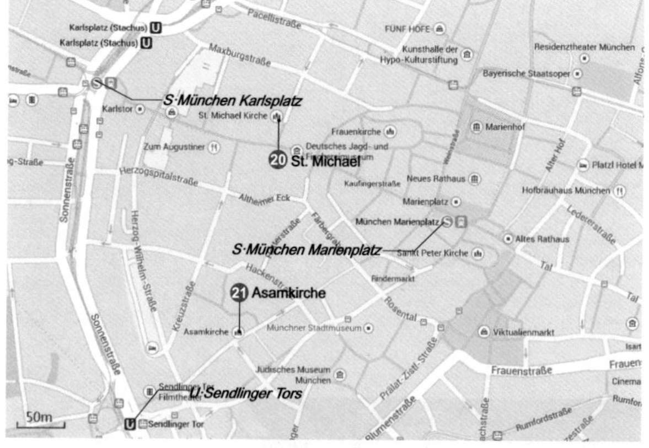

⑲ **Stachus 购物中心改造**
Umbau des Stachus Einkaufszentrums

建筑师：Allmann Sattler Wappner
地址：Karlsplatz, 80335 München
年代：2011
类型：商业建筑

⑳ **圣米迦勒教堂**
St. Michael

建筑师：Friedrich Sustris und Wendel Dietrich
地址：Neuhauser Straße 52, 80331 Munich
年代：1583-1597
类型：宗教建筑

Stachus 购物中心改造

Stachus 是慕尼黑充满历史传统的广场，同时也是公共交通的重要节点。在改造项目中，除了整个广场重新设计外，地下层被重新设计为购物中心，也是地铁、近郊轨道交通的入口。这个地下层中，每天的人流量高达 16 万人次。经过照明概念以及道路导向设计改造后，这里被重塑为一个友好而现代的购物中心。吊顶作为人工照明的来源在设计构思中十分重要，金属吊顶上不同的圆形元素充满生趣的排布联系了不同的空间。

圣米迦勒教堂

该教堂是阿尔卑斯山以北最大的文艺复兴式教堂。这座建筑的风格对德国南部的早期巴洛克建筑产生了巨大影响。该教堂的立面结构方式以及位于街道中的形象更类似于一个中世纪市政厅。然而它的立面却是以神学题材为主题。山墙的顶部为救世主基督，位于他正下方的底层壁龛中，天使长米迦勒正持骑兵枪与龙形魔鬼进行战斗。在基督与米迦勒之间的则是威廉五世认同的那些维护巴伐利亚州基督教信仰的多位统治者。

㉑ 阿桑教堂
Asamkirche

建筑师：Cosmas Damian Asam und Egid Quirin Asam
地址：Sendlinger Straße 32, 80331 Munich
年代：1733-1746
类型：宗教建筑

该教堂的正式名称是St.-Johann-Nepomuk教堂，在18世纪由艺术家阿桑兄弟建造，它是南德晚期巴洛克建筑最辉煌的成就之一。该教堂的巴洛克立面嵌在Sendlinger大街的沿街建筑面中，仅仅略向外凸出。虽然基地只有22米×8米，极为狭小，但是这两位艺术家还是成功使建筑、绘画、雕塑和谐地融合在这个只有两层高的室内空间中，尤其成功的是唱诗坛区域的间接照明处理：掩藏在墙顶线脚后的窗扇从背后照亮了三位一体圣像，墙顶线脚的走向也因此呈现出上下起伏的曲线变化特点。

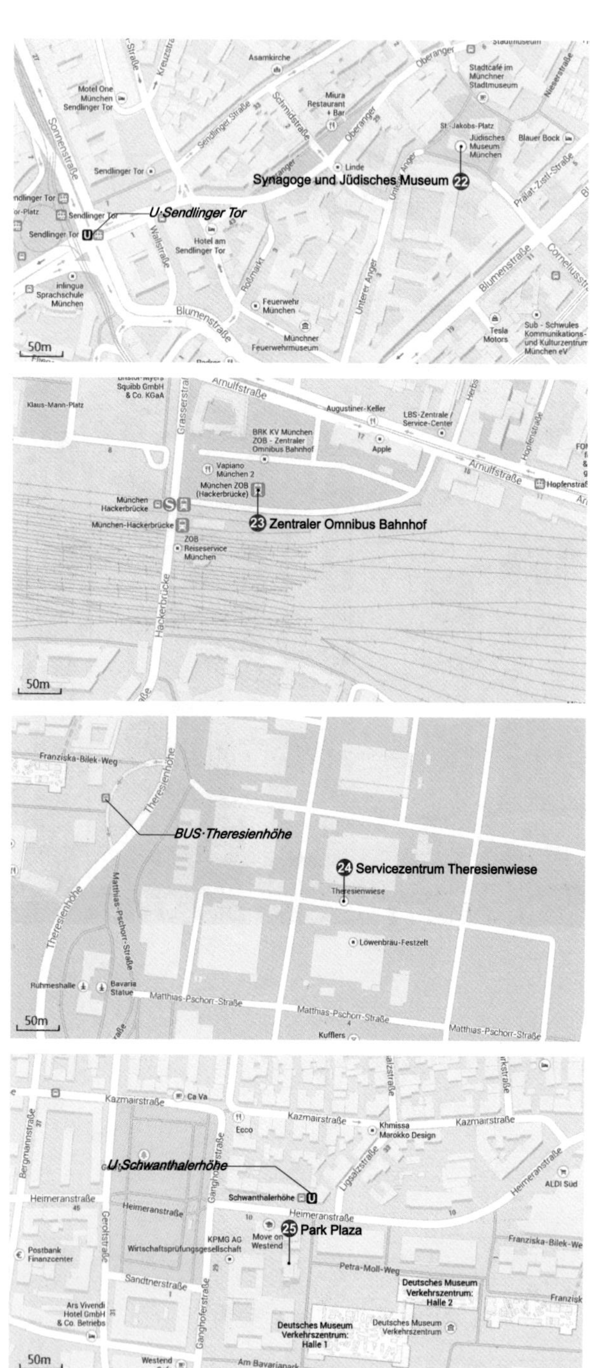
Synagoge und Jüdisches Museum 22
U-Sendlinger Tor
Asamkirche
Motel One München Sendlinger Tor
Miura Restaurant + Bar
Stadtcafé im Münchner Stadtmuseum
St.-Jakobs-Platz
Jüdisches Museum München
Blauer Bock
Sendlinger Tor
Linde
Hotel am Sendlinger Tor
inlingua Sprachschule München
Feuerwehr München
Münchner Feuerwehrmuseum
Tesla Motors
Sub - Schwules Kommunikations- und Kulturzentrum München eV
Sonnenstraße
Sendlinger Straße
Schmidstraße
Oberanger
Unterer Anger
Wallstraße
Roßmarkt
Blumenstraße
Prälat-Zistl-Straße
Corneliusstraße
50m
23 Zentraler Omnibus Bahnhof
Bristol-Myers Squibb GmbH & Co. KGaA
Klaus-Mann-Platz
Arnulfstraße
Augustiner-Keller
LBS-Zentrale / Service-Center
BRK KV München ZOB - Zentraler Omnibus Bahnhof
Apple
Vapiano München 2
München ZOB (Hackerbrücke)
München Hackerbrücke
München-Hackerbrücke
ZOB Reiseservice München
Hopfenstraße
Grasserstraße
Hackerbrücke
50m
BUS·Theresienhöhe
24 Servicezentrum Theresienwiese
Franziska-Bilek-Weg
Theresienhöhe
Theresienwiese
Löwenbräu-Festzelt
Matthias-Pschorr-Straße
Ruhmeshalle
Bavaria Statue
Kufflers
50m
U-Schwanthalerhöhe
25 Park Plaza
Kazmairstraße
Ca Va
Ecco
Khmissa Marokko Design
ALDI Süd
Bergmannstraße
Heimeranstraße
Ganghoferstraße
Ligsalzstraße
Schwanthalerhöhe
KPMG AG Wirtschaftsprüfungsgesellschaft
Move on Westend
Postbank Finanzcenter
Gerolstraße
Petra-Moll-Weg
Franziska-Bilek-Weg
Deutsches Museum Verkehrszentrum: Halle 2
Deutsches Museum Verkehrszentrum
Deutsches Museum Verkehrszentrum: Halle 1
Sandtnerstraße
Ars Vivendi Hotel GmbH & Co. Betriebs
Westend Cafe
Am Bavariapark
50m

㉒ 犹太会堂及犹太博物馆
Synagoge und
Jüdisches Museum

建筑师：Wandel Hoefer Lorch
地址：St.-Jakobs-Platz 16. 80331 München
年代：2007
类型：宗教建筑

犹太会堂及犹太博物馆

博物馆靠近玛丽安广场与谷物市场的圣雅各广场，是慕尼黑市立犹太博物馆和犹太社区管理的新犹太中心组成的建筑综合体。建筑师通过在三个建筑单体上使用同一种立面材料，使其获得一种外表的统一性。在犹太博物馆的永久展览中，游客可以了解慕尼黑犹太人的历史，特别是犹太教信仰。

㉓ 中央汽车站
Zentraler Omnibus
Bahnhof

建筑师：Auer & Weber
地址：Hackerbrücke 6, 80335 München
年代：2009
类型：交通建筑

中央汽车站

新慕尼黑中央汽车站中，有25000平方米的净建筑面积是用于集散、办公以及服务业功能。所谓的"人行道甲板"承担分流层的功能，它通过人行道和自动扶梯与中央汽车站、S-Bahn的站点以及Hacker桥相连接。建筑的表皮覆盖了多组建筑使之具有较大的整体形态。建筑立面由一个耐用且无需维护的金属结构构成：钢的基础结构以及间隔排布的铝管。

㉔ Theresienwiese 服务中心
Servicezentrum
Theresienwiese

建筑师：Volker Staab
地址：Matthias-Pschorr-Straße 4. 80336 München
年代：2004
类型：办公建筑

Theresienwiese 服务中心

新建的服务中心为一个精确、简单的形体。每年随着节日的开始该建筑投入使用，它的外部形象也发生相应变化：会临时加建三个巨大的、向上抬升的大门，部分由穿孔铜板包裹，标志着建筑东面的三个公共入口，随着这些直接受到风吹雨打的部分会逐步呈现铜锈，会让建筑在视觉上最终与草坪相协调。

㉕ 公园广场住宅塔楼
Park Plaza

建筑师：Otto Steidle
地址：Hans-Dürrmeier straße 2 80339 München
年代：2002
类型：居住建筑

公园广场住宅塔楼

建筑立面明亮暖橙色是Steidle建筑师事务所的标志。阳台与住宅像拉开的抽屉般从建筑的所有侧面向外挑出，同时与以不同节奏排列的窗户一起为立面带来动感。

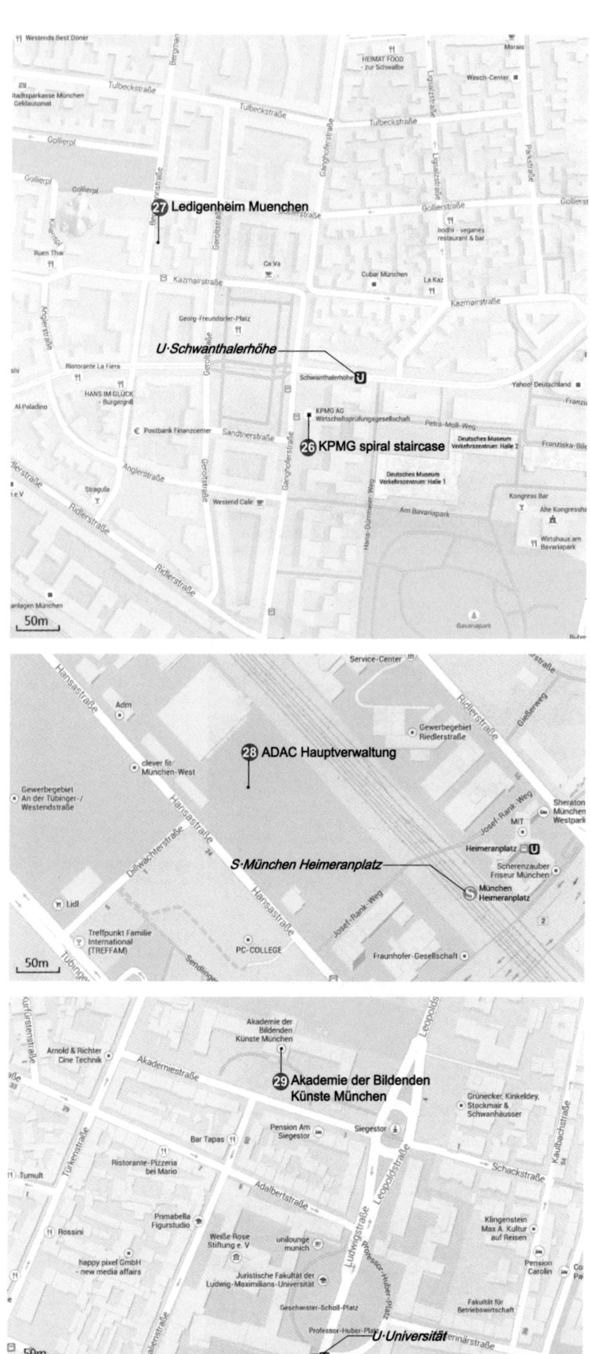
27 Ledigenheim Muenchen
U·Schwanthalerhöhe
26 KPMG spiral staircase
Tulbeckstraße
Gollierstraße
Kazmairstraße
Ganghoferstraße
Geroltstraße
Sandtnerstraße
Anglerstraße
Ridlerstraße
Am Bavariapark
50m
28 ADAC Hauptverwaltung
S·München Heimeranplatz
Hansastraße
Ridlerstraße
Josef-Rank-Weg
Dillwachterstraße
50m
29 Akademie der Bildenden Künste München
U·Universität
Akademiestraße
Adalbertstraße
Schackstraße
Leopoldstraße
Ludwigstraße
Türkenstraße
Amalienstraße
Kaulbachstraße
Siegestor
Professor-Huber-Platz
Geschwister-Scholl-Platz
50m

KPMG 螺旋楼梯

这个艺术与建筑的优美结合体高 9 米，是一个双螺旋钢结构楼梯。它和“球体”一样，都是艺术家 Olafur Eliasson 与建筑设计结合的艺术作品，不具备任何建筑功能。

单身宿舍

19 世纪末，慕尼黑的城市人口急剧增长，导致城市中居住空间十分紧张。这幢新客观主义风格的黏土砖建筑就是在这一时期落成。该建筑主要由两个反向放置的直角 U 型建筑体块构成，这两个体块为四层，两者的中部通过一个比它们高出三层的细长建筑体块相连。这种布局形成四个院落。公寓中一共有 382 个简单布置的房间，每层均有自己的卫生间、公共浴室以及厨房。

ADAC 管理总部

总部大楼的五层裙房呼应了街道空间，创造出一个充满动感的内部庭院。十八层高的塔楼被特意安排在铁轨旁边，因此它的阴影不会影响内院和附近建筑，也不会对 Hansa 大街形成压迫感。双层表皮使得高层建筑部分可以实现自然通风，而色彩元素则让建筑具有了独一无二的可识别性。

慕尼黑视觉艺术学院

该建筑的概念来源于基地上三种不同城市空间系统的转化：Leopold 大街 /Akademie 大街上面庄严的建筑群形成的轴线；Schwabing 城区的空间结构以小尺度、差异化建筑为主，它们是随着时间发展起来的；以及长满古树名木的 Leopold 公园和学院花园。建筑开放的形态被紧密联系在一起，从而产生了从公园到城市空间的一系列过渡空间。呈对角线状的坡道和过道联系着建筑的不同部分以及不同院系的功能区域。

㉖ KPMG 螺旋楼梯
KPMG spiral staircase

建筑师：Olafur Eliasson
地址：Ganghoferstraße 29, 80339 München
年代：2004
类型：文化建筑
备注：此项目位于室外，对公众开放，不需要预约。

㉗ 单身宿舍
Ledigenheim münchen

建筑师：Theodor Fischer
地址：Bergmannstraße 35 80339 München
年代：1925
类型：居住建筑

㉘ ADAC 管理总部
ADAC Hauptverwaltung

建筑师：Sauerbruch Hutton
地址：Hansastraße 19. 80686 München
年代：2012
类型：办公建筑

㉙ 慕尼黑视觉艺术学院
Akademie der Bildenden Künste München

建筑师：蓝天组
地址：Akademiestraße 2. 80799 München
年代：2005
类型：科教建筑

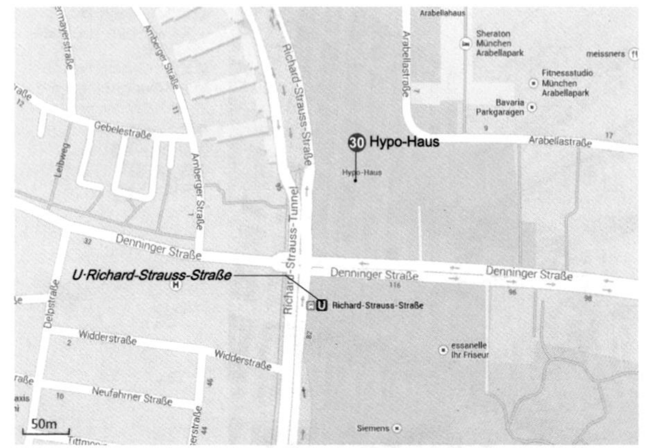
30 Hypo-Haus
U·Richard-Strauss-Straße
Richard-Strauss-Straße
Denninger Straße
Arabellastraße
Sheraton München Arabellapark
Fitnessstudio München Arabellapark
Bavaria Parkgaragen
Gebelestraße
Amberger Straße
Widderstraße
Neufahrner Straße
Delpstraße
Leibweg
essanelle Ihr Friseur
Siemens
Arabellahaus
meissners
50m

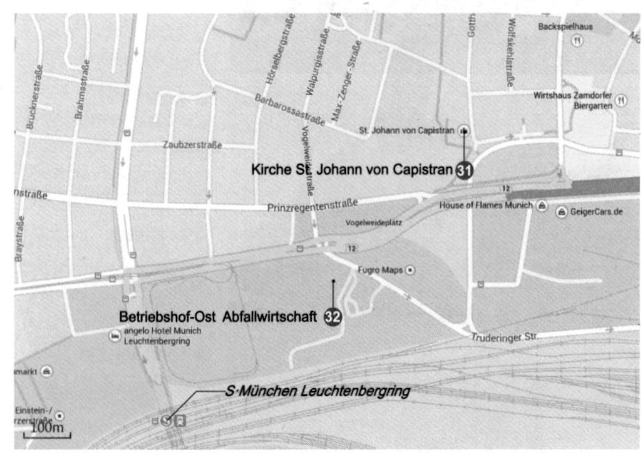
Kirche St. Johann von Capistran 31
Betriebshof-Ost Abfallwirtschaft 32
S·München Leuchtenbergring
St. Johann von Capistran
Barbarossastraße
Prinzregentenstraße
Zaubzerstraße
Vogelweideplatz
House of Flames Munich
GeigerCars.de
Fugro Maps
angelo Hotel Munich Leuchtenbergring
Truderinger Str.
Wirtshaus Zamdorfer Biergarten
Backspielhaus
Wolfskehlstraße
Hörselbergstraße
Walpurgisstraße
Max-Zenger-Straße
Brucknerstraße
Brahmsstraße
Braystraße
100m

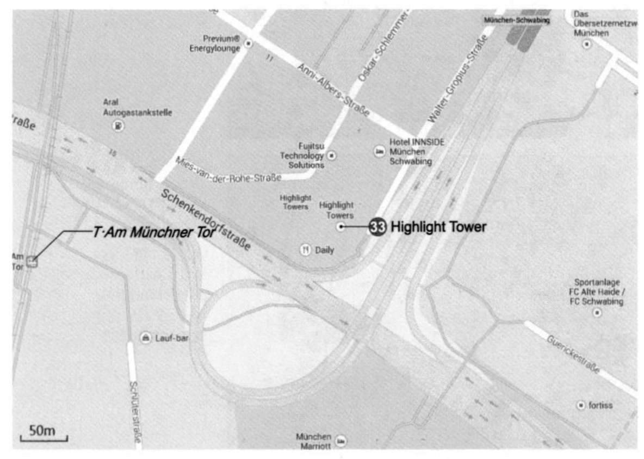
33 Highlight Tower
T·Am Münchner Tor
Schenkendorfstraße
Mies-van-der-Rohe-Straße
Anni-Albers-Straße
Walter-Gropius-Straße
Highlight Towers
Hotel INNSIDE München Schwabing
Fujitsu Technology Solutions
Previum® Energylounge
Aral Autogastankstelle
Daily
Lauf-bar
Sportanlage FC Alte Haide / FC Schwabing
Guerickestraße
fortiss
München Marriott
München-Schwabing
Schlüterstraße
50m

㉚ **联合抵押银行大楼**
Hypo-Haus

建筑师：Walter+Bea Betz
地址：Arabellastrasse 10. 81925, München
年代：1975-1981
类型：办公建筑

㉛ **圣 Capistran 教堂**
Kirche St. Johann von Capistran

建筑师：Sep Ruf
地址：Gotthelfstraße 7 81677 München
年代：1957-1960
类型：宗教建筑

㉜ **废弃物管理部门的东处理大厅**
Betriebshof-Ost Abfallwirtschaft

建筑师：Allmann+Sattler+Wappner
地址：Truderinger Straße 2a, 81677 München
年代：1999-2002
类型：市政建筑

㉝ **焦点大楼**
Highlight tower

建筑师：Murphy & Jahn
地址：Mies-van-der-Rohe-Straße 10. 80807 Munchen
年代：2004
类型：办公建筑

联合抵押银行大楼

建筑由一个地面 27 层、地下 4 层的塔楼，以及两个与塔楼相连接的低层副楼部分共同构成，总建筑面积约为 140000 平方米。该塔楼的一大特色在于，6 ～ 10 层的部分从中心结构向外悬挑。自 2006 年起，该建筑被登录到历史建筑保护目录当中。

圣 Capistran 教堂

这个由清水砖砌筑而成的圆形教堂其平面由两个大小不一的圆形（直径分别为 32 米、28 米）与西侧入口相内切而成。小的圆形范围内部是教堂空间，大小圆之间的镰刀形空间则设有洗礼室、忏悔室以及圣器室。通过极简的形式与材料以及集中的照明，使建筑产生了统一的空间效果。该教堂被认为是德国战后最重要的宗教建筑之一。

废弃物管理部门的东处理大厅

在慕尼黑废弃物管理部门对其处理设施进行重新布局的过程中，沿着基地的南部边界铁轨出现了一个向不同方向延展的建筑体量。这个建筑通过一个抬高的平台覆盖了所有的操作设施，使得整体性清晰易读。平台之下从东往西分别为垃圾车及垃圾集装箱服务的区域，如清洗大厅、设备站、车间、带围栏的装卸区域以及车棚。二层为管理及辅助用房。

焦点大楼

这两幢细长的塔楼分别高 126 米和 113 米，是慕尼黑最高的建筑之一。它们的形式为两片宽 13.5 米、长 80 米的细长平行四边形。这两幢塔楼之间的距离约为 20 米，它们由一座位于 10 层、11 层上的两层高的玻璃与钢结构桥以及位于 21 层上的一座单层高的桥连接。

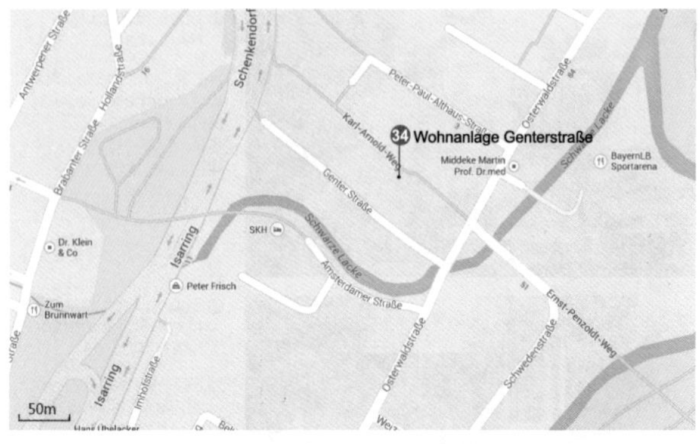

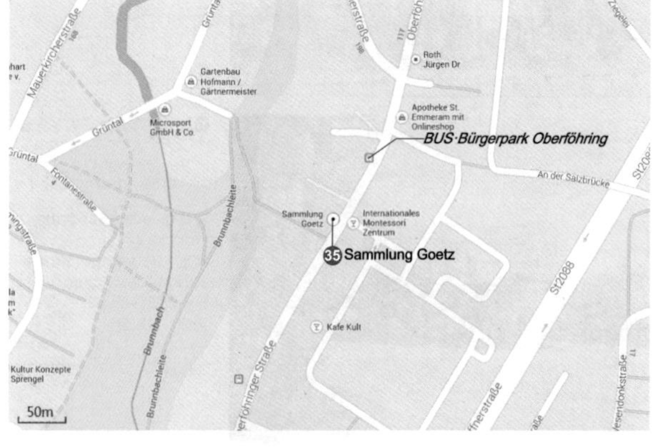

㉞ Genter 大街住宅 Wohnanlage Genterstraße

建筑师：Otto Steidle & Partner
地址：Genterstraße 13 80805 München
年代：1970-1971
类型：居住建筑

㉟ 葛兹艺术收藏馆 Sammlung Goetz

建筑师：Herzog & de Meuron
地址：Oberföhringer Straße 103. 81925 München
年代：1993
类型：文化建筑

Genter 大街住宅

这个混凝土工业化预制构件住宅深植于其所处时代的建筑学背景下。它还带有一种持久性——许多当时设计面临的主题直到今天仍被讨论：建筑应随着人口发展趋势变化而具有的平面可变性，项目中的参与性和社区性，以及在确保简单、工业化的同时，用个性化的建筑解决方案同样具有现实意义。

葛兹艺术收藏馆

该建筑是一个私人的现代艺术收藏画廊。设计概念来源于所收集的展品为1960年代至今的艺术。该建筑位于一个长满桦树和针叶树的公园之中，其外表似乎只是采取了一个简单的抛光形式，不过近距离观看时则能看出其形体构成的复杂性。该艺术馆的藏品包括了当代的各种艺术表达形式：绘画、图形、素描、摄影、视频及影像作品，以及多重投影和空间装置艺术等。地下层为媒体艺术提供一个单独的区域，以符合媒体艺术展示的所有技术与空间需求。

Note Zone

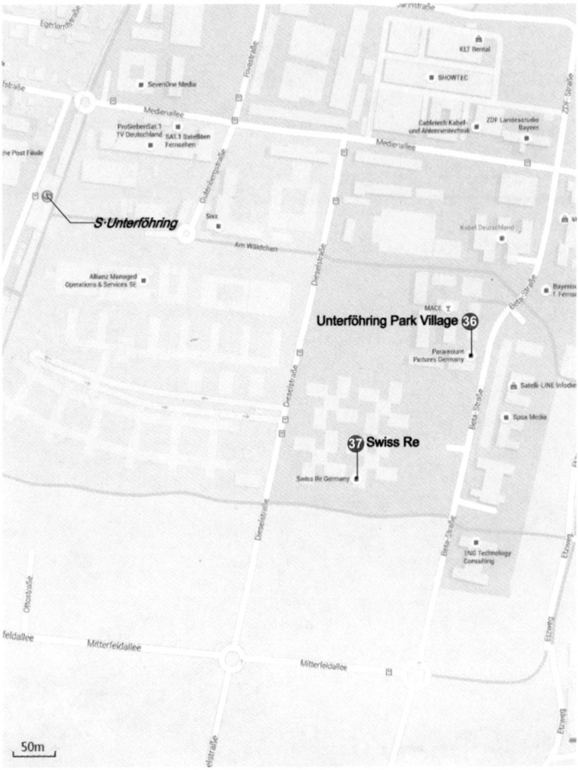

S·Unterföhring

Unterföhring Park Village 36

37 Swiss Re

50m

Medienallee

Dieselstraße

Beta-Straße

Mitterfeldallee

Unterföhring 花园式办公村落

该项目是慕尼黑的东北部一个工业区内的办公园区。9 幢不同的建筑被安排在一个共享的广场边上，从而创造一个富有城市氛围、并具有尽可能高密度的空间。整个基地下面停车层的中心出口设在广场边上。而这个"无车流"的广场承担了一个公共交流场所的作用。办公园的周围环绕着由树木及树篱构成的绿带。9 幢建筑由两家事务所分别设计。

瑞士再保险大楼

该建筑坐落在一片缺乏整体形象的工业区中。这一方面能够使新建筑的外部造型相对自由，另一方面新建筑也必须为未来周边的建造提供尽可能大的兼容性。新建筑由两种相互脱离且形状不同的几何体构成：带公共区域的两层裙房，在其上方由柱子支撑着一个包含 16 个办公单元的较小的建筑形体。该建筑最具标志性的元素是用于围合整个建筑的悬浮的树篱，它使得整个区域在尺度上得以统一，同时为建筑创造了令人印象深刻的整体形象。

36 Unterföhring 花园式办公村落
Unterföhring Park Village

建筑师：MVRDV
地址：Beta-Straße 10 85774 Unterföhring-München
年代：2004
类型：办公建筑

37 瑞士再保险大楼
Swiss Re

建筑师：Bothe Richter Teherani
地址：Dieselstraße 11, 85774 Unterföhring-München
年代：2001
类型：办公建筑

慕尼黑奥林匹克公园 / Behnisch & Partner

慕尼黑“BMW世界”／蓝天组

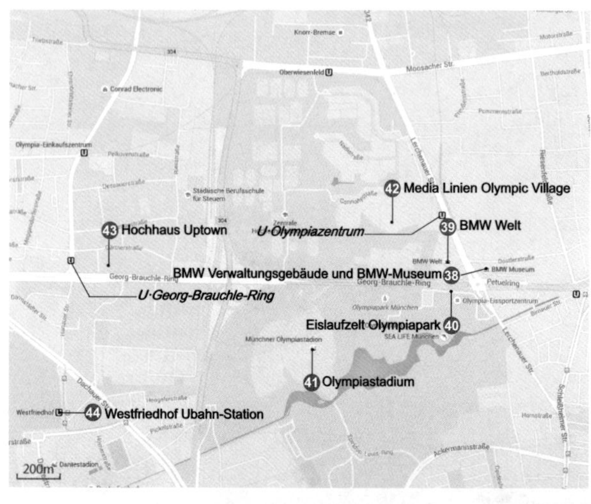

38 **宝马大楼及宝马博物馆**
BMW Verwaltungsgebäude und BMW-Museum

建筑师：Karl Schwanzer
地址：Petuelring 130. 80807 München
年代：1970-1972
类型：办公建筑

39 **BMW 世界**
BMW Welt

建筑师：蓝天组
地址：Am Olympiapark 1. 80809 München
年代：2007
类型：商业建筑

40 **奥林匹克滑冰馆**
Eislaufzelt Olympiapark

建筑师：Ackermann und Partner
地址：Spiridon-Louis-Ring 2 80809 München
年代：1980-1983
类型：体育建筑

宝马大楼及宝马博物馆

该建筑高99.5米，毗邻奥林匹克公园。大楼由四个成十字形紧邻排布的垂直圆柱体构成，每个圆柱体从中部以上通过后退的立面被进一步分割。在建筑结构上，这些圆柱体并不是直接落在地面，而是通过富有个性的悬臂结构支撑。悬臂结构由包含所有管道、电梯以及楼梯的四个钢筋混凝土管状核心筒向外伸展形成。

BMW 世界

这个特别的钢与玻璃的龙卷风——“品牌体验和汽车配送中心”，与街对面由四个圆柱体构成、充满吸引力的总部办公楼以及邻近壳体状的宝马博物馆相互辉映。该建筑位于一个街角位置，双椎体结构如风扇般展开，支撑着一个充满雕塑感的被称作“云”的屋顶，屋顶之下是位于主厅中的乘客休息厅。屋顶上，覆盖了约15000平方米面积的光伏板。

奥林匹克滑冰馆

奥林匹克运动场落成时，主场馆的左侧是一个可容纳7000个观众的露天冰球场，它后来在1980年代被这个滑冰馆所代替。建筑评论家Christoph Hackelsberger曾如此评价该建筑：它具有的大跨度、自对称的面承重结构呈现出一种材料的极简性。通过使木板条网格在局部受力较大的位置以充满韵律感的方式表达出双倍加密的方式，人们将可以注意到结构的力量感，使这个封闭空间的体量感得以被解读。

奥林匹克体育场

该体育场是 1972 年夏季奥运会的主场馆。从 1972 年至 2005 年间，它曾经是拜仁慕尼黑以及慕尼黑 1860 的主场。奥林匹克公园的设计概念是发展"绿色的奥林匹克运动会"，同时希望表现出一种民主的理念。这个位于景观中的体育场，局部为下沉式。由 58 根钢杆支撑的结构覆盖了奥林匹克体育场、奥林匹克馆以及奥林匹克游泳场，设计者使用了 7.5 万平方米透光的有机玻璃构成轻盈的膜结构屋顶，一起覆盖了这三个建筑。

奥林匹克村多媒体管线

1971 年春，组委会举办了一个让慕尼黑奥运村论坛地区重获活力的国际竞赛。维也纳的汉斯 · 霍莱因事务所赢得了这个项目。汉斯 · 霍莱因设计了一个覆盖整个奥林匹克村的系统。虽然一开始只是打算在奥林匹克村内部实施这个项目，但是由于霍莱因的项目得到了组织者的赞同进而扩展到整个地区。该系统同时解决了照明、方向指示与提供信息等问题。

Uptown 高层塔楼

建筑的玻璃立面像一张紧绷的模包裹着建筑的结构。圆形通风构件作为可自由开启的窗扇提供了自然通风，同时使较高的楼层可以感受到环境声音从而与外界有所联系。

西墓地地铁站

11 个直径 3.8 米的大型灯具使整个车站沐浴在蓝、红、黄光中，同时把站台划分为不同的色彩区域。墙面以及天花板浸染在一片蓝光当中，让车站具有洞穴般的感觉，而站台本身则是相对明亮。尽管采用聚光灯，但并没有在车站内部产生暗角。粗糙而充满气势的墙体来自于挖掘地铁站时产生的几乎未经加工的墙体。

41 奥林匹克体育场
Olympiastadium

建筑师：Behnisch & Partner
地址：Spiridon-Louis-Ring 21. 80809 München
年代：1968-1972
类型：体育建筑

42 奥林匹克村多媒体管线
Media Linien Olympic Village

建筑师：Hans Hollein
地址：Olympiadorf 80809 München
年代：1972
类型：特色片区

43 Uptown 高层塔楼
Hochhaus Uptown

建筑师：Ingenhoven, Overdiek Architects
地址：Riesstraße 17. 80992 München
年代：2004
类型：办公建筑

44 西墓地地铁站
Westfriedhof Ubahn-Station

建筑师：Auer & Weber
地址：Westfriedhof Ubahn 80339 München
年代：2001
类型：交通建筑

Note Zone

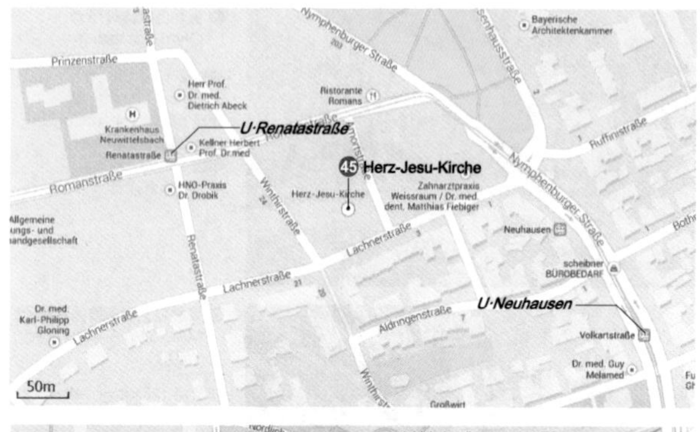

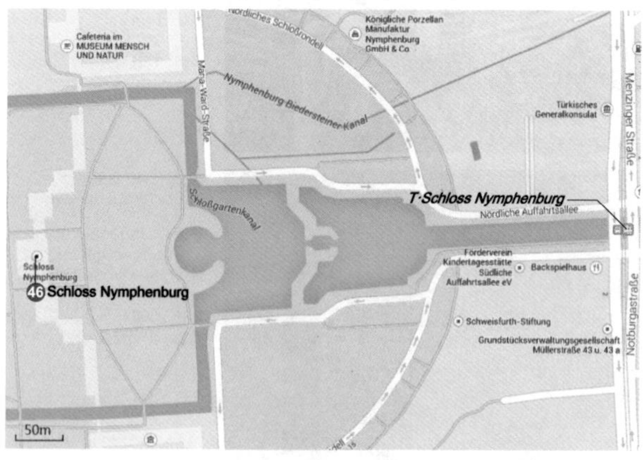

45 耶稣圣心教堂
Herz Jesu Kirche

建筑师：Allmann + Sattler + Wappner
地址：Lachnerstr. 8 - 80639 München
年代：2000
类型：宗教建筑

46 宁芬堡宫
Schloss Nymphenburg

建筑师：Joseph Effner, Enrico Zuccalli, Agostino Barelli, Giovanni Antonio Viscardi
地址：Schloss Nymphenburg 1. 80638 Munich
年代：1664-
类型：文化建筑

耶稣圣心教堂

该教堂由两个互相嵌套的体块组成：一个半透明的玻璃正方体包裹着一个木结构圣殿，圣殿内部是主要的礼拜空间。木结构方体的侧面有超过 2000 片垂直木百叶，它们的排布方式使得越接近圣坛的位置光线射入量越大。在前厅部分，外部的玻璃立面是透明的，而在圣坛部分则刚好相反。整面圣坛墙覆盖着一块由金属材料以十字形图案编织而成的金光闪闪的帷幕。

宁芬堡宫

这座巴洛克式宫殿是欧洲最大的王宫之一，历史上它被长期作为巴伐利亚统治者的夏宫。今天，宁芬堡宫对公众开放。该宫殿中一些房间仍保留着最初的巴洛克风格，其余的被重新装饰为洛可可或新古典主义风格。宫殿的中部设有一个占据三层的宴会大厅——石厅，该厅的天花板湿壁画上表现了太阳神 Helios 驾驶日车的主题。

Note Zone

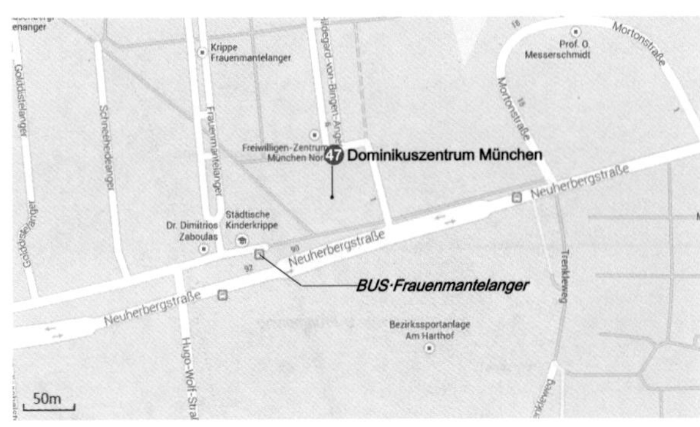

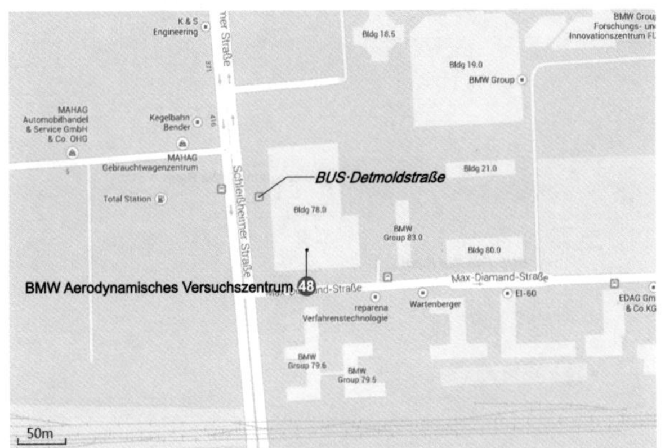

慕尼黑多米尼克中心

多米尼克中心包括冥想室、牧师住宅、幼儿园以及社会服务中心。这个充满力量的建筑体与它的周围环境显得极为融洽。多个方体共同构成的建筑形态，在创造了一个静谧内院的同时，还在周围形成了中心开放区域，同时还提供了所需的穿越性。屋顶、地板和墙面上使用的高品质的煤灰砖使得整个建筑在取得了极为统一整体形象同时，还创造了一个安静的场所。

BMW 气体动力学实验中心

这个慕尼黑汽车制造商的风洞实验室的外表也暗示了它内部的不同寻常。该建筑采用了由外部雨屏、内部气屏与中空层所构成的雨屏墙系统作为外墙构造，借外气导入中空层来实现雨屏内外压力的平衡。立面由 7000 片银白色复合铝板构成，覆盖了整个建筑外表面的 13000 平方米的面积。

47 慕尼黑多米尼克中心
Dominikuszentrum München

建筑师：Meck Architekten
地址：Hildegard-von-Bingen-Anger 3.80937 München
年代：2008
类型：宗教建筑

48 BMW 气体动力学实验中心
BMW Aerodynamisches Versuchszentrum

建筑师：Ackermann und Partner
地址：Schleißheimer Str. 416. 80935 München
年代：2004-2007
类型：办公建筑

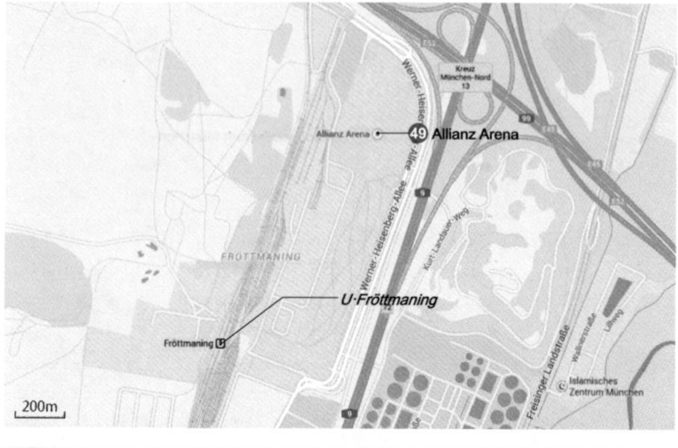

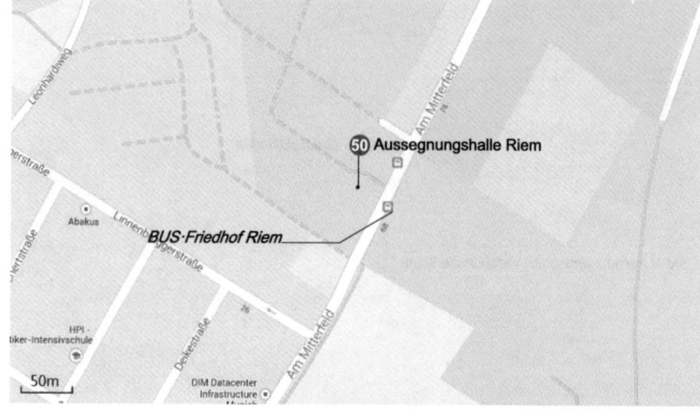

Note Zone

49 安联体育场
Allianz Arena

建筑师：Herzog & de Meuron
地址：Werner-Heisenberg-Allee 25. 80939 München
年代：2005
类型：体育建筑

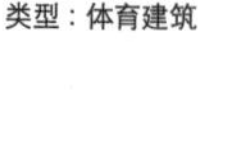

50 Riem 地区殡仪馆
Aussegnungshalle Riem

建筑师：Meck Architekten
地址：Am Mitterfeld 68. 81829 München
年代：2000
类型：殡葬建筑

安联体育场

该体育馆的立面与屋顶均是由透明及半透明ETFE薄板构成，它被架设在一个钢的支撑结构上面。构成立面的薄板内侧透明，而外表面是半透明白色；屋顶的薄板则完全透明，从而让阳光和灯光能够射入场内。体育馆可以采用两种不同的颜色进行照明，有两个慕尼黑俱乐部以这个球场为主场（拜仁慕尼黑红色，而慕尼黑1860则是蓝色），当举行国家级比赛时则是用白色。

Riem 地区殡仪馆

这个严谨的、近似修道院的建筑体是位于延绵的Riem景观公园中，正对着老墓园的人口。简单而清晰的建筑以及粗糙的围墙共同创造了一个静谧的场所。三个庭院组织了该殡仪馆的空间结构。建筑的概念是希望体现具有重量感的、从地面生长起来的形体，并通过由橡木、耐候钢以及石材（混凝土及自然石材）塑造出这种形象。所有的材料都是希望强调体量巨大，而且表面未经加工。它们的自然老化代表了生命的轮回。

Note Zone

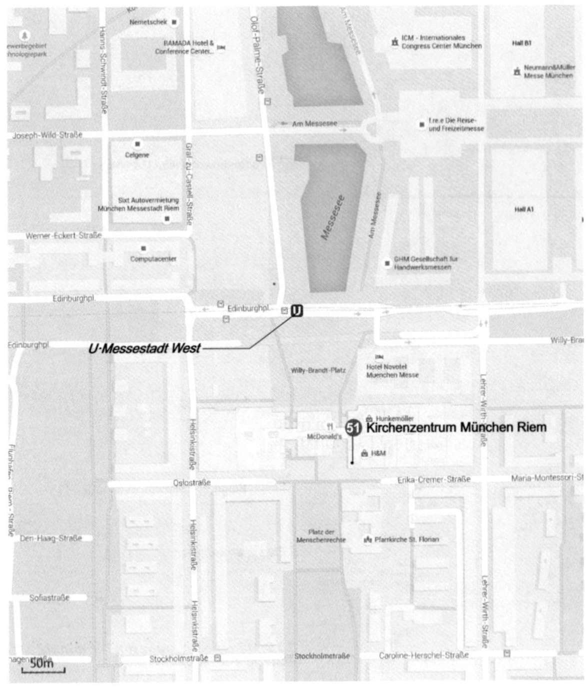

51 Riem 地区教堂中心
Kirchenzentrum München Riem

建筑师：Florian Nagler
地址：Platz der Menschenrechte 1. 81829 München
年代：2005
类型：宗教建筑

Riem 地区教堂中心

在这个为天主教与新教信徒共同设计的教堂中心，建筑师通过城市设计的手段来定义教堂的空间存在。考虑到互相独立的天主教与新教教堂如果都有各自的尖塔，可能会显得十分滑稽。因此空间的被混合置于一个外表雪白的壳中：由现浇混凝土墙环绕着建筑，外饰漆成白色的砖墙面，从而创造出一种神圣的气氛。人们从外部可以根据混凝土薄板的差异分辨出两个教堂：新教教堂相对简朴，平面呈正方形；而天主教教堂略显奢华，窗户充满设计张力，平面呈梯形。

Note Zone

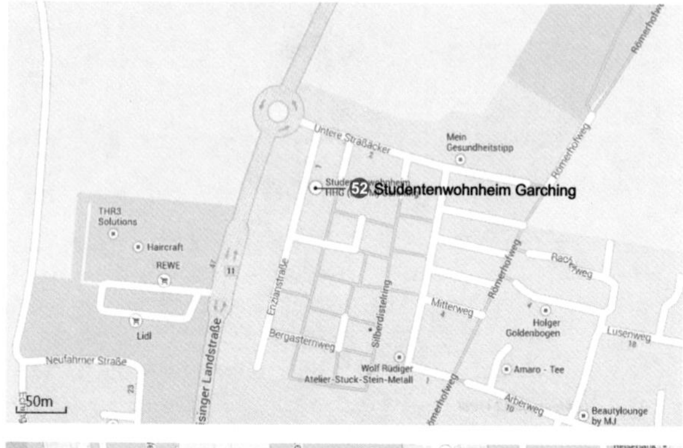

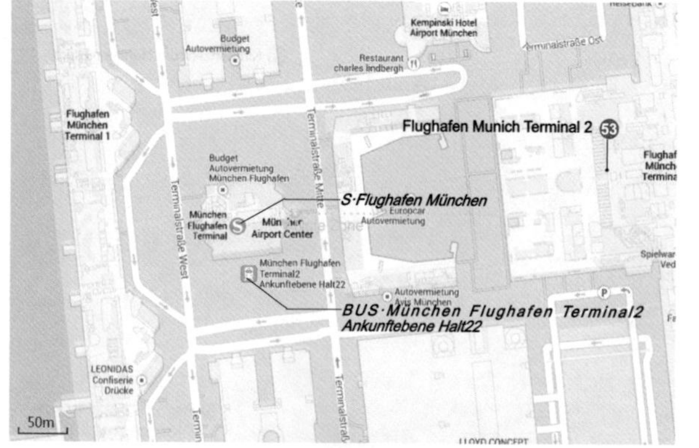

52 Garching 学生宿舍
Studentenwohnheim Garching

建筑师：Fink+Jocher
地址：Enzianstraße 1. 85748 Garching-München
年代：2002-2005
类型：居住建筑

53 慕尼黑机场二号航站楼
Flughafen Munich Terminal 2

建筑师：Koch und Partner
地址：Terminalstraße Mitte, 85356 Flughafen München
年代：2003
类型：交通建筑

Garching 学生宿舍

尽管地处于大都市地区范围之内，该学生宿舍却紧邻农业用地。宿舍内部带轮子的家具提供了灵活性，可调节的塑料遮阳板控制了光线和视野范围。学生可以自己选择是完全封闭外廊（同时也是阳台）还是将其完全开敞。一张不锈钢的网作为安全屏障包裹了整个建筑。在栏杆位置，形成的网状结构相对较密，建筑师由此创造出一个充满活力和变化的结构。随着时间推移，这层网将被一层植物覆盖。夏天有助于遮挡阳光，而当冬天来临，植物的叶子落去时，更多的阳光就可以射入宿舍。

慕尼黑机场二号航站楼

该航站楼的设计包括一个中央航站楼大厅，一个用于连接候机楼和飞机的指廊结构和一个服务中央停车的体量，另外还有行李分类大厅和位于停机坪东侧的指挥塔，作为第一部分航站楼的附属结构。新的航站楼建筑矗立在现有乘客航站楼的东侧，紧邻作为整个机场的几何与视觉焦点的“慕尼黑机场中心”。二号航站楼以其30米高的大厅脱离了一号航站楼的模数概念。这个光线充足的大厅特色在于其透明感以及理想的室内气候与声学条件。指廊结构部分还提供了额外的登机口与等候区，以及购物和餐饮设施。

索引 · 附录 Index \ Appendix

按建筑师索引 Index by Architects

注：建筑师姓名顺序按照德文字母顺序排列。

M

N

按建筑功能索引 Index by Function

注：根据建筑的不同性质，本书收录的建筑被分成办公建筑、殡葬建筑、工业建筑、古城保护、观演建筑、交通建筑、居住建筑、科教建筑、商业建筑、市政建筑、特色片区、体育建筑、文化建筑、展览建筑、宗教建筑等 15 种类型

■**办公建筑**（办公楼、市政厅等）

■科教建筑（学校设施及科研机构等）

■商业建筑(商店、旅馆、综合商业设施等)

■市政建筑

■**特色片区**（历史古城、大型居住区等）

■**体育建筑**（体育场、体育馆等）

■**文化建筑**(美术馆、博物馆、文化会馆等)

■展览建筑

■宗教建筑（教堂、寺庙等）

图片出处 Picture Resource

柏林

01 曾秋韵
02 王喆
03 王喆
04 易鑫
05 易鑫
06 刘俊泽
07 易鑫
08 易鑫
09 高懿
10 高懿
11 李亚冬
12 刘俊泽
13 曾秋韵
14 刘俊泽
15 张明
16 刘俊泽
17 曾秋韵
18 包望韬
19 易鑫
20 易鑫
21 易鑫
22 易鑫
23 曾秋韵
24 曾秋韵
25 曾秋韵
26 高懿
27 李亚冬
28 李亚冬
29 高懿
30 易鑫
31 曾秋韵
32 易鑫
33 黄哲霏
34 李亚冬
35 刘俊泽
36 燕泠霖
37 徐心工
38 曾秋韵
39 刘俊泽
40 李叶蕾
41 曾秋韵
42 曾秋韵
43 曾秋韵
44 刘俊泽
45 黄哲霏

波茨坦

01 易鑫
02 李叶蕾

德绍

01 高懿
02 高懿

莱比锡

01 高懿
02 包望韬

德累斯顿

01 王彦康
02 李叶蕾
03 王彦康
04 王彦康
05 包望韬
06 曾秋韵
07 孙彦佳

魏玛

01 李叶蕾
02 王彦康

汉堡

01 易鑫
02 周翔
03 孙立琪
04 周翔
05 周翔
06 周翔
07 包望韬
08 孙立琪
09 包望韬
10 孙立琪
11 席宇
12 李亚冬
13 龚喆
14 李亚冬
15 高懿
16 周翔
17 王彦康
18 龚喆
19 李亚冬
20 龚喆
21 孙立琪
22 曾秋韵
23 王彦康
24 王彦康
25 周翔
26 曾秋韵
27 周翔
28 周翔
29 周翔
30 周翔
31 吴莹
32 包望韬
33 李亚冬
34 周翔
35 周翔
36 高懿
37 http://www.mimoa.eu/images/19674_l.jpg

38 周翔

施特拉尔松德

01 http://upload.wikimedia.org/wikipedia/commons/3/32/Stralsund_St_Nikolai_St_Jakobi.jpg
02 http://www.hansestadt-stralsund.de/var/hansestadt-stralsund/storage/images/2012/kultur/vereine/foerderverein_st_nikolai_zu_stralsund_e_v/23817-1-ger-DE/foerderverein_st_nikolai_zu_stralsund_e_v_lightbox_2012.jpg

沃尔夫斯堡

01 李叶蕾
02 李叶蕾
03 李叶蕾
04 李叶蕾

戈斯拉尔

01 http://www.harzinfo.de/uploads/pics/Altstadt-Goslar.jpg01_01.jpg
02 https://upload.wikimedia.org/wikipedia/commons/e/e6/Rammelsberg.jpg

阿尔费尔德

01 李叶蕾

希尔德斯海姆

01 王彦康

汉诺威

01 周翔
02 周翔
03 王喆
04 周翔
05 吴莹
06 王喆
07 吴莹

不来梅

01 李叶蕾
02 http://www.kgv-bremen.de/typo3temp/pics/bremen-neustadt_herz-jesu-kirche_01-wikipedia_ab1297457e.jpg

不来梅港

01 吴莹
02 http://upload.wikimedia.org/wikipedia/commons/thumb/c/c6/BHV_Friesen_06_1.jpg/1280px-BHV_Friesen_06_1.jpg

明斯特

01 http://www.bilderbuch-muenster.de/bilder/m%C3%BCnster_centrum_blick_zum_rathaus_blaue_stunde_lichter_1f14324041_978x1304xin.jpeg
02 http://upload.wikimedia.org/wikipedia/commons/thumb/e/e2/Muenster_Erbdrostenhof_8915.jpg/320px-Muenster_Erbdrostenhof_8915.jpg

多特蒙德

01 曾秋韵
02 曾秋韵
03 曾秋韵
04 曾秋韵
05 曾秋韵
06 曾秋韵
07 http://www.footballzz.co.uk/img/estadios/369/37369_ori_westfalenstadion_signal_iduna_park_.jpg

波鸿

01 http://architecturetravels.files.wordpress.com/2011/08/img_2248.jpg
02 http://www.medienwerkstatt-online.de/lws_wissen/bilder/19764-3.jpg

费尔伯特

01 http://upload.wikimedia.org/wikipedia/commons/0/06/Gottfried_b%C3%B6hm,_pilgrimage_church,_neviges_1963-1972_-_02.jpg

埃森

01 王彦康
02 王彦康
03 王彦康
04 王彦康

05 王彦康
06 http://www.wikiartis.com/media/images/work/frank-gehry/frank-gehry-marta-herford.jpg

杜伊斯堡

01 曾秋韵
02 http://www.baukunst-nrw.de/bilder/full/1625_220114.jpg

克雷菲尔德

01 http://www.nrw-museum.de/typo3temp/pics/c0dd2106a5.jpg

杜塞尔多夫

01 http://gnogongo.de/wp-content/uploads/Lambertus-vor-Dreischeibenhaus.jpg
02 http://www.galeria-kaufhof.de/filialen/files/media/Storeimages/11/GALERIA-Kaufhof-Duesseldorf-01.jpg
03 http://www.zeigedeinebilder.de/bilder/das-drei-scheiben-haus-jan-wellem-platz-duesseldorf-17-april-2008-989.jpg
04 http://upload.wikimedia.org/wikipedia/commons/c/ce/D%C3%BCsseldorf_-_V%C3%B6lklinger_Stra%C3%9Fe%2BRheinufertunnel_%2B_Stadttor_01_ies.jpg
05 刘俊泽
06 王彦康
07 陈飞帆
08 王彦康
09 http://in3.bilderbuch-duesseldorf.de/bilder/d%C3%BCsseldorf_gerresheim_basilika_st_margareta_krapohl_historisch_kirche_1991177688_600x450xcr.jpeg

诺伊斯

01 http://www.neuss.de/leben/soziales/integrationsportal/integrationskonzept/img/leitbild-quirinus.jpg
02 http://imgec.trivago.com/uploadimages/35/62/3562451_l.jpeg

赫姆布洛依

01 严卓夫
02 曾秋韵

科隆

01 曾秋韵
02 王彦康
03 曾秋韵
04 曾秋韵
05 曾秋韵
06 王彦康
07 曾秋韵
08 曾秋韵
09 曾秋韵
10 曾秋韵
11 曾秋韵
12 曾秋韵
13 http://upload.wikimedia.org/wikipedia/commons/thumb/a/a8/Rathaus-bensberg-einfahrt.jpg/320px-Rathaus-bensberg-einfahrt.jpg

布吕尔

01 http://www.travelblogging.de/wp-content/uploads/2011/02/PICT1614-1024x768.jpg

梅谢尼希 - 瓦亨多夫

01 http://upload.wikimedia.org/wikipedia/commons/d/d0/Bruder-Klaus-Feldkapelle_Wachendorf_2.jpg

波恩

01 http://www.altes-rathaus-bonn.de/uploads/pics/Rathaus-15.jpg
02 http://www.baukunst-nrw.de/bilder/full/2229_694798.jpg
03 李亚冬

亚琛

01 http://upload.wikimedia.org/wikipedia/commons/6/69/Aachen_Cathedral_North_View_at_Evening.jpg
02 http://farm9.staticflickr.com/8120/8631876872_a9982d74a7_c.jpg
03 http://www.baukunst-nrw.de/bilder/full/641_028475.jpg
04 http://1.bp.blogspot.com/-2SBNOtlm590/TYp5V1IpoOI/

AAAAAAAAE_w/kZAug9poOzY/s400/Ponttor.JPG
05 http://www.baukunst-nrw.de/bilder/full/2327_719638.jpg
06 张佳宁
07 http://www.baukunst-nrw.de/bilder/full/666_318425.jpg
08 刘俊泽

卡塞尔

01 李叶蕾
02 李叶蕾
03 何林峰

法兰克福

01 柴志平
02 柴志平
03 柴志平
04 曾秋韵
05 张佳宁
06 曾秋韵
07 李叶蕾
08 曾秋韵
09 曾秋韵
10 易鑫
11 李叶蕾
12 王彦康
13 曾秋韵
14 Schneider Schumacher
15 易鑫
16 曾秋韵
17 席宇
18 曾秋韵
19 曾秋韵
20 曾秋韵
21 Stefan Forster
22 曾秋韵
23 曾秋韵
24 曾秋韵
25 曾秋韵
26 曾秋韵
27 INGENHOVEN ARCHITEKTEN
28 曾秋韵
29 曾秋韵
30 曾秋韵
31 曾秋韵

达姆施塔特

01 http://media.archinform.net/m/00013119.jpg
02 易鑫
03 K+H Freie Architekten
04 魏淼
05 魏淼
06 魏淼

施派尔

01 https://de.wikipedia.org/wiki/Speyerer_Dom/media/File:Speyer---Cathedral---East-View---(Gentry).jpg

特里尔

01 http://www.trier-info.de/tl_files/images/sehenswert/porta_nigra/porta_10.jpg
02 https://upload.wikimedia.org/wikipedia/commons/f/f1/Liebfrauen_Trier_aussen_BW_3.JPG
03 http://www.de-online.ru/novosti/2012/742px-Dom_und_Liebfrauen_Trier.jpg
04 http://www.moezeldal.nl/images/kaiserthermen-trier.jpg
05 https://dokuwiki.noctrl.edu/lib/exe/fetch.php?media=ger:202:2010:winter:276483755_6405a948fe.jpg
06 http://www.deutschland-deluxe.de/images/archiv/Trier_Roemerbruecke1.jpg
07 http://hoteltrier24.com/wp-content/uploads/2011/11/amphitheater11.jpg
08 WANDELHOEFERLORCH

科布伦茨

01 http://upload.wikimedia.org/wikipedia/commons/b/bb/Altstadt_Koblenz.jpg
02 魏淼
03 http://www.stolzenfels.de/assets/images/400kapmschloss.jpg

考布

01 http://www.holidaycheck.de/data/urlaubsbilder/mittel/41/1166636358.jpg

02 http://www.loreleytal.com/rheinburgen/rechts/pfalzgrafenstein/pfalz290von-der-faehre.jpg

巴哈阿赫

01 http://www.bacharach.de/typo3temp/pics/559626a329.jpg

02 http://www.weingut-hotel-jost.de/images_2/burg_stahleck3.jpg

吕德斯海姆

01 http://www.ljnelson.com/personal/graphics/ehrenfels.jpg
02 http://upload.wikimedia.org/wikipedia/commons/3/30/Ruedesheim.jpg

洛尔施

01 http://www.pausanio.de/assets/Foto/thumbnail520x397/8784_51-kloster-lorsch.jpg

弗尔克林根

01 http://www.sehenswuerdigkeiten-in-deutschland.de/pics/voelklinger_huette.jpg

曼海姆

01 STEFAN FORSTER
02 STEFAN FORSTER
03 NETZWERK ARCHITEKTEN

海德堡

01 王彦康
02 易鑫

马尔巴赫

01 童舟
02 J. Mayer H.

斯图加特

01 曾秋韵
02 http://www.globopix.de/reisen/baden-wuerttemberg/stuttgart_DE01ST015.jpg
03 柴志平
04 曾秋韵
05 徐亮
06 http://www.consiglio-marktforschung.de/bilder_css/staatstheater.jpg
07 吴莹
08 http://www.reiseredaktion.eu/urlaub-deutschland/touren-baden-wuerttemberg/fotos-stuttgart/stuttgart-wilhelmspalais-stadtbuecherei-3.jpg
09 王喆
10 曾秋韵
11 曾秋韵
12 刘俊泽
13 柴志平
14 http://www.natursteine-blog.de/wp-content/uploads/2010/07/haus-der-wirtschaft-sandstein-430x286.jpg
15 http://webdax.homepage.t-online.de/GPSGuideStuttgart/Johanneskirche_verttical_schulze.jpg
16 柴志平
17 曾秋韵
18 曾秋韵
19 王彦康
20 曾秋韵
21 曾秋韵
22 曾秋韵
23 席宇
24 席宇
25 王彦康
26 曾秋韵
27 http://www.musikfest.de/img/2011_orte/14_rosenstein.jpg
28 曾秋韵
29 徐亮
30 Sobek
31 KAUFFMANN THEILIG UND PARTNER
32 UN Studio
33 刘俊泽
34 http://www.miovista.de/b/stuttgart_schloss_solitude_lang-0.jpg

乌尔姆

01 王彦康
02 王彦康
03 王彦康
04 曾秋韵
05 曾秋韵
06 王彦康
07 曾秋韵
08 http://hfg-archiv.ulm.de/fotos_home/Bild01.jpg

康斯坦茨

01 http://www.worlds.ru//photo/germany_270920120737_2.jpg

莱茵河畔魏尔

01 王彦康

02 王彦康
03 王彦康
04 王彦康
05 王彦康
06 王彦康
07 曾秋韵
08 吕瑞杰

弗赖堡

01 吴莹
02 http://files1.structurae.de/files/photos/1/imgp/imgp1866.jpg

维尔茨堡

01 吴莹

班贝格

01 易鑫

拜罗伊特

01 董惠敏

纽伦堡

01 李叶蕾
02 李叶蕾

雷根斯堡

01 易鑫
02 徐新楠

慕尼黑

01 席宇
02 王彦康
03 肖翔
04 肖翔
05 王彦康
06 李叶蕾
07 易鑫
08 易鑫
09 席宇
10 王彦康
11 王彦康
12 易鑫
13 王彦康
14 王彦康
15 王彦康
16 王彦康
17 王彦康
18 王彦康
19 席宇
20 王彦康
21 王彦康
22 吕瑞杰
23 王彦康
24 王彦康
25 刘俊泽
26 高懿
27 王彦康
28 王彦康
29 王彦康
30 王彦康
31 王彦康
32 席宇
33 王彦康
34 王彦康
35 李叶蕾
36 王彦康
37 王彦康
38 易鑫
39 王彦康
40 王彦康
41 易鑫
42 王彦康
43 王彦康
44 刘俊泽
45 李叶蕾
46 易鑫
47 李叶蕾
48 王彦康
49 肖翔
50 李叶蕾
51 李叶蕾
52 王彦康
53 高懿

巴西利卡式教堂平面各部分名称德中对照示意图

该图以较为常见的巴西利卡式教堂平面为例，对传统的教堂平面内部各组成部分的功能和特征进行了简要介绍和说明。

对于“三殿式”的巴西利卡平面来说，建筑内部通过平行的柱列划分出三个长向的空间——中殿及两个侧殿。中殿的空间较高，这一部分主要是为信众而设。在中殿与侧殿所形成的空间又称为直廊空间。与直廊相垂直的是横廊，长度一般较短。直廊与横廊的交汇点具有重要的标志性，人们往往从教堂的外部就可以通过该位置竖立的尖塔注意到这个重要的区域。

唱诗坛——如它的名字所指示——原来是为参加礼拜仪式的唱诗班所设立的区域，与祭坛相邻。在基督教早期，这部分区域只是通过栏杆或隔板简单划分出来的空间，后来逐渐演化成为独立的建筑空间要素。半圆形后殿与唱诗坛区域相接，这两部分空间是举行礼拜仪式的主要场所。半圆形后殿所在的位置也成为从教堂入口到举行礼拜仪式这一主要活动进程的终点。

在中世纪时期，教堂建筑一般选择东西线布局，入口位于西侧，而主祭坛则朝东，也就是朝向日出的方向。不过后来的教堂建筑则不一定依循这一原则。

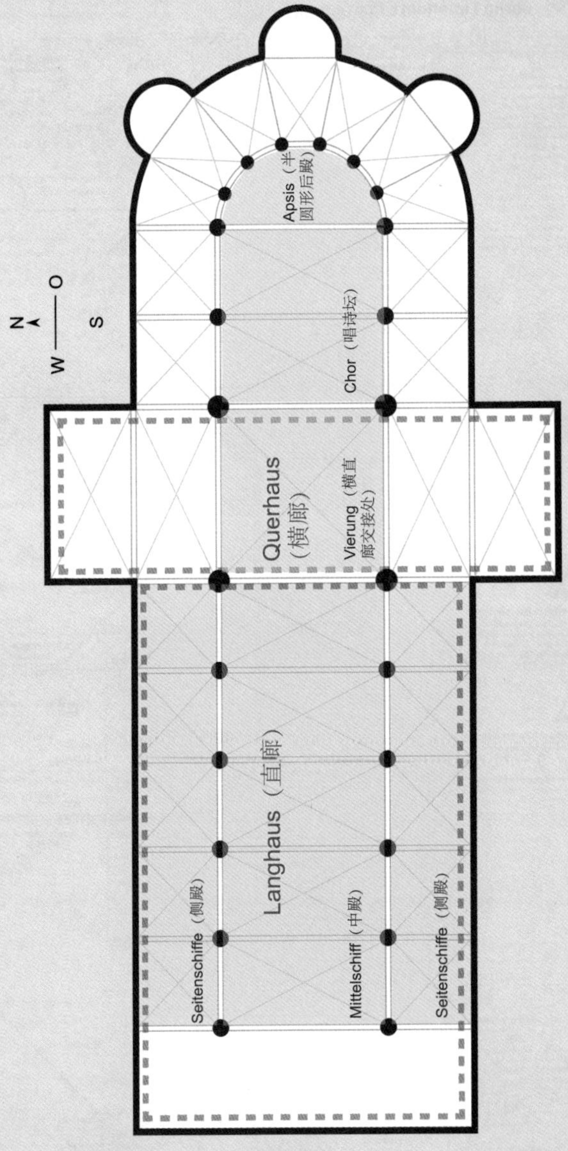
Apsis（半圆形后殿）
Chor（唱诗坛）
N
W
O
S
Querhaus（横廊）
Vierung（横直廊交接处）
Langhaus（直廊）
Seitenschiffe（侧殿）
Mittelschiff（中殿）
Seitenschiffe（侧殿）

柏林

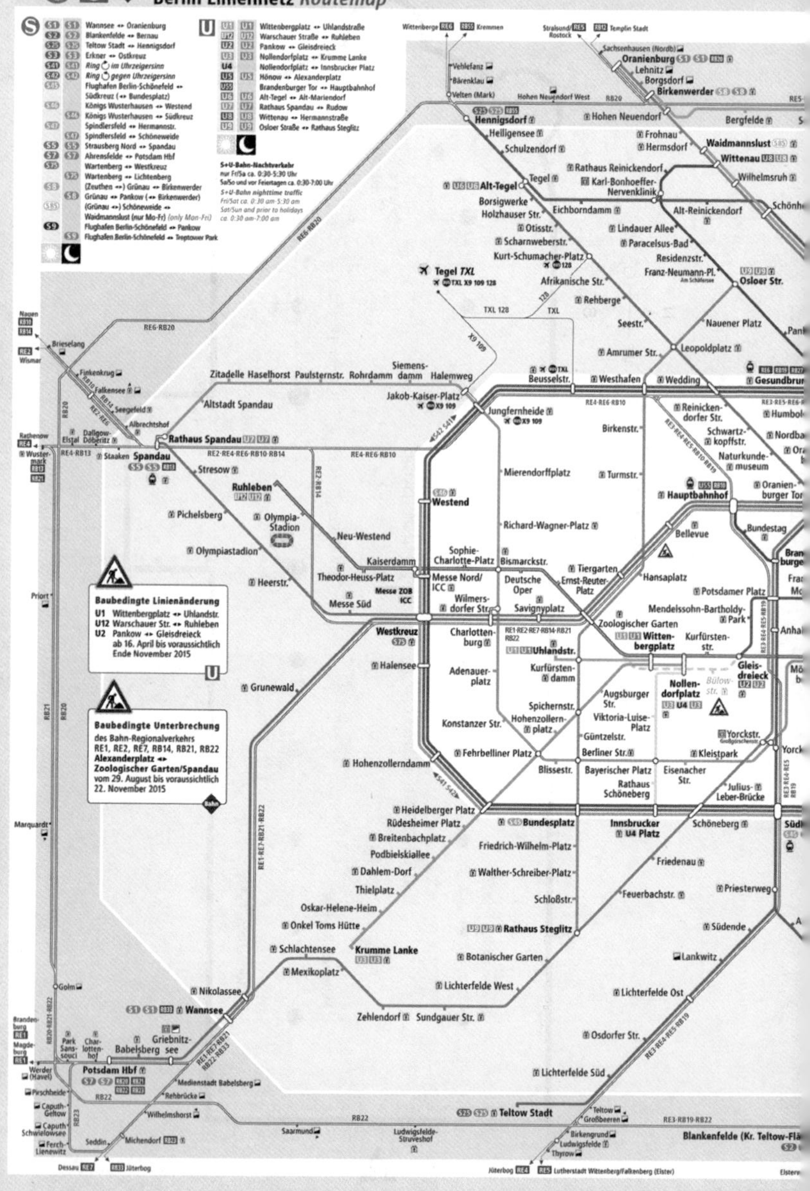

Berlin Liniennetz Routemap
S1 Wannsee ↔ Oranienburg
S2 Blankenfelde ↔ Bernau
S25 Teltow Stadt ↔ Hennigsdorf
S3 Erkner ↔ Ostkreuz
S41 Ring im Uhrzeigersinn
S42 Ring gegen Uhrzeigersinn
S45 Flughafen Berlin-Schönefeld ↔ Südkreuz (↔ Bundesplatz)
S46 Königs Wusterhausen ↔ Westend
S46 Königs Wusterhausen ↔ Südkreuz
S47 Spindlersfeld ↔ Hermannstr.
S47 Spindlersfeld ↔ Schöneweide
S5 Strausberg Nord ↔ Spandau
S7 Ahrensfelde ↔ Potsdam Hbf
S75 Wartenberg ↔ Westkreuz
S75 Wartenberg ↔ Lichtenberg
S8 (Zeuthen ↔) Grünau ↔ Birkenwerder
S8 Grünau ↔ Pankow (↔ Birkenwerder)
S85 (Grünau ↔) Schöneweide ↔ Waidmannslust (nur Mo-Fr) (only Mon-Fri)
S9 Flughafen Berlin-Schönefeld ↔ Pankow
S9 Flughafen Berlin-Schönefeld ↔ Treptower Park
U1 Wittenbergplatz ↔ Uhlandstraße
U12 Warschauer Straße ↔ Ruhleben
U2 Pankow ↔ Gleisdreieck
U3 Nollendorfplatz ↔ Krumme Lanke
U4 Nollendorfplatz ↔ Innsbrucker Platz
U5 Hönow ↔ Alexanderplatz
U55 Brandenburger Tor ↔ Hauptbahnhof
U6 Alt-Tegel ↔ Alt-Mariendorf
U7 Rathaus Spandau ↔ Rudow
U8 Wittenau ↔ Hermannstraße
U9 Osloer Straße ↔ Rathaus Steglitz
S+U-Bahn-Nachtverkehr
nur Fr/Sa ca. 0:30-5:30 Uhr
Sa/So und vor Feiertagen ca. 0:30-7:00 Uhr
S+U-Bahn nighttime traffic
Fri/Sat ca. 0:30 am-5:30 am
Sat/Sun and prior to holidays
ca. 0:30 am-7:00 am
Baubedingte Linienänderung
U1 Wittenbergplatz ↔ Uhlandstr.
U12 Warschauer Str. ↔ Ruhleben
U2 Pankow ↔ Gleisdreieck
ab 16. April bis voraussichtlich Ende November 2015
Baubedingte Unterbrechung
des Bahn-Regionalverkehrs
RE1, RE2, RE7, RB14, RB21, RB22
Alexanderplatz ↔ Zoologischer Garten/Spandau
vom 29. August bis voraussichtlich 22. November 2015
Tegel TXL
Oranienburg
Hennigsdorf
Alt-Tegel
Rathaus Spandau
Spandau
Ruhleben
Olympia-Stadion
Westend
Westkreuz
Jungfernheide
Hauptbahnhof
Zoologischer Garten
Wittenbergplatz
Uhlandstr.
Nollendorfplatz
Osloer Str.
Gesundbrunnen
Bundesplatz
Innsbrucker Platz
Rathaus Steglitz
Krumme Lanke
Wannsee
Potsdam Hbf
Teltow Stadt
Blankenfelde (Kr. Teltow-Flä

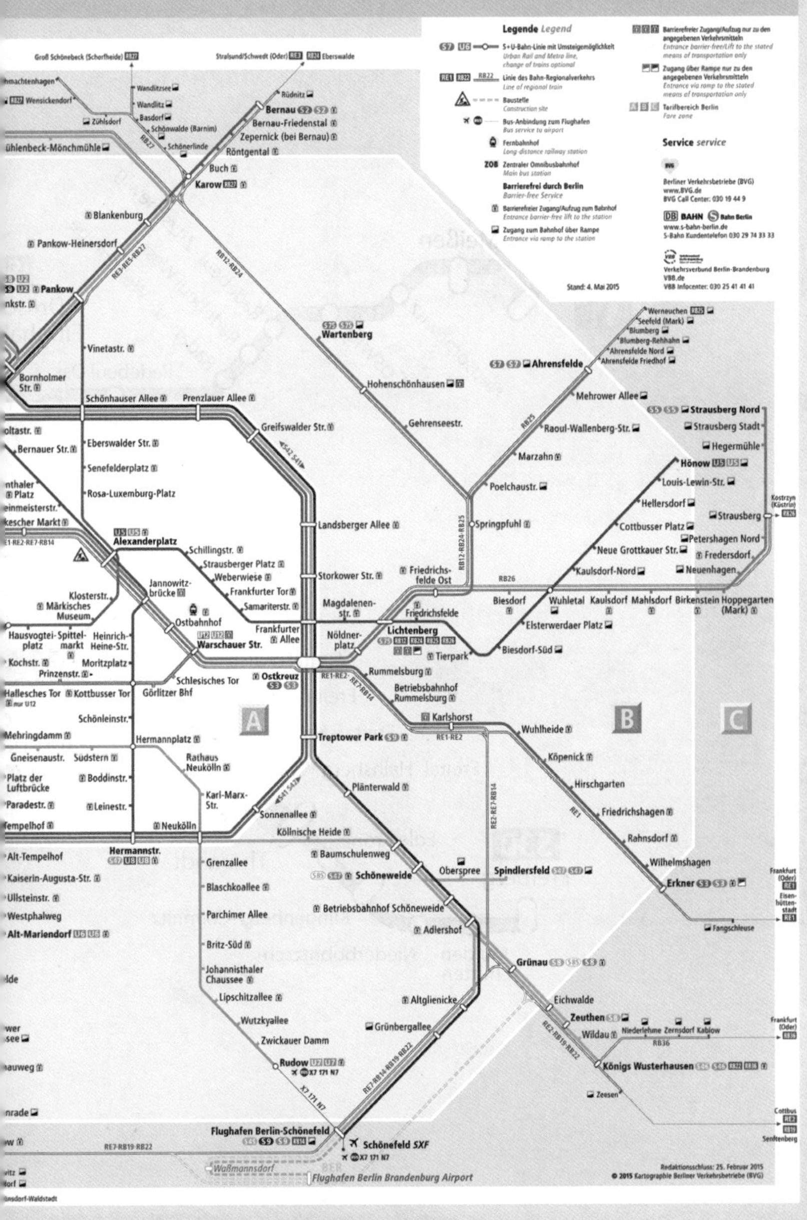

德累斯顿

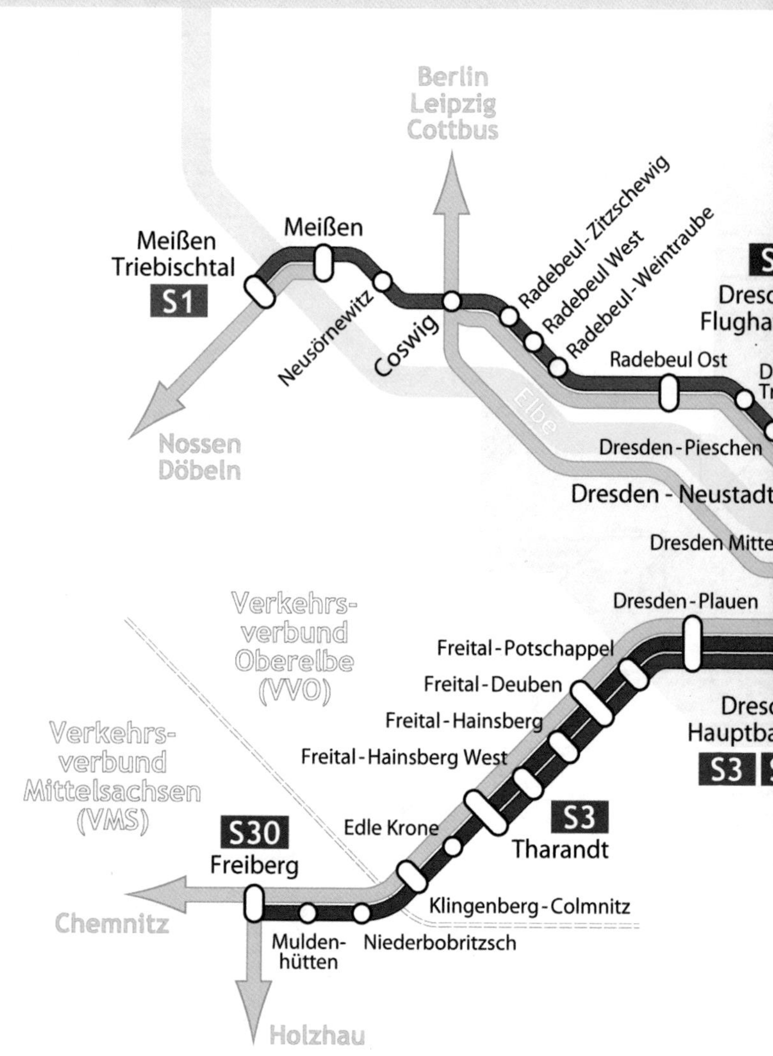
Berlin
Leipzig
Cottbus
Meißen
Triebischtal
S1
Meißen
Neusörnewitz
Coswig
Radebeul-Zitzschewig
Radebeul West
Radebeul-Weintraube
Radebeul Ost
Elbe
Nossen
Döbeln
Dresden-Pieschen
Dresden - Neustadt
Dresden Mitte
Verkehrs-
verbund
Oberelbe
(VVO)
Verkehrs-
verbund
Mittelsachsen
(VMS)
Dresden-Plauen
Freital-Potschappel
Freital-Deuben
Freital-Hainsberg
Freital-Hainsberg West
Edle Krone
S3
Tharandt
S3
S30
Freiberg
Chemnitz
Klingenberg-Colmnitz
Mulden-
hütten
Niederbobritzsch
Holzhau

Dresden
Königsbrück
Kamenz
Görlitz
Zittau
Dresden Grenzstraße
Dresden-Klotzsche
Dresden Industriegelände
Dresden Freiberger Straße
Dresden-Strehlen
Dresden-Reick
Dresden-Dobritz
Dresden-Niedersedlitz
Dresden-Zschachwitz
Heidenau
Heidenau Süd
Heidenau-Großsedlitz
Obervogelgesang
Stadt Wehlen
Kurort Rathen
Pirna
S2
Königstein
Bad Schandau
Krippen
Schmilka-Hirschmühle
Schöna
S1
Děčín
Praha

汉堡

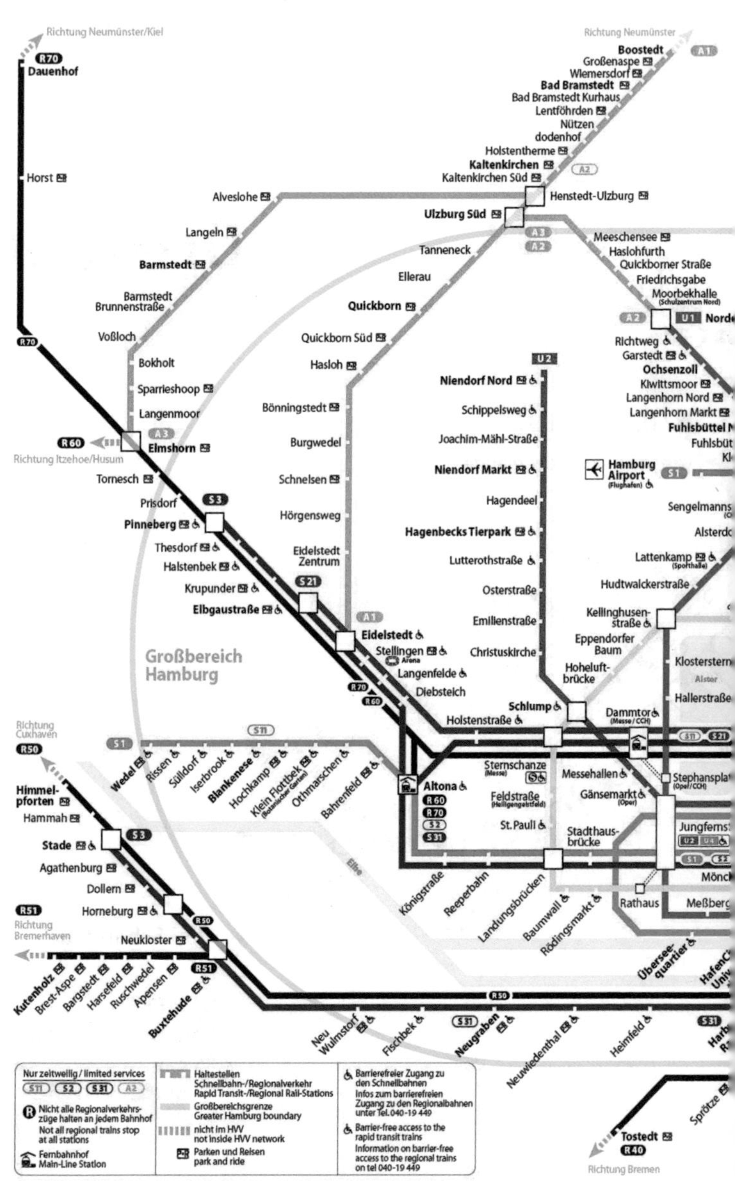
Richtung Neumünster/Kiel
Dauenhof
Horst
Richtung Neumünster
Boostedt
Großenaspe
Wiemersdorf
Bad Bramstedt
Bad Bramstedt Kurhaus
Lentföhrden
Nützen
dodenhof
Holstentherme
Kaltenkirchen
Kaltenkirchen Süd
Henstedt-Ulzburg
Alveslohe
Ulzburg Süd
Langeln
Barmstedt
Tanneneck
Meeschensee
Haslohfurth
Quickborner Straße
Friedrichsgabe
Moorbekhalle
Ellerau
Barmstedt Brunnenstraße
Quickborn
Voßloch
Quickborn Süd
Richtweg
Garstedt
Ochsenzoll
Kiwittsmoor
Langenhorn Nord
Langenhorn Markt
Bokholt
Hasloh
Niendorf Nord
Sparrieshoop
Langenmoor
Bönningstedt
Schippelsweg
Joachim-Mähl-Straße
Elmshorn
Richtung Itzehoe/Husum
Burgwedel
Tornesch
Schnelsen
Niendorf Markt
Hamburg Airport (Flughafen)
Hagendeel
Prisdorf
Hörgensweg
Pinneberg
Hagenbecks Tierpark
Thesdorf
Halstenbek
Eidelstedt Zentrum
Lutterothstraße
Lattenkamp
Krupunder
Osterstraße
Hudtwalckerstraße
Elbgaustraße
Emilienstraße
Kellinghusen-straße
Eidelstedt
Stellingen
Christuskirche
Eppendorfer Baum
Großbereich Hamburg
Langenfelde
Hoheluft-brücke
Diebsteich
Schlump
Dammtor
Holstenstraße
Richtung Cuxhaven
Wedel
Rissen
Sülldorf
Iserbrook
Blankenese
Hochkamp
Klein Flottbek
Othmarschen
Bahrenfeld
Altona
Sternschanze
Messehallen
Stephansplatz
Himmel-pforten
Feldstraße
Gänsemarkt
Hammah
St. Pauli
Stadthaus-brücke
Stade
Agathenburg
Elbe
Dollern
Horneburg
Richtung Bremerhaven
Königstraße
Reeperbahn
Landungsbrücken
Baumwall
Rödingsmarkt
Rathaus
Neukloster
Überseequartier
Kutenholz
Brest-Aspe
Bargstedt
Harsefeld
Ruschwedel
Apensen
Buxtehude
Neu Wulmstorf
Fischbek
Neugraben
Neuwiedenthal
Heimfeld
Tostedt
Richtung Bremen
Nur zeitweilig / limited services
Nicht alle Regionalverkehrszüge halten an jedem Bahnhof
Not all regional trains stop at all stations
Fernbahnhof
Main-Line Station
Haltestellen Schnellbahn-/Regionalverkehr
Rapid Transit-/Regional Rail-Stations
Großbereichsgrenze
Greater Hamburg boundary
nicht im HVV
not inside HVV network
Parken und Reisen
park and ride
Barrierefreier Zugang zu den Schnellbahnen
Infos zum barrierefreien Zugang zu den Regionalbahnen unter Tel. 040-19 449
Barrier-free access to the rapid transit trains
Information on barrier-free access to the regional trains on tel 040-19 449

Schnellbahn-/Regionalverkehr
Rapid Transit/Regional Rail
HVV
Infos · Fahrpläne · Service
www.hvv.de · 040-19 449
Richtung Neumünster
Rickling
Wahlstedt
Fahrenkrug
Bad Segeberg
Altengörs
Wakendorf
Fresenburg
Richtung Lübeck
Reinfeld
Bad Oldesloe
Kupfermühle
Bargteheide
Gartenholz
Ahrensburg
Ohlstedt
Poppenbüttel
Hoisbüttel
Wellingsbüttel
Buckhorn
Hoheneichen
Volksdorf
Buchenkamp
Ahrensburg West
Ahrensburg Ost
Schmalenbeck
Kiekut
Großhansdorf
Kornweg (Klein Borstel)
Meiendorfer Weg
Berne
Farmsen
Ohlsdorf
Rübenkamp (City Nord)
Trabrennbahn
Wandsbek-Gartenstadt
Rahlstedt
Alte Wöhr (Stadtpark)
Habichtstraße
Alter Teichweg
Straßburger Straße
Tonndorf
Borgweg (Stadtpark)
Saarlandstraße
Barmbek
Friedrichsberg
Wandsbek Markt
Wandsbek
Dehnhaide
Hamburger Straße
Mundsburg
Uhlandstraße
Wandsbeker Chaussee
Ritterstraße
Wartenau
Hasselbrook
Lübecker Straße
Lohmühlenstraße
Landwehr
Berliner Tor
Burgstraße
Hammer Kirche
Rauhes Haus
Horner Rennbahn
Legienstraße
Billstedt
Merkenstraße
Steinfurther Allee
Mümmelmannsberg
Großbereich Hamburg
Richtung Lübeck
Ratzeburg
Mölln
Nord
Hauptbahnhof
Central Station
Süd
Rothenburgsort
Tiefstack
Billwerder-Moorfleet
Mittlerer Landweg
Allermöhe
Nettelnburg
Bergedorf
Reinbek
Wohltorf
Aumühle
Friedrichsruh
Schwarzenbek
Müssen
Richtung Schwerin/Rostock
Büchen
Hammerbrook (City Süd)
Veddel (BallinStadt)
Wilhelmsburg
Elbe
Harburg
Meckelfeld
Maschen
Stelle
Ashausen
Hittfeld
Klecken
Buchholz
Suerhop
Holm-Seppensen
Büsenbachtal
Lauenburg
Echem
Winsen
Radbruch
Bardowick
Lüneburg
Wendisch Evern
Vastorf
Bavendorf
Dahlenburg
Neetzendorf
Göhrde
Soltau
Stand: 09.12.2012 © HVV
Richtung Uelzen
Richtung Dannenberg

汉诺威

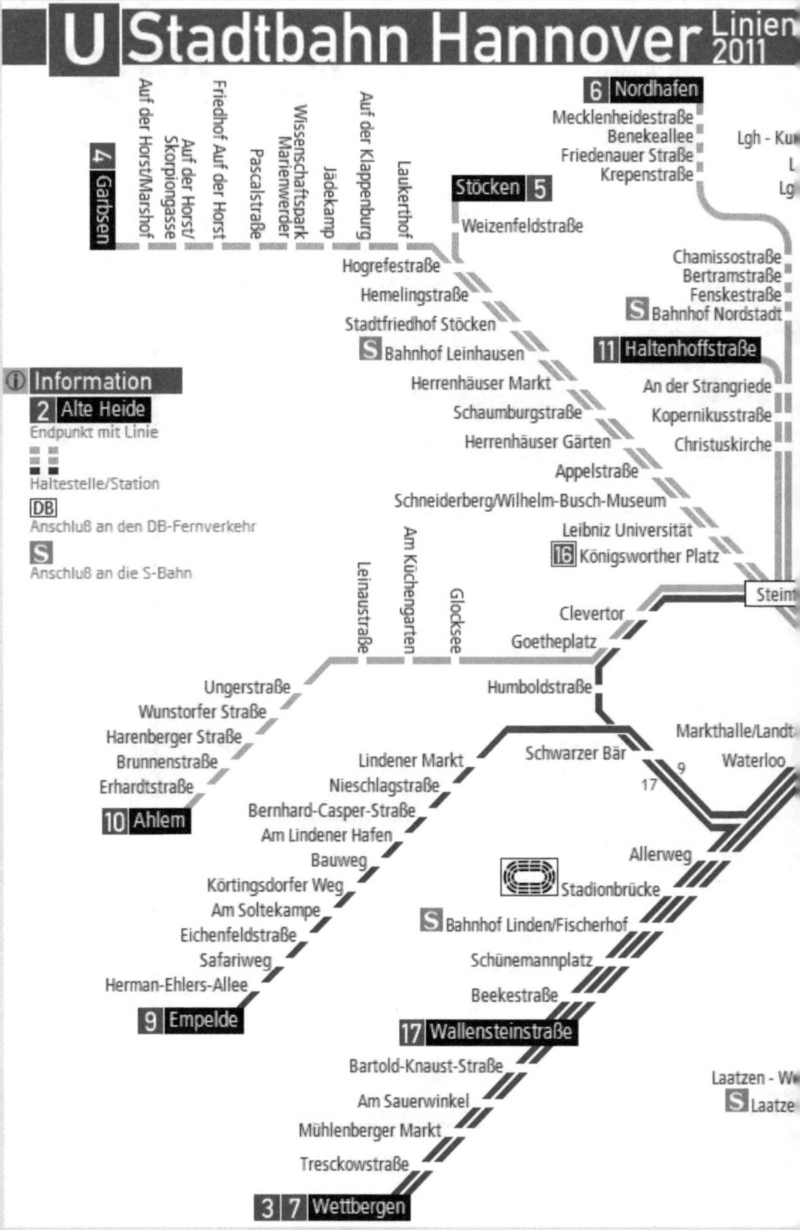

U Stadtbahn Hannover Linien 2011

4 Garbsen
Auf der Horst/Marshof
Auf der Horst/Skorpiongasse
Friedhof Auf der Horst
Pascalstraße
Wissenschaftspark Marienwerder
Jädekamp
Auf der Klappenburg
Laukerthof

Stöcken 5
Weizenfeldstraße

6 Nordhafen
Mecklenheidestraße
Benekeallee
Friedenauer Straße
Krepenstraße

Lgh - Ku
L
Lg

Hogrefestraße
Hemelingstraße
Stadtfriedhof Stöcken
S Bahnhof Leinhausen
Herrenhäuser Markt
Schaumburgstraße
Herrenhäuser Gärten
Appelstraße
Schneiderberg/Wilhelm-Busch-Museum
Leibniz Universität
16 Königsworther Platz

Chamissostraße
Bertramstraße
Fenskestraße
S Bahnhof Nordstadt
11 Haltenhoffstraße
An der Strangriede
Kopernikusstraße
Christuskirche

Steint

Information
2 Alte Heide
Endpunkt mit Linie
Haltestelle/Station
DB
Anschluß an den DB-Fernverkehr
S
Anschluß an die S-Bahn

Leinaustraße
Am Küchengarten
Glocksee
Clevertor
Goetheplatz
Humboldtstraße

Ungerstraße
Wunstorfer Straße
Harenberger Straße
Brunnenstraße
Erhardtstraße
10 Ahlem

Markthalle/Landt
Waterloo
Schwarzer Bär
9
17

Lindener Markt
Nieschlagstraße
Bernhard-Casper-Straße
Am Lindener Hafen
Bauweg
Körtingsdorfer Weg
Am Soltekampe
Eichenfeldstraße
Safariweg
Herman-Ehlers-Allee
9 Empelde

Allerweg
Stadionbrücke
S Bahnhof Linden/Fischerhof
Schünemannplatz
Beekestraße
17 Wallensteinstraße
Bartold-Knaust-Straße
Am Sauerwinkel
Mühlenberger Markt
Tresckowstraße
3 7 Wettbergen

Laatzen - W
S Laatze

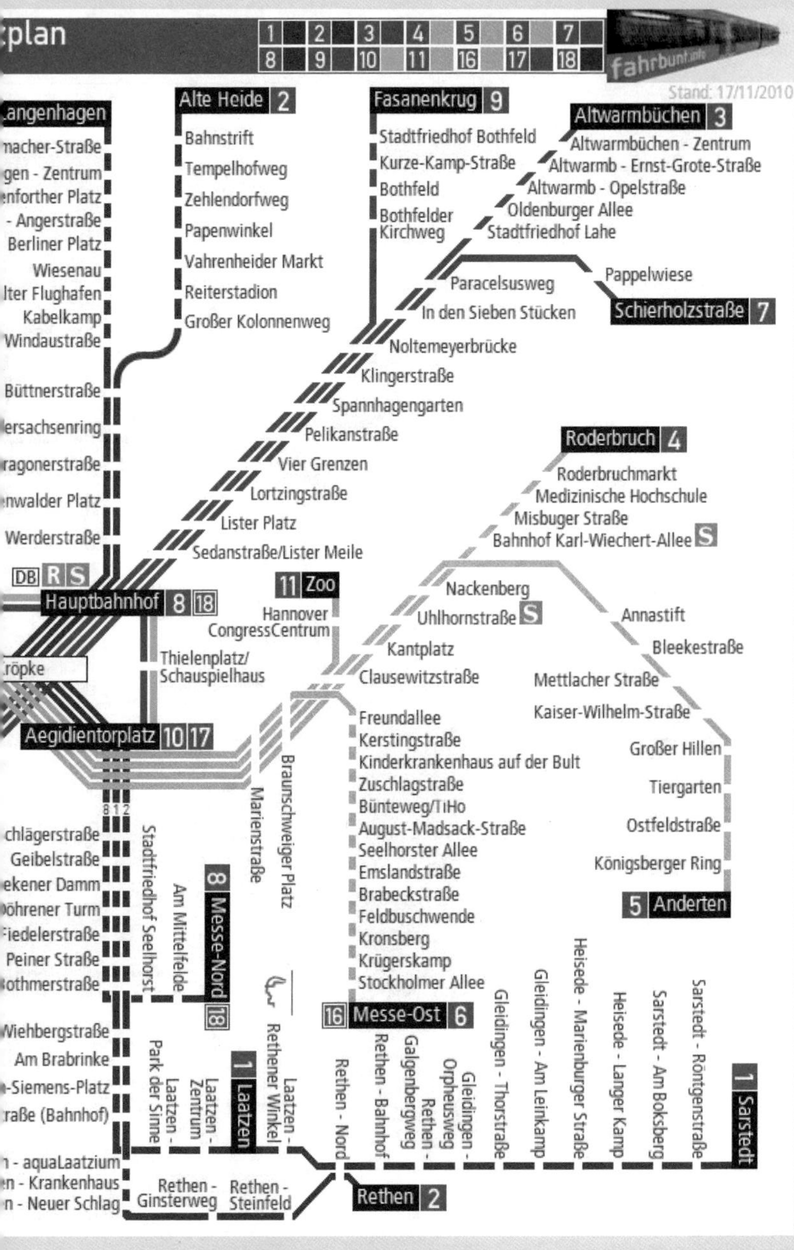
plan
1 2 3 4 5 6 7
8 9 10 11 16 17 18
fahrbunt.info
Stand: 17/11/2010
Alte Heide 2
Bahnstrift
Tempelhofweg
Zehlendorfweg
Papenwinkel
Vahrenheider Markt
Reiterstadion
Großer Kolonnenweg
Fasanenkrug 9
Stadtfriedhof Bothfeld
Kurze-Kamp-Straße
Bothfeld
Bothfelder Kirchweg
Altwarmbüchen 3
Altwarmbüchen - Zentrum
Altwarmb - Ernst-Grote-Straße
Altwarmb - Opelstraße
Oldenburger Allee
Stadtfriedhof Lahe
Pappelwiese
Schierholzstraße 7
Paracelsusweg
In den Sieben Stücken
Noltemeyerbrücke
Klingerstraße
Spannhagengarten
Pelikanstraße
Vier Grenzen
Lortzingstraße
Lister Platz
Sedanstraße/Lister Meile
Wiesenau
Kabelkamp
Windaustraße
Büttnerstraße
Werderstraße
Berliner Platz
DB R S
Hauptbahnhof 8 18
11 Zoo
Hannover CongressCentrum
Thielenplatz/ Schauspielhaus
Aegidientorplatz 10 17
Roderbruch 4
Roderbruchmarkt
Medizinische Hochschule
Misbuger Straße
Bahnhof Karl-Wiechert-Allee S
Nackenberg
Uhlhornstraße S
Kantplatz
Clausewitzstraße
Annastift
Bleekestraße
Mettlacher Straße
Kaiser-Wilhelm-Straße
Großer Hillen
Tiergarten
Ostfeldstraße
Königsberger Ring
5 Anderten
Freundallee
Kerstingstraße
Kinderkrankenhaus auf der Bult
Zuschlagstraße
Bünteweg/TiHo
August-Madsack-Straße
Seelhorster Allee
Emslandstraße
Brabeckstraße
Feldbuschwende
Kronsberg
Krügerskamp
Stockholmer Allee
16 Messe-Ost 6
Braunschweiger Platz
Marienstraße
Stadtfriedhof Seelhorst
Am Mittelfelde
8 Messe-Nord 18
Geibelstraße
Peiner Straße
Am Brabrinke
Park der Sinne
Laatzen - Zentrum
1 Laatzen
Rethener Winkel
Laatzen -
Rethen - Nord
Rethen - Bahnhof
Galgenbergweg
Rethen - Orpheusweg
Gleidingen -
Gleidingen - Thorstraße
Gleidingen - Am Leinkamp
Heisede - Marienburger Straße
Heisede - Langer Kamp
Sarstedt - Am Boksberg
Sarstedt - Röntgenstraße
1 Sarstedt
Rethen - Ginsterweg
Rethen - Steinfeld
Rethen 2

鲁尔区

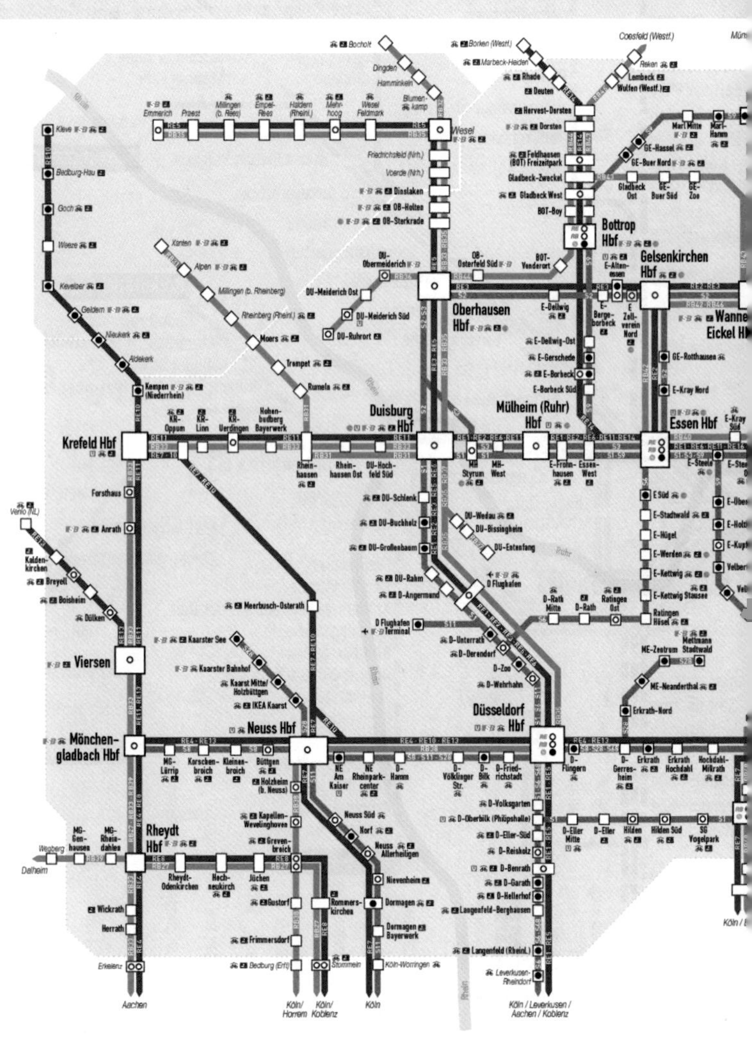

Bocholt
Borken (Westf.)
Coesfeld (Westf.)
Dingden
Hamminkeln
Blumenkamp
Marbeck-Heiden
Reken
Rhade
Lembeck
Deuten
Wulfen (Westf.)
Emmerich
Praest
Millingen (b. Rees)
Empel-Rees
Haldern (Rheinl.)
Mehrhoog
Wesel Feldmark
Wesel
Hervest-Dorsten
Dorsten
Kleve
Bedburg-Hau
Goch
Weeze
Kevelaer
Geldern
Nieukerk
Aldekerk
Kempen (Niederrhein)
Friedrichsfeld (Nrh.)
Voerde (Nrh.)
Dinslaken
OB-Holten
OB-Sterkrade
Feldhausen (BOT) Freizeitpark
Gladbeck-Zweckel
Gladbeck West
BOT-Boy
Bottrop Hbf
Marl Mitte
Marl-Hamm
GE-Hassel
GE-Buer Nord
Gladbeck Ost
GE-Buer Süd
GE-Zoo
Xanten
Alpen
Millingen (b. Rheinberg)
Rheinberg (Rheinl.)
Moers
Trompet
Rumeln
DU-Obermeiderich
DU-Meiderich Ost
DU-Meiderich Süd
DU-Ruhrort
OB-Osterfeld Süd
BOT-Vonderort
E-Altenessen
Gelsenkirchen Hbf
Oberhausen Hbf
E-Dellwig
E-Bergeborbeck
E-Zollverein Nord
Wanne-Eickel Hbf
E-Dellwig-Ost
E-Gerschede
E-Borbeck
E-Borbeck Süd
GE-Rotthausen
E-Kray Nord
Krefeld Hbf
KR-Oppum
KR-Linn
KR-Uerdingen
Hohenbudberg Bayerwerk
Duisburg Hbf
Mülheim (Ruhr) Hbf
Essen Hbf
E-Kray Süd
Rheinhausen
Rheinhausen Ost
DU-Hochfeld Süd
MH-Styrum
MH-West
E-Frohnhausen
Essen-West
E-Steele
Forsthaus
Anrath
Venlo (NL)
Kaldenkirchen
Breyell
Boisheim
Dülken
Viersen
DU-Schlenk
DU-Buchholz
DU-Großenbaum
DU-Rahm
D-Angermund
DU-Wedau
DU-Bissingheim
DU-Entenfang
D Flughafen
E Süd
E-Stadtwald
E-Hügel
E-Werden
E-Kettwig
E-Kettwig Stausee
Meerbusch-Osterath
D Flughafen Terminal
D-Rath Mitte
D-Rath
Ratingen Ost
Ratingen Hösel
Kaarster See
Kaarster Bahnhof
Kaarst Mitte/Holzbüttgen
IKEA Kaarst
D-Unterrath
D-Derendorf
D-Zoo
D-Wehrhahn
ME-Zentrum
Mettmann Stadtwald
ME-Neanderthal
Erkrath-Nord
Mönchengladbach Hbf
Neuss Hbf
Düsseldorf Hbf
MG-Lürrip
Korschenbroich
Kleinenbroich
Büttgen
Holzheim (b. Neuss)
NE Am Kaiser
NE Rheinparkcenter
D-Hamm
D-Völklinger Str.
D-Bilk
D-Friedrichstadt
D-Flingern
D-Gerresheim
Erkrath
Erkrath Hochdahl
Hochdahl-Millrath
D-Volksgarten
D-Oberbilk (Philipshalle)
D-Eller-Süd
D-Reisholz
D-Benrath
D-Garath
D-Hellerhof
Langenfeld-Berghausen
Langenfeld (Rheinl.)
Leverkusen-Rheindorf
D-Eller Mitte
D-Eller
Hilden
Hilden Süd
SG Vogelpark
Kapellen-Wevelinghoven
Grevenbroich
Neuss Süd
Norf
Neuss Allerheiligen
Nievenheim
Dormagen
Dormagen Bayerwerk
Rommerskirchen
Gustorf
Frimmersdorf
Bedburg (Erft)
Stommeln
Köln-Worringen
MG-Genhausen
MG-Rheindahlen
Rheydt Hbf
Wegberg
Dalheim
Rheydt-Odenkirchen
Hochneukirch
Jüchen
Wickrath
Herrath
Erkelenz
Aachen
Köln/Horrem
Köln/Koblenz
Köln
Köln / Leverkusen / Aachen / Koblenz
Rhein
Ruhr

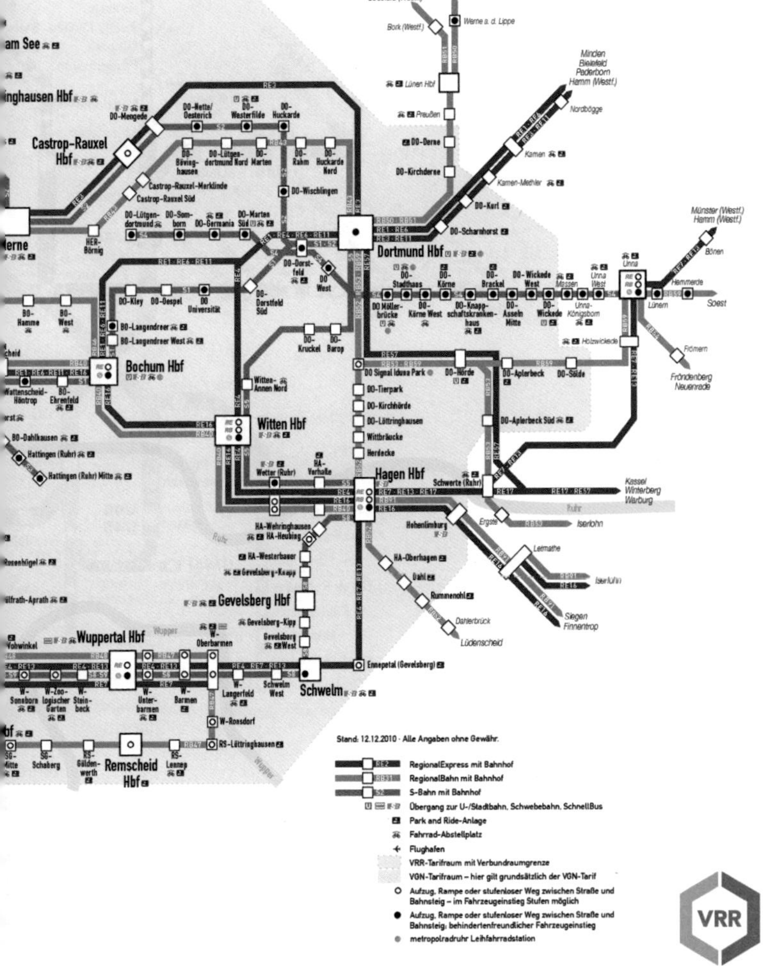
Enschede (NL) Coesfeld (Westf.)
Münster (Westf.)
Bork (Westf.)
Werne a. d. Lippe
Lünen Hbf
Preußen
DO-Derne
DO-Kirchderne
Minden Bielefeld Paderborn Hamm (Westf.)
Nordbögge
Kamen
Kamen-Methler
DO-Kurl
DO-Scharnhorst
Castrop-Rauxel Hbf
DO-Mengede
DO-Nette/ Oestrich
DO-Westerfilde
DO-Huckarde
DO-Bövinghausen
DO-Lütgendortmund Nord
DO-Marten
DO-Rahm
DO-Huckarde Nord
DO-Wischlingen
Castrop-Rauxel-Merklinde
Castrop-Rauxel Süd
DO-Lütgendortmund
DO-Somborn
DO-Germania
DO-Marten Süd
HER-Börnig
Dortmund Hbf
DO-Dorstfeld
DO West
DO-Dorstfeld Süd
DO-Kley
DO-Oespel
DO Universität
DO-Langendreer
DO-Langendreer West
Bochum Hbf
DO-Kruckel
DO-Barop
Witten-Annen Nord
Witten Hbf
DO-Stadthaus
DO-Körne
DO-Brackel
DO-Wickede West
Massen
Unna West
Unna
DO Möllerbrücke
DO-Körne West
DO-Knappschaftskrankenhaus
DO-Asseln Mitte
DO-Wickede
Unna-Königsborn
Holzwickede
Münster (Westf.) Hamm (Westf.)
Bönen
Hemmerde
Lünern
Soest
Frömern
Fröndenberg Neuenrade
DO Signal Iduna Park
DO-Hörde
DO-Aplerbeck
DO-Sölde
DO-Tierpark
DO-Kirchhörde
DO-Löttringhausen
Wittbräucke
Herdecke
DO-Aplerbeck Süd
Wetter (Ruhr)
HA-Vorhalle
Hagen Hbf
Schwerte (Ruhr)
Kassel Winterberg Warburg
Ruhr
Hohenlimburg
Ergste
Iserlohn
HA-Wehringhausen
HA-Heubing
HA-Westerbauer
Gevelsberg-Knapp
Gevelsberg Hbf
Gevelsberg-Kipp
Gevelsberg West
HA-Oberhagen
Dahl
Rummenohl
Dahlerbrück
Lüdenscheid
Letmathe
Siegen Finnentrop
BO-Hamme
BO-West
BO-Ehrenfeld
Hattingen (Ruhr)
Hattingen (Ruhr) Mitte
BO-Dahlhausen
Wuppertal Hbf
W-Oberbarmen
W-Sonnborn
W-Zoologischer Garten
W-Steinbeck
W-Unterbarmen
W-Barmen
W-Langerfeld
Schwelm West
Schwelm
Ennepetal (Gevelsberg)
W-Ronsdorf
RS-Lüttringhausen
SG-Schaberg
RS-Güldenwerth
Remscheid Hbf
RS-Lennep
Wupper
Stand: 12.12.2010 · Alle Angaben ohne Gewähr.
RegionalExpress mit Bahnhof
RegionalBahn mit Bahnhof
S-Bahn mit Bahnhof
Übergang zur U-/Stadtbahn, Schwebebahn, SchnellBus
Park and Ride-Anlage
Fahrrad-Abstellplatz
Flughafen
VRR-Tarifraum mit Verbundraumgrenze
VGN-Tarifraum – hier gilt grundsätzlich der VGN-Tarif
Aufzug, Rampe oder stufenloser Weg zwischen Straße und Bahnsteig – im Fahrzeugeinstieg Stufen möglich
Aufzug, Rampe oder stufenloser Weg zwischen Straße und Bahnsteig: behindertenfreundlicher Fahrzeugeinstieg
metropolradruhr Leihfahrradstation
VRR

多特蒙德

Castrop-Rauxel

U41
Brambauer Verkehrshof
Brambauer Krankenhaus
Herrentheystr.
Oetringhauser Str.
Brechten Zentrum
Wittichstr.
Maienweg
Waldesruh
Grävingholz
Externberg
Amtsstr.
Zeche Minister Stein
Güterstr.
Fredenbaum
Lortzingstr.
Münsterstr.
Leopoldstr.

DO-Westerfilde
Obernette
U47
Buschstr.
Parsevalstr.
Huckarde Bushof
Huckarde Abzweig
Insterburger Str.
Hafen
Immermannstr./ Klinikzentrum Nord
U49
Schützen-str.

In Planung: Verlängerung Kirchlinde

Walbertstr.
DO-Marten Süd
Auf dem Brümmer
Poth
Dorstfeld Betriebshof
Wittener Str.
Ottostr.
Ofenstr.
Heinrichstr.
Unionstr.
Westentor
U44
U43
Hbf U45
Reinoldi-kirche
Kampstr.
Stadtgarten

U46
Brün
Brügm
Glück
Eisen
Bur
F.-Zimm
Siedlu

Städt. Kliniken
DO-Möllerbrücke
Kreuzstr.
Theodor-Fliedner-Heim
An der Palmweide
Am Beilstück
Barop Parkhaus
Eierkampstr.
Harkortstr.
Hombruch Hallenbad
Grotenbachstr. U42

Saar-landstr.
Polizei-präsidium
Westfalen-hallen
U46
U45
(U45)
Westfalen-stadion
Remy-Damm
U49

DO-Sta
Markgra
Mär Str.
Westfale park
Romberg
Hachene

In Planung: Verlängerung Wellinghofen

Unterirdis

Ha

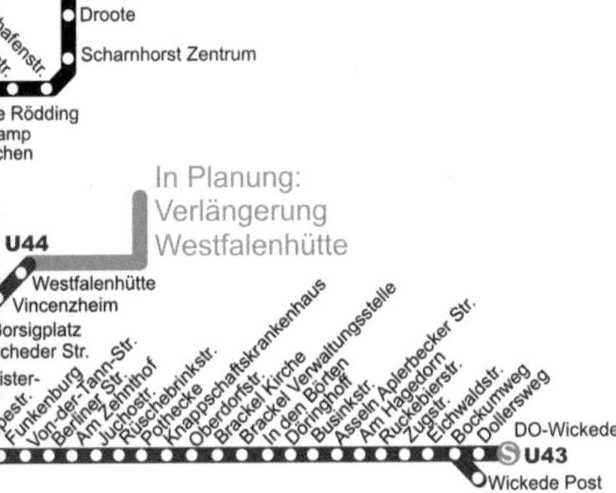

ortmund

U-/Stadtbahn (Hochflur)
U-/Stadtbahn (HF) in Planung/Bau
U-/Stadtbahn (Niederflur)
U-/Stadtbahn (NF) in Planung/Bau
Straßenbahnvorlaufbetrieb
Stadtbahnplanung 1975
S-Bahnhof

埃森

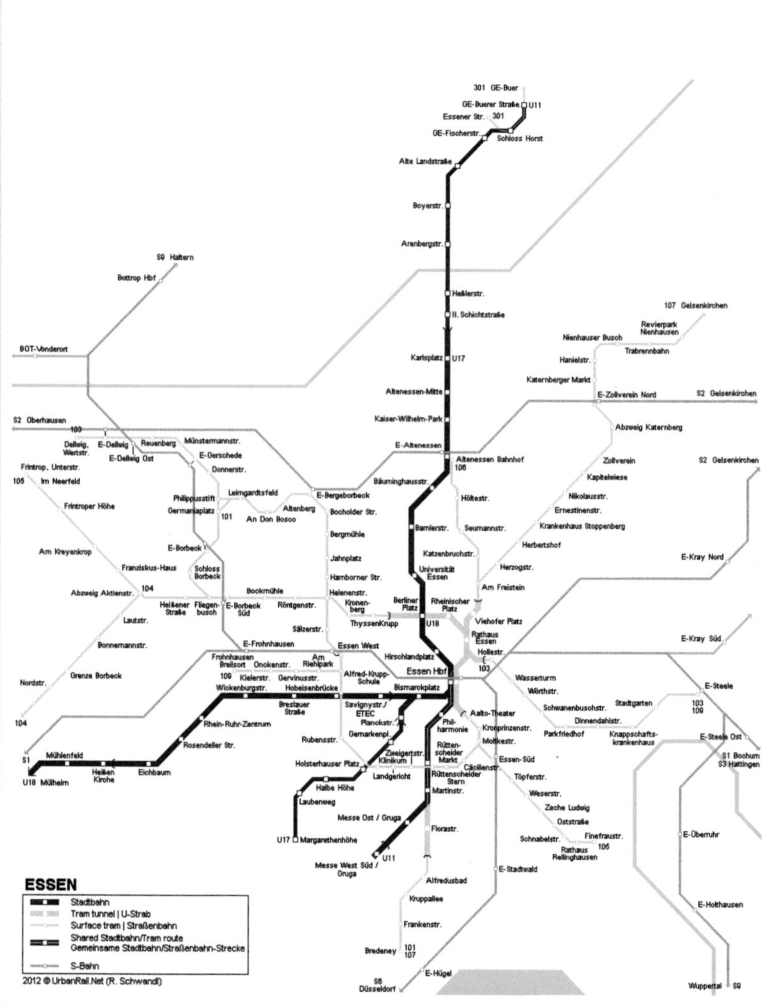
ESSEN
Stadtbahn
Tram tunnel | U-Strab
Surface tram | Straßenbahn
Shared Stadtbahn/Tram route
Gemeinsame Stadtbahn/Straßenbahn-Strecke
S-Bahn
2012 © UrbanRail.Net (R. Schwandl)
301 GE-Buer
GE-Buerer Straße
U11
Essener Str.
GE-Fischerstr.
Schloss Horst
Alte Landstraße
Boyerstr.
Arenbergstr.
Heßlerstr.
II. Schichtstraße
Karlsplatz
U17
Altenessen-Mitte
Kaiser-Wilhelm-Park
E-Altenessen
Altenessen Bahnhof
106
Bäuminghausstr.
Höltestr.
Bamlerstr.
Seumannstr.
Katzenbruchstr.
Universität Essen
Berliner Platz
Rheinischer Platz
U18
Viehofer Platz
Rathaus Essen
Hollestr.
103
Essen Hbf
Hirschlandplatz
Bismarckplatz
Aalto-Theater
Philharmonie
Rüttenscheider Markt
Rüttenscheider Stern
Martinstr.
Florastr.
Alfredusbad
Kruppallee
Frankenstr.
Bredeney
101
107
E-Hügel
S6 Düsseldorf
Messe West Süd / Gruga
Messe Ost / Gruga
U17 Margarethenhöhe
Laubenweg
Halbe Höhe
Holsterhauser Platz
Landgericht
Zweigertstr. Klinikum
Gemarkenpl.
Planckstr.
Savignystr. / ETEC
Breslauer Straße
Rubensstr.
Alfred-Krupp-Schule
Am Riehlpark
Essen West
ThyssenKrupp
Kronenberg
Sälzerstr.
Röntgenstr.
Helenenstr.
Hamborner Str.
Jahnplatz
Bergmühle
Bocholder Str.
E-Bergeborbeck
Altenberg
An Don Bosco
Leimgardtsfeld
Philippusstift
Germaniaplatz
101
E-Borbeck
Schloss Borbeck
Bockmühle
E-Borbeck Süd
Fliegenbusch
Heißener Straße
104
Abzweig Aktienstr.
Franziskus-Haus
Am Kreyenkrop
Frintroper Höhe
Frintrop, Unterstr.
105
Im Neerfeld
Lautstr.
Bonnemannstr.
Grenze Borbeck
Nordstr.
104
E-Frohnhausen
Frohnhausen Breilsort
Onckenstr.
109
Kielerstr.
Gervinusstr.
Wickenburgstr.
Hobeisenbrücke
Rhein-Ruhr-Zentrum
Rosendeller Str.
Eichbaum
Heißen Kirche
Mühlenfeld
S1
U18 Mülheim
S2 Oberhausen
103
Dellwig, Wertstr.
E-Dellwig
E-Dellwig Ost
Reuenberg
Münstermannstr.
E-Gerschede
Donnerstr.
BOT-Vonderort
Bottrop Hbf
S9 Haltern
107 Gelsenkirchen
Revierpark Nienhausen
Trabrennbahn
Nienhauser Busch
Hanielstr.
Katernberger Markt
E-Zollverein Nord
S2 Gelsenkirchen
Abzweig Katernberg
Zollverein
Kapitelwiese
Nikolausstr.
Ernestinenstr.
Krankenhaus Stoppenberg
Herbertshof
Herzogstr.
Am Freistein
E-Kray Nord
E-Kray Süd
Wasserturm
Wörthstr.
Schwanenbuschstr.
Stadtgarten
Dinnendahlstr.
Parkfriedhof
Knappschaftskrankenhaus
Kronprinzenstr.
Moltkestr.
Essen-Süd
Töpferstr.
Weserstr.
Zeche Ludwig
Oststraße
Schnabelstr.
Finefraustr.
Rathaus Rellinghausen
106
E-Stadtwald
E-Steele
103
109
E-Steele Ost
S1 Bochum
S3 Hattingen
E-Überruhr
E-Holthausen
Wuppertal
S9

杜塞尔多夫

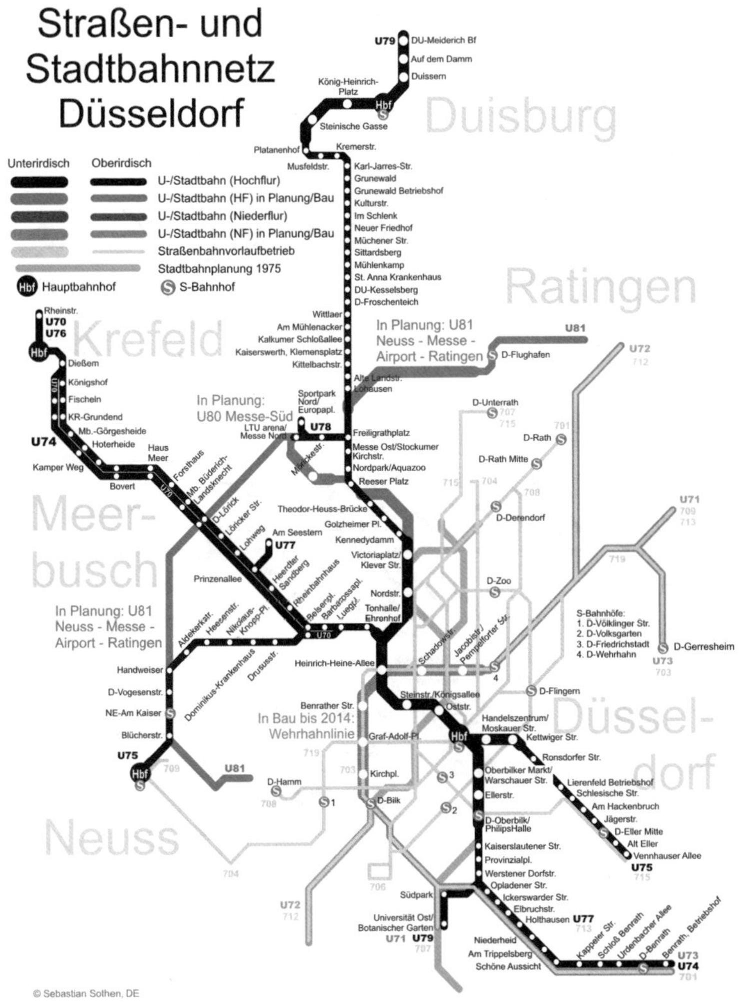

Straßen- und Stadtbahnnetz Düsseldorf
Unterirdisch
Oberirdisch
U-/Stadtbahn (Hochflur)
U-/Stadtbahn (HF) in Planung/Bau
U-/Stadtbahn (Niederflur)
U-/Stadtbahn (NF) in Planung/Bau
Straßenbahnvorlaufbetrieb
Stadtbahnplanung 1975
Hauptbahnhof
S-Bahnhof
Duisburg
Ratingen
Krefeld
Meer-busch
Neuss
Düssel-dorf
U79
DU-Meiderich Bf
Auf dem Damm
Duissern
König-Heinrich-Platz
Steinische Gasse
Platanenhof
Kremerstr.
Musfeldstr.
Karl-Jarres-Str.
Grunewald
Grunewald Betriebshof
Kulturstr.
Im Schlenk
Neuer Friedhof
Müchener Str.
Sittardsberg
Mühlenkamp
St. Anna Krankenhaus
DU-Kesselsberg
D-Froschenteich
Wittlaer
Am Mühlenacker
Kalkumer Schloßallee
Kaiserswerth, Klemensplatz
Kittelbachstr.
Alte Landstr.
Lohausen
In Planung: U81
Neuss - Messe - Airport - Ratingen
D-Flughafen
U81
U72
Rheinstr.
U70
U76
Dießem
Königshof
Fischeln
KR-Grundend
Mb.-Görgesheide
Hoterheide
U74
Kamper Weg
Bovert
Haus Meer
Forsthaus
Mb. Büderich-Landsknecht
In Planung: U80 Messe-Süd
Sportpark Nord/ Europapl.
LTU arena/ Messe Nord
U78
Freiligrathplatz
Messe Ost/Stockumer Kirchstr.
Nordpark/Aquazoo
Reeser Platz
Mörsenbroich
D-Unterrath
D-Rath
D-Rath Mitte
D-Derendorf
U71
D-Lörick
Löricker Str.
Lohweg
Am Seestern
U77
Theodor-Heuss-Brücke
Golzheimer Pl.
Kennedydamm
Victoriaplatz/ Klever Str.
Nordstr.
Tonhalle/ Ehrenhof
Prinzenallee
Heerdter Sandberg
Rheinbahnhaus
Belsenpl.
Barbarossapl.
Luegpl.
D-Zoo
Aldekerkstr.
Heesenstr.
Nikolaus-Knopp-Pl.
Handweiser
D-Vogesenstr.
NE-Am Kaiser
Blücherstr.
U75
Dominikus-Krankenhaus
Drususstr.
Heinrich-Heine-Allee
Schadowstr.
Jacobistr./ Pempelforter Str.
S-Bahnhöfe:
1. D-Völklinger Str.
2. D-Volksgarten
3. D-Friedrichstadt
4. D-Wehrhahn
D-Gerresheim
U73
D-Flingern
Steinstr./Königsallee
Oststr.
Benrather Str.
In Bau bis 2014: Wehrhahnlinie
Graf-Adolf-Pl.
Handelszentrum/ Moskauer Str.
Kettwiger Str.
Ronsdorfer Str.
Oberbilker Markt/ Warschauer Str.
Lierenfeld Betriebshof
Schlesische Str.
Am Hackenbruch
Jägerstr.
D-Eller Mitte
Alt Eller
Vennhauser Allee
Ellerstr.
D-Hamm
Kirchpl.
D-Bilk
D-Oberbilk/ PhilipsHalle
Kaiserslauterner Str.
Provinzialpl.
Werstener Dorfstr.
Opladener Str.
Südpark
Ickerswarder Str.
Elbruchstr.
Holthausen
Universität Ost/ Botanischer Garten
U71 U79
Niederheid
Am Trippelsberg
Schöne Aussicht
Kappeler Str.
Schloß Benrath
Urdenbacher Allee
D-Benrath
Benrath, Betriebshof
U73
U74
© Sebastian Sothen, DE

科隆

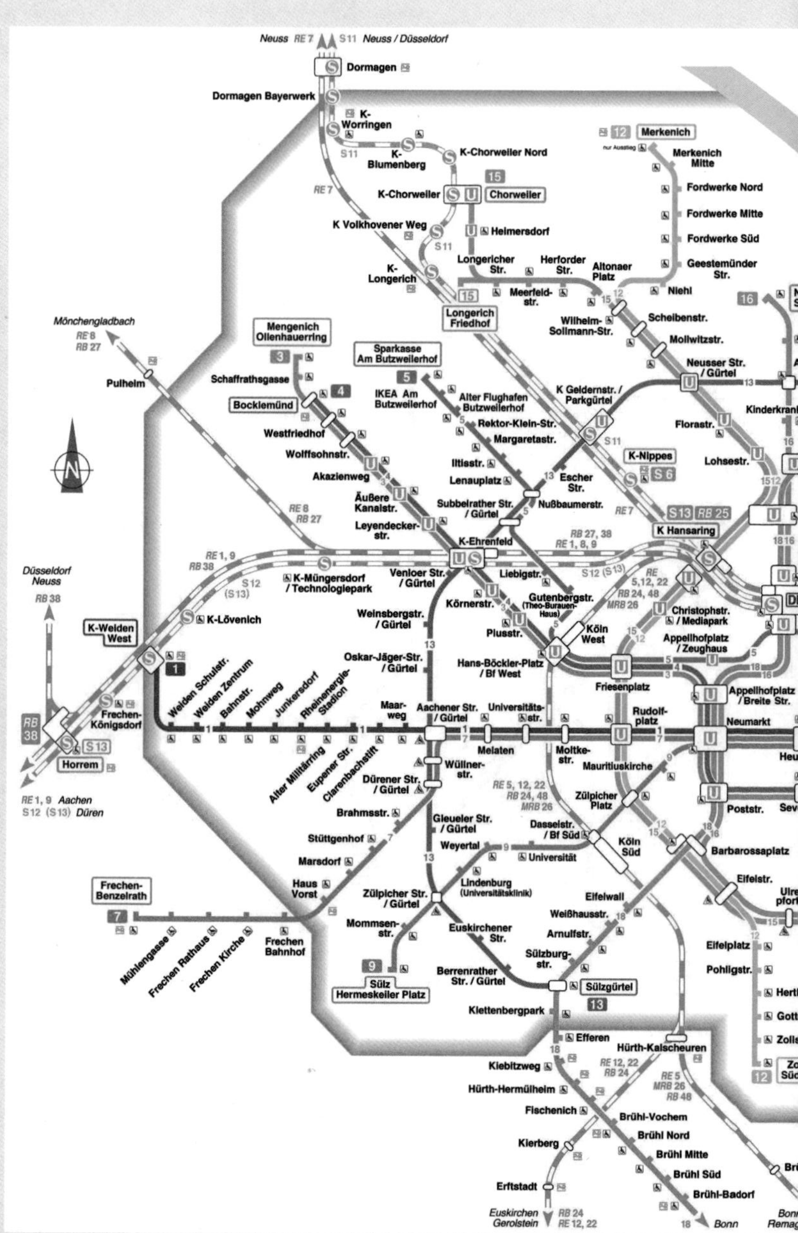
Neuss
S11 Neuss / Düsseldorf
Dormagen
Dormagen Bayerwerk
K-Worringen
K-Blumenberg
K-Chorweiler Nord
K-Chorweiler
Chorweiler
K Volkhovener Weg
Heimersdorf
K-Longerich
Longericher Str.
Herforder Str.
Altonaer Platz
Meerfeld-str.
Longerich Friedhof
Merkenich
Merkenich Mitte
Fordwerke Nord
Fordwerke Mitte
Fordwerke Süd
Geestemünder Str.
Niehl
Wilhelm-Sollmann-Str.
Scheibenstr.
Mollwitzstr.
Neusser Str. / Gürtel
Mönchengladbach
Pulheim
Mengenich Ollenhauerring
Schaffrathsgasse
Bocklemünd
Westfriedhof
Wolffsohnstr.
Akazienweg
Äußere Kanalstr.
Leyendecker-str.
Sparkasse Am Butzweilerhof
IKEA Am Butzweilerhof
Alter Flughafen Butzweilerhof
Rektor-Klein-Str.
Margaretastr.
Iltisstr.
Lenauplatz
Subbelrather Str. / Gürtel
K Geldernstr. / Parkgürtel
Escher Str.
Nußbaumerstr.
K-Nippes
Florastr.
Lohsestr.
Kinderkrank
K Hansaring
K-Ehrenfeld
Düsseldorf Neuss
K-Müngersdorf / Technologiepark
Venloer Str. / Gürtel
Liebigstr.
Körnerstr.
Gutenbergstr. (Theo-Burauen-Haus)
Plusstr.
Köln West
Christophstr. / Mediapark
Appellhofplatz / Zeughaus
K-Weiden West
K-Lövenich
Weinsbergstr. / Gürtel
Oskar-Jäger-Str. / Gürtel
Hans-Böckler-Platz / Bf West
Friesenplatz
Appellhofplatz / Breite Str.
Weiden Schulstr.
Weiden Zentrum
Bahnstr.
Mohnweg
Junkersdorf
Rheinenergie-Stadion
Maar-weg
Aachener Str. / Gürtel
Universitäts-str.
Rudolf-platz
Neumarkt
Frechen-Königsdorf
Horrem
Alter Militärring
Eupener Str.
Clarenbachstift
Melaten
Moltke-str.
Mauritiuskirche
Wüllner-str.
Dürener Str. / Gürtel
Zülpicher Platz
Poststr.
Aachen
Düren
Brahmsstr.
Gleueler Str. / Gürtel
Dasselstr. / Bf Süd
Köln Süd
Barbarossaplatz
Stüttgenhof
Weyertal
Universität
Marsdorf
Haus Vorst
Lindenburg (Universitätsklinik)
Eifelstr.
Frechen-Benzelrath
Zülpicher Str. / Gürtel
Eifelwall
Weißhausstr.
Mommsen-str.
Euskirchener Str.
Arnulfstr.
Eifelplatz
Pohligstr.
Mühlengasse
Frechen Rathaus
Frechen Kirche
Frechen Bahnhof
Sülzburg-str.
Sülz Hermeskeiler Platz
Berrenrather Str. / Gürtel
Sülzgürtel
Klettenbergpark
Efferen
Hürth-Kalscheuren
Kiebitzweg
Hürth-Hermülheim
Fischenich
Brühl-Vochem
Kierberg
Brühl Nord
Brühl Mitte
Brühl Süd
Erftstadt
Brühl-Badorf
Euskirchen Gerolstein
Bonn

2013
Schlebusch
Bergisch Gladbach
Thielenbruch
Bensberg
Königsforst
Zündorf
Troisdorf
K Messe / Deutz
Köln / Bonn Flughafen
Stand: 09. Dezember 2012
Stadtbahn
S-Bahn
Regionalzüge
DB - Fernverkehr
stufenfreier Zugang zu allen Linien
außer zu den Linien 13 u. 16
P+R-Platz
Stadtgebiet Stadtgrenze
©Verkehrsverbund Rhein-Sieg GmbH

法兰克福

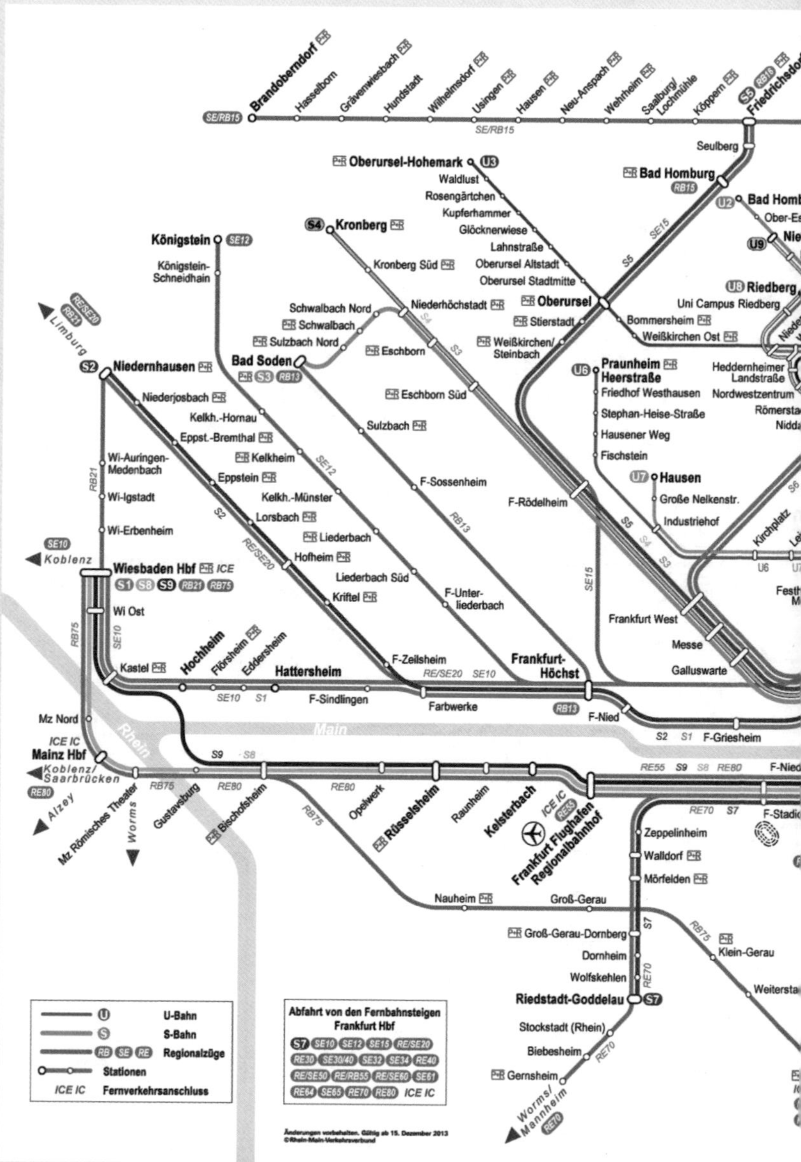
SE/RB15
Brandoberndorf
Hasselborn
Grävenwiesbach
Hundstadt
Wilhelmsdorf
Usingen
Hausen
Neu-Anspach
Wehrheim
Saalburg/Lochmühle
Köppern
Seulberg
Oberursel-Hohemark
U3
Waldlust
Rosengärtchen
Kupferhammer
Glöcknerwiese
Lahnstraße
Oberursel Altstadt
Oberursel Stadtmitte
Oberursel
Stierstadt
Weißkirchen/Steinbach
Bommersheim
Weißkirchen Ost
Bad Homburg
RB15
SE15
S5
Königstein
SE12
Königstein-Schneidhain
S4
Kronberg
Kronberg Süd
Niederhöchstadt
Schwalbach Nord
Schwalbach
Sulzbach Nord
Eschborn
Bad Soden
S3
RB13
Eschborn Süd
Sulzbach
F-Sossenheim
F-Rödelheim
F-Unterliederbach
Frankfurt-Höchst
Limburg
RE/SE20
RB21
S2
Niedernhausen
Niederjosbach
Kelkh.-Hornau
Eppst.-Bremthal
Kelkheim
Eppstein
Kelkh.-Münster
Lorsbach
Liederbach
Hofheim
Liederbach Süd
Kriftel
F-Zeilsheim
Wi-Auringen-Medenbach
Wi-Igstadt
Wi-Erbenheim
SE10
Koblenz
Wiesbaden Hbf
ICE
S1
S8
S9
RB75
Wi Ost
Kastel
Hochheim
Flörsheim
Eddersheim
Hattersheim
F-Sindlingen
Farbwerke
F-Nied
Mz Nord
ICE IC
Mainz Hbf
Koblenz/Saarbrücken
RE80
Alzey
Mz Römisches Theater
Worms
Gustavsburg
Bischofsheim
Opelwerk
Rüsselsheim
Raunheim
Kelsterbach
RE55
Frankfurt Flughafen Regionalbahnhof
Rhein
Main
Praunheim
Heerstraße
U6
Friedhof Westhausen
Stephan-Heise-Straße
Hausener Weg
Fischstein
U7
Hausen
Große Nelkenstr.
Industriehof
Kirchplatz
Frankfurt West
Messe
Galluswarte
F-Griesheim
RE70
S7
Zeppelinheim
Walldorf
Mörfelden
Nauheim
Groß-Gerau
Groß-Gerau-Dornberg
Dornheim
Wolfskehlen
Riedstadt-Goddelau
Stockstadt (Rhein)
Biebesheim
Gernsheim
Worms/Mannheim
Klein-Gerau
U2
U8
U9
Riedberg
Uni Campus Riedberg
Heddernheimer Landstraße
Nordwestzentrum
U-Bahn
S-Bahn
Regionalzüge
Stationen
ICE IC Fernverkehrsanschluss
Abfahrt von den Fernbahnsteigen Frankfurt Hbf
S7 SE10 SE12 SE15 RE/SE20
RE30 SE30/40 SE32 SE34 RE40
RE/SE50 RE/RB55 RE/SE60 SE61
RE64 SE65 RE70 RE80 ICE IC
Änderungen vorbehalten. Gültig ab 15. Dezember 2013
©Rhein-Main-Verkehrsverbund

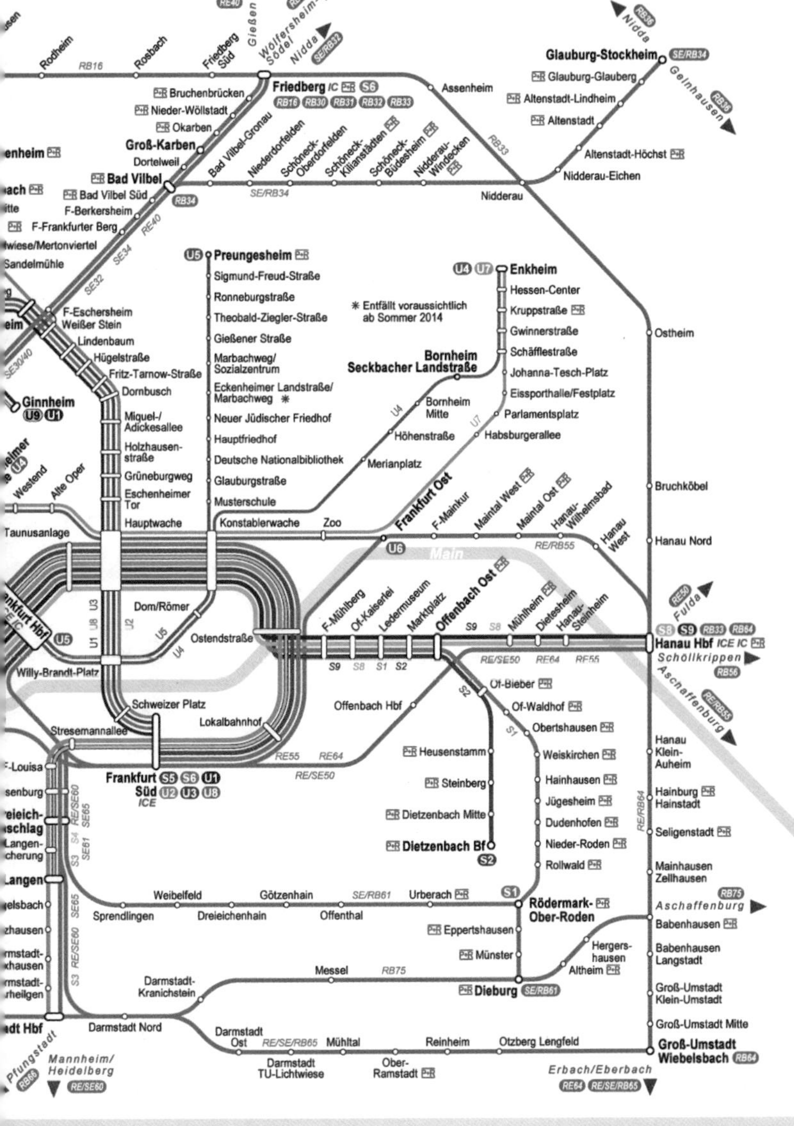
Friedberg
Bad Vilbel
Groß-Karben
Preungesheim
Enkheim
Bornheim Seckbacher Landstraße
Frankfurt Ost
Offenbach Ost
Hanau Hbf
Frankfurt Süd
Dietzenbach Bf
Rödermark-Ober-Roden
Dieburg
Glauburg-Stockheim
Groß-Umstadt Wiebelsbach
Konstablerwache
Hauptwache
Dom/Römer
Ostendstraße
Willy-Brandt-Platz
Schweizer Platz
Lokalbahnhof
Offenbach Hbf
Darmstadt Nord
Darmstadt Ost
Langen
Ostheim
Bruchköbel
Hanau Nord
Nidderau
Assenheim
Sigmund-Freud-Straße
Ronneburgstraße
Theobald-Ziegler-Straße
Gießener Straße
Hauptfriedhof
Deutsche Nationalbibliothek
Glauburgstraße
Musterschule
Zoo
Hessen-Center
Kruppstraße
Gwinnerstraße
Schäfflestraße
Johanna-Tesch-Platz
Eissporthalle/Festplatz
Parlamentsplatz
Habsburgerallee
Bornheim Mitte
Höhenstraße
Merianplatz
* Entfällt voraussichtlich ab Sommer 2014
Erbach/Eberbach
Mannheim/Heidelberg
Aschaffenburg
Schöllkrippen

斯图加特

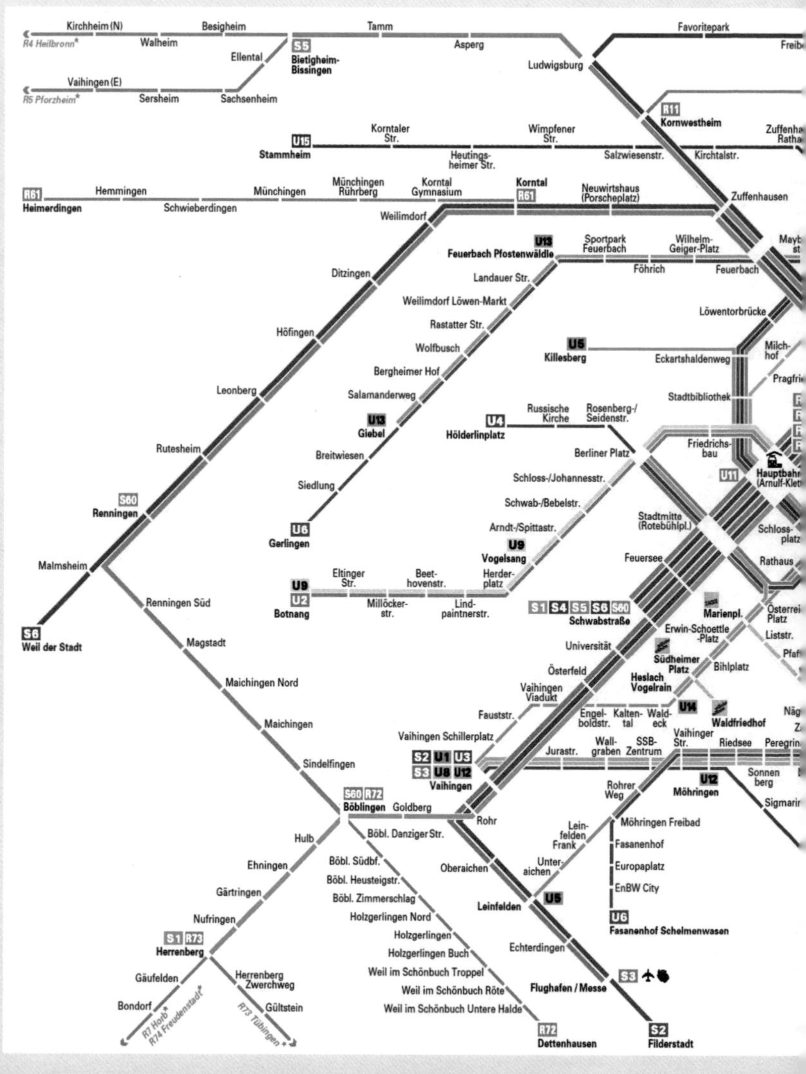

Kirchheim (N)
R4 Heilbronn*
Walheim
Besigheim
Ellental
Vaihingen (E)
R5 Pforzheim*
Sersheim
Sachsenheim
S5
Bietigheim-Bissingen
Tamm
Asperg
Ludwigsburg
Favoritepark
R11
Kornwestheim
U15
Stammheim
Korntaler Str.
Heutingsheimer Str.
Wimpfener Str.
Salzwiesenstr.
Kirchtalstr.
R61
Heimerdingen
Hemmingen
Schwieberdingen
Münchingen
Münchingen Rührberg
Korntal Gymnasium
Korntal
R61
Neuwirtshaus (Porscheplatz)
Zuffenhausen
Weilimdorf
U13
Feuerbach Pfostenwäldle
Sportpark Feuerbach
Föhrich
Wilhelm-Geiger-Platz
Feuerbach
Ditzingen
Landauer Str.
Weilimdorf Löwen-Markt
Rastatter Str.
Wolfbusch
Bergheimer Hof
Salamanderweg
U13
Giebel
Breitwiesen
Siedlung
U6
Gerlingen
Höfingen
Leonberg
Rutesheim
S60
Renningen
Malmsheim
S6
Weil der Stadt
Löwentorbrücke
U5
Killesberg
Eckartshaldenweg
Stadtbibliothek
U4
Hölderlinplatz
Russische Kirche
Rosenberg-/Seidenstr.
Berliner Platz
Friedrichsbau
U11
Hauptbahnhof (Arnulf-Klett)
Schloss-/Johannesstr.
Schwab-/Bebelstr.
Arndt-/Spittastr.
U9
Vogelsang
Stadtmitte (Rotebühlpl.)
Feuersee
Rathaus
U9
U2
Botnang
Eltinger Str.
Millöcker-str.
Beethovenstr.
Lindpaintnerstr.
Herderplatz
S1 S4 S5 S6 S60
Schwabstraße
Marienpl.
Erwin-Schoettle-Platz
Universität
Südheimer Platz
Bihlplatz
Österfeld
Heslach Vogelrain
Vaihingen Viadukt
Renningen Süd
Magstadt
Maichingen Nord
Maichingen
Sindelfingen
Fauststr.
Engelboldstr.
Kaltental
Waldeck
U14
Waldfriedhof
Vaihingen Schillerplatz
Jurastr.
Wallgraben
SSB-Zentrum
Vaihinger Str.
Riedsee
S2 U1 U3
S3 U8 U12
Vaihingen
U12
Möhringen
Rohrer Weg
S60 R72
Böblingen
Goldberg
Rohr
Hulb
Böbl. Danziger Str.
Ehningen
Böbl. Südbf.
Böbl. Heusteigstr.
Böbl. Zimmerschlag
Oberaichen
Leinfelden Frank
Unteraichen
Möhringen Freibad
Fasanenhof
Europaplatz
EnBW City
Gärtringen
Nufringen
Leinfelden
U5
U6
Fasanenhof Schelmenwasen
Holzgerlingen Nord
Holzgerlingen
Holzgerlingen Buch
S1 R73
Herrenberg
Echterdingen
Gäufelden
Herrenberg Zwerchweg
Weil im Schönbuch Troppel
Weil im Schönbuch Röte
Weil im Schönbuch Untere Halde
Flughafen / Messe
S3
Bondorf
Gültstein
R7 Horb*
R74 Freudenstadt*
R73 Tübingen*
R72
Dettenhausen
S2
Filderstadt

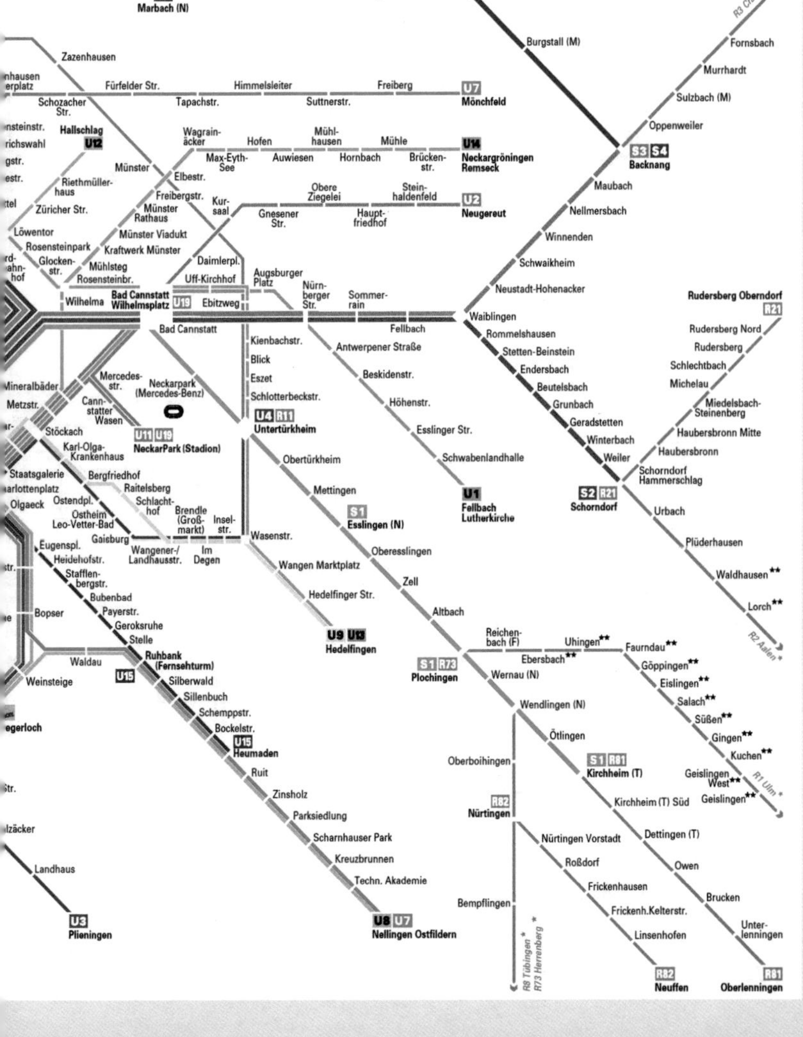
Benningen (N)
Erdmannhausen
S4
Marbach (N)
Kirchberg (M)
R3 Crailsheim*
Burgstall (M)
Fornsbach
Murrhardt
Sulzbach (M)
Oppenweiler
Zazenhausen
Fürfelder Str.
Himmelsleiter
Freiberg
U7
Mönchfeld
Schozacher Str.
Tapachstr.
Suttnerstr.
Hallschlag
U12
Wagrain-äcker
Hofen
Mühl-hausen
Mühle
U14
Neckargröningen Remseck
Max-Eyth-See
Auwiesen
Hornbach
Brücken-str.
S3 S4
Backnang
Münster
Elbestr.
Riethmüller-haus
Freibergstr.
Obere Ziegelei
Stein-haldenfeld
U2
Neugereut
Maubach
Züricher Str.
Münster Rathaus
Kur-saal
Gnesener Str.
Haupt-friedhof
Nellmersbach
Löwentor
Münster Viadukt
Winnenden
Rosensteinpark
Kraftwerk Münster
Glocken-str.
Daimlerpl.
Schwaikheim
Mühlsteg
Rosensteinbr.
Uff-Kirchhof
Augsburger Platz
Neustadt-Hohenacker
Wilhelma
Bad Cannstatt Wilhelmsplatz
U19
Ebitzweg
Nürn-berger Str.
Sommer-rain
Rudersberg Oberndorf
R21
Waiblingen
Bad Cannstatt
Fellbach
Rudersberg Nord
Kienbachstr.
Antwerpener Straße
Rommelshausen
Rudersberg
Blick
Stetten-Beinstein
Schlechtbach
Mercedes-str.
Neckarpark (Mercedes-Benz)
Eszet
Beskidenstr.
Endersbach
Michelau
Mineralbäder
Schlotterbeckstr.
Beutelsbach
Metzstr.
Cann-statter Wasen
Höhenstr.
Grunbach
Miedelsbach-Steinenberg
U4 R11
Untertürkheim
Geradstetten
Stöckach
U11 U19
NeckarPark (Stadion)
Esslinger Str.
Haubersbronn Mitte
Winterbach
Karl-Olga-Krankenhaus
Haubersbronn
Obertürkheim
Schwabenlandhalle
Weiler
Staatsgalerie
Bergfriedhof
Schorndorf Hammerschlag
Raitelsberg
Mettingen
U1
Fellbach Lutherkirche
S2 R21
Schorndorf
Olgaeck
Ostendpl.
Schlacht-hof
S1
Esslingen (N)
Urbach
Ostheim Leo-Vetter-Bad
Brendle (Groß-markt)
Insel-str.
Gaisburg
Wasenstr.
Plüderhausen
Eugenspl.
Wangener-/ Landhausstr.
Im Degen
Oberesslingen
Heidehofstr.
Wangen Marktplatz
Waldhausen**
Stafflen-bergstr.
Zell
Bubenbad
Hedelfinger Str.
Lorch**
Bopser
Payerstr.
Altbach
Geroksruhe
U9 U13
Hedelfingen
Stelle
Reichen-bach (F)
Uhingen**
Faurndau**
R2 Aalen*
Ruhbank (Fernsehturm)
Ebersbach**
Waldau
Göppingen**
U15
S1 R73
Plochingen
Wernau (N)
Weinsteige
Silberwald
Eislingen**
Sillenbuch
Salach**
Wendlingen (N)
Schemppstr.
Süßen**
egerloch
Bockelstr.
Ötlingen
Gingen**
U15
Heumaden
Kuchen**
Oberboihingen
S1 R81
Kirchheim (T)
Geislingen West**
R1 Ulm*
Ruit
Zinsholz
R82
Nürtingen
Kirchheim (T) Süd
Geislingen**
Parksiedlung
Dettingen (T)
Scharnhauser Park
Nürtingen Vorstadt
Kreuzbrunnen
Roßdorf
Owen
Landhaus
Techn. Akademie
Frickenhausen
Brucken
Bempflingen
Frickenh.Kelterstr.
U3
Plieningen
U8 U7
Nellingen Ostfildern
R8 Tübingen*
R73 Herrenberg*
Linsenhofen
Unter-lenningen
R82
Neuffen
R81
Oberlenningen

慕尼黑

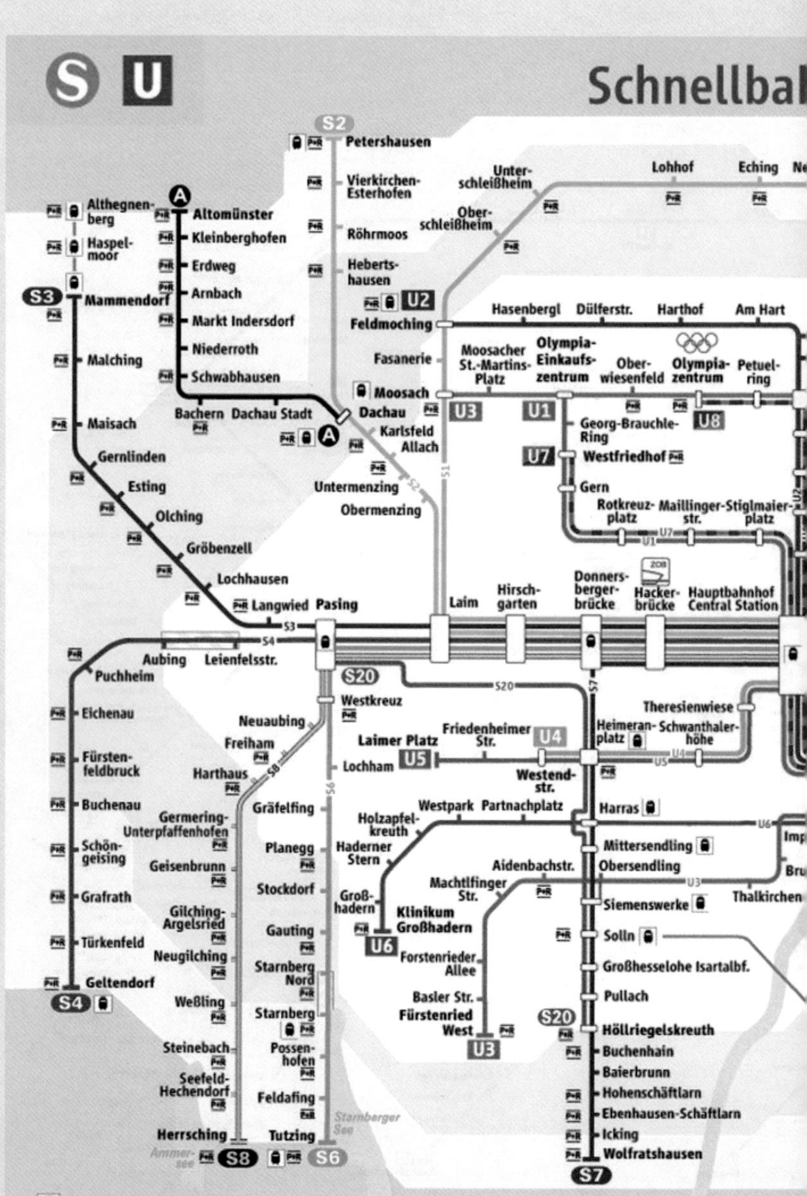
S
U
Schnellba
S2
Petershausen
Vierkirchen-Esterhofen
Röhrmoos
Heberts-hausen
U2
Feldmoching
Fasanerie
Moosach
Dachau
Karlsfeld
Allach
Untermenzing
Obermenzing
Unter-schleißheim
Ober-schleißheim
Lohhof
Eching
Althegnen-berg
Haspel-moor
S3
Mammendorf
Malching
Maisach
Gernlinden
Esting
Olching
Gröbenzell
Lochhausen
Langwied
Pasing
A
Altomünster
Kleinberghofen
Erdweg
Arnbach
Markt Indersdorf
Niederroth
Schwabhausen
Bachern
Dachau Stadt
Hasenbergl
Dülferstr.
Harthof
Am Hart
Moosacher St.-Martins-Platz
Olympia-Einkaufs-zentrum
Ober-wiesenfeld
Olympia-zentrum
Petuel-ring
U3
U1
U8
U7
Georg-Brauchle-Ring
Westfriedhof
Gern
Rotkreuz-platz
Maillinger-str.
Stigmaier-platz
Laim
Hirsch-garten
Donners-berger-brücke
Hacker-brücke
Hauptbahnhof Central Station
Aubing
Leienfelsstr.
Puchheim
Eichenau
Fürsten-feldbruck
Buchenau
Schön-geising
Grafrath
Türkenfeld
Geltendorf
S4
S20
Westkreuz
Neuaubing
Freiham
Harthaus
Germering-Unterpfaffenhofen
Geisenbrunn
Gilching-Argelsried
Neugilching
Weßling
Steinebach
Seefeld-Hechendorf
Herrsching
Ammersee
S8
Gräfelfing
Planegg
Stockdorf
Gauting
Starnberg Nord
Starnberg
Possen-hofen
Feldafing
Tutzing
S6
Starnberger See
Lochham
Laimer Platz
Friedenheimer Str.
U4
U5
Westend-str.
Theresienwiese
Heimeran-platz
Schwanthaler-höhe
Westpark
Partnachplatz
Holzapfel-kreuth
Haderner Stern
Groß-hadern
Klinikum Großhadern
U6
Forstenrieder Allee
Basler Str.
Fürstenried West
Aidenbachstr.
Machtlfinger Str.
Harras
Mittersendling
Obersendling
Siemenswerke
Solln
Großhesselohe Isartalbf.
Pullach
Höllriegelskreuth
Buchenhain
Baierbrunn
Hohenschäftlarn
Ebenhausen-Schäftlarn
Icking
Wolfratshausen
S7
Thalkirchen
Regional- / Fernzughalt

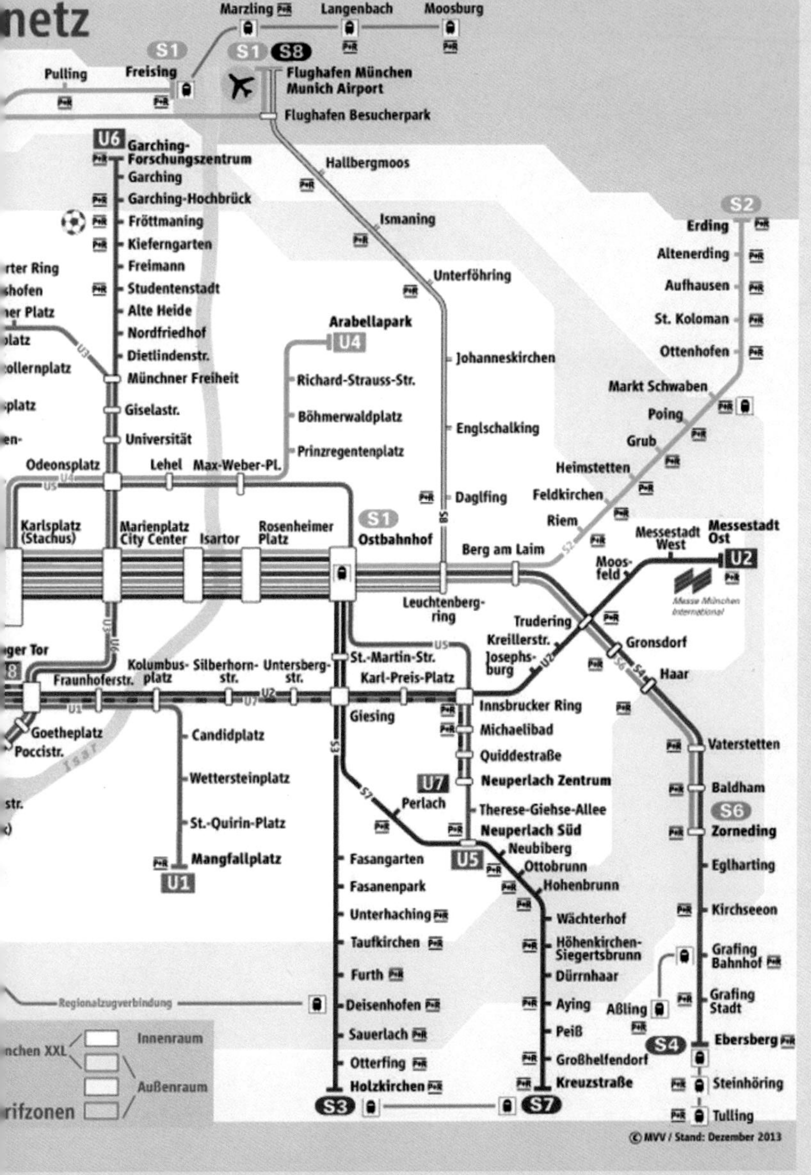
netz
Marzling
Langenbach
Moosburg
S1
S1 S8
Pulling
Freising
Flughafen München
Munich Airport
Flughafen Besucherpark
U6
Garching-Forschungszentrum
Garching
Garching-Hochbrück
Fröttmaning
Kieferngarten
Freimann
Studentenstadt
Alte Heide
Nordfriedhof
Dietlindenstr.
Münchner Freiheit
Giselastr.
Universität
Hallbergmoos
Ismaning
Unterföhring
Arabellapark
U4
Richard-Strauss-Str.
Böhmerwaldplatz
Prinzregentenplatz
Johanneskirchen
Englschalking
Daglfing
S2
Erding
Altenerding
Aufhausen
St. Koloman
Ottenhofen
Markt Schwaben
Poing
Grub
Heimstetten
Feldkirchen
Riem
Messestadt West
Messestadt Ost
U2
Moosfeld
Messe München International
Odeonsplatz
Lehel
Max-Weber-Pl.
Karlsplatz (Stachus)
Marienplatz City Center
Isartor
Rosenheimer Platz
S1
Ostbahnhof
Berg am Laim
Leuchtenbergring
Trudering
Kreillerstr.
Josephsburg
Gronsdorf
Haar
St.-Martin-Str.
Karl-Preis-Platz
Kolumbusplatz
Silberhornstr.
Untersbergstr.
Fraunhoferstr.
Goetheplatz
Poccistr.
Isar
Giesing
Innsbrucker Ring
Michaelibad
Quiddestraße
Neuperlach Zentrum
U7
Perlach
Therese-Giehse-Allee
Neuperlach Süd
U5
Neubiberg
Ottobrunn
Hohenbrunn
Candidplatz
Wettersteinplatz
St.-Quirin-Platz
Mangfallplatz
U1
Vaterstetten
Baldham
S6
Zorneding
Eglharting
Kirchseeon
Grafing Bahnhof
Grafing Stadt
Ebersberg
S4
Steinhöring
Tulling
Fasangarten
Fasanenpark
Unterhaching
Taufkirchen
Furth
Deisenhofen
Sauerlach
Otterfing
Holzkirchen
S3
S7
Wächterhof
Höhenkirchen-Siegertsbrunn
Dürrnhaar
Aying
Aßling
Peiß
Großhelfendorf
Kreuzstraße
Regionalzugverbindung
Innenraum
Außenraum
nchen XXL
rifzonen
© MVV / Stand: Dezember 2013

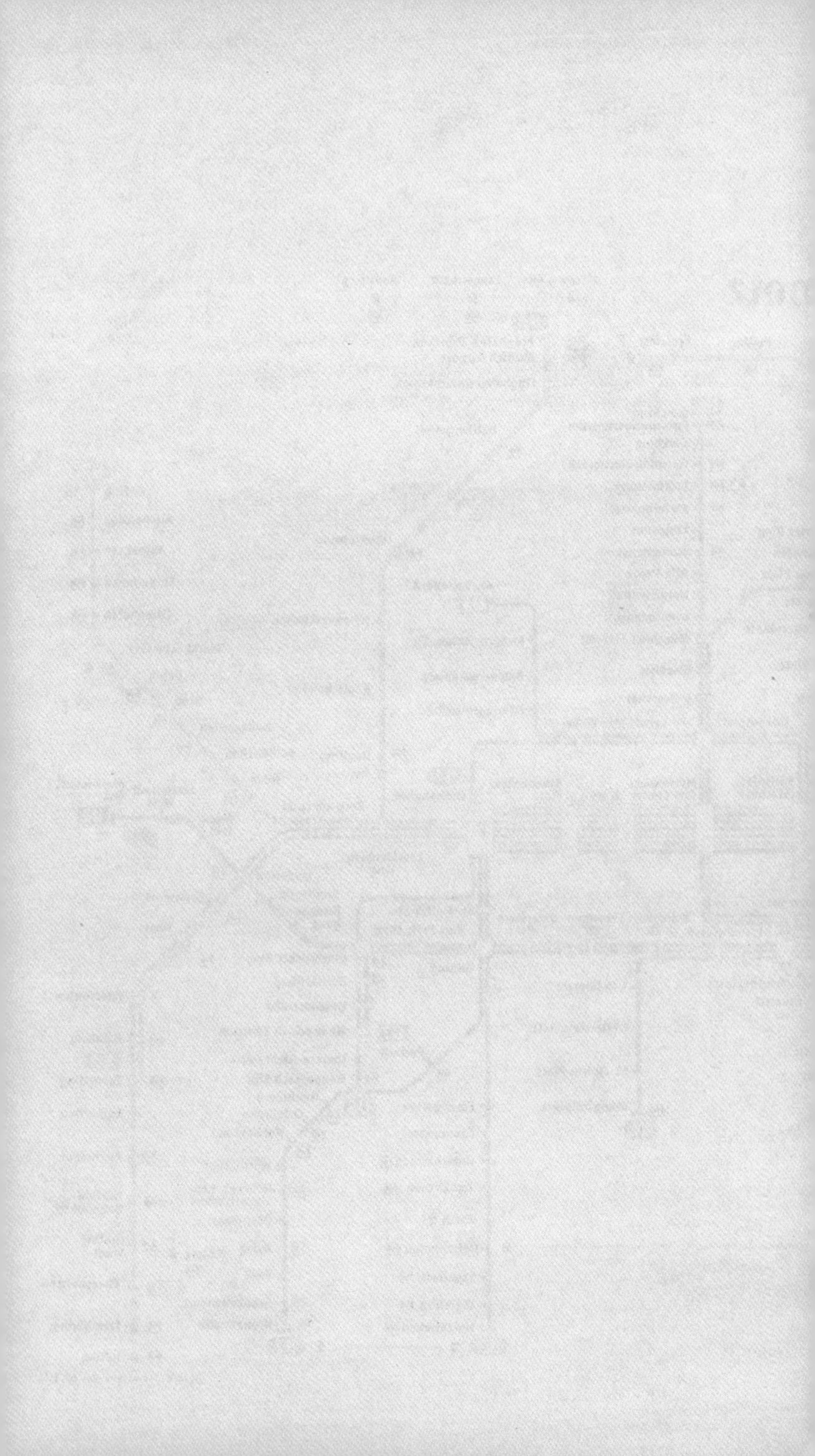

后记 Postscript

本书的出版得到了很多人的帮助。首先要感谢德国慕尼黑工业大学 Christian Schneider 教授，除了为本书作序以外，他还为建筑名录的选择和相关建筑信息的筛选提供了大量宝贵意见。特别感谢在本书的资料整理及绘图工作中付出辛勤劳动的范居正和张劭然两位同学，他们帮助绘制了书中的大量地图。

同时还要感谢曾经提供过照片的李叶蕾、周翔、刘俊泽、高懿、李亚冬、席宇、吴莹、王喆、柴志平、包望韬、魏淼、孙立琪、肖翔、龚喆、张佳宁、徐亮、吕瑞杰、黄哲霏、燕泠霖、严卓夫、徐新楠、徐心工、童舟、孙彦佳、何林峰、董惠敏、陈飞帆等各位同仁。本书在还得到了以下事务所提供的图片支持：Ingenhoven Architects；J. MAYER H. und Partner，Architekten；K+H Freie Architekten；KAUFFMANN THEILIG UND PARTNER，Freie Architekten BDA；Netzwerkarchitekten GmbH；Schneider+Schumacher Planungsgesellschaft mbH；STEFAN FORSTER ARCHITEKTEN GmbH；UNStudio；Wandel Lorch WHL GmbH，Architekten und Stadplaner BDA；Werner Sobek Group GmbH。

另外，感谢中国建筑工业出版社刘丹编辑和张明编辑的辛勤劳动以及出版社各位领导的支持，以及在书籍设计上付出劳动的各位朋友。

本书在编写过程中受到国家自然科学基金“基于社会网络的城市公共空间系统的整合性再开发研究——以南京主城为例”（项目批准号：51508086）、江苏省自然科学基金“基于社会网络的城市公共空间系统的整合性再开发机制研究——以南京主城为例”（项目批准号：BK20150608）以及城市与建筑遗产保护教育部重点实验室课题“基于社会交流网络的城市公共空间系统更新与整合性开发研究——以南京主城为例”（项目批准号：KUAL1512）的资助支持。在此一并致谢！

最后要特别感谢的是三位作者的家人，他们一直在背后为本书的出版提供了多方面的支持。

易鑫　王彦康　曾秋韵

2015 年 9 月 20 日

易鑫
东南大学建筑学院副教授，硕导
东南大学中德城乡与建筑研究中心主任
欧洲规划院校联合会—欧洲和中国的城市转型学委会主任

王彦康
德国注册建筑师
慕尼黑工业大学(TUM)建筑学硕士(DIPL.-ING.UNIV.)
德国巴伐利亚州建筑师协会成员(BYAK)

曾秋韵
2011年获得同济大学建筑学学士学位
2015年获得慕尼黑工业大学城市设计理学硕士学位
现任职于广州市城市规划设计有限公司，注册城乡规划师